教育部高等学校高职高专测绘类专业教学指导委员会“十二五”规划教材

园林测量

主　编　黎　曦　林长进
副主编　毛迎丹　王　琴

黄河水利出版社
·郑州·

内容提要

本书是根据全国高职高专测绘类教学指导委员会教材编写规划，针对园林工程技术专业而编写的。全书共分11章，内容主要包括：测量学基本知识、基本理论及常规仪器的构造、使用和检校方法，距离、角度和高程测量的基本方法，测量的误差知识；小区域控制测量的方法；大比例尺地形图测绘、地形图的识读与应用，全站仪和数字化测图知识；测量在园林工程中的应用、园林工程的施工与放样等；GPS测量原理和应用技术。附录对测量实习过程作了要求，收录了18项课堂实训和综合实习内容。

本教材不仅适用于高职高专园林工程技术专业教学，也可作为林学、园艺、规划、资源环境、设施农业等专业教材，还可供相关工程技术人员参考。

图书在版编目(CIP)数据

园林测量/黎曦，林长进主编.—郑州：黄河水利出版社，2012.4 （2014.7 重印）

教育部高等学校高职高专测绘类专业教学指导委员会“十二五”规划教材

ISBN 978-7-5509-0233-6

Ⅰ.①园… Ⅱ.①黎… ②林… Ⅲ.①园林-测量学-高等职业教育-教材 Ⅳ.①TU986

中国版本图书馆CIP数据核字(2012)第067598号

出 版 社：黄河水利出版社

地址：河南省郑州市顺河路黄委会综合楼14层　　邮政编码：450003

发行单位：黄河水利出版社

发行部电话：0371-66026940、66020550、66028024、66022620(传真)

E-mail：hhslcbs@126.com

承印单位：河南省承创印务有限公司

开本：787 mm×1 092 mm　1/16

印张：17.25

字数：420千字　　印数：4 101—7 100

版次：2012年4月第1版　　印次：2014年7月第2次印刷

定价：34.00元

前　言

本书是在教育部高等学校高职高专测绘类专业教学指导委员会的统一规划和指导下，针对园林工程技术专业《园林测量》课程教学需要而编写的。

园林测量是园林专业的一门重要的专业基础课程。根据生产一线对园林工程技术人才专业应用型高技能岗位人才的要求，通过课程教学，学生应掌握园林测量的基本理论、方法，能运用其知识、技能解决实际工程问题，并具备一定的工程素质和可持续发展能力，为园林工程建设提供测绘保障。

本教材在编写过程中，充分考虑高等职业教育的特点，理论知识以"必需、够用、实用"为度，重点突出实践技能的培养。在保留传统测绘理论体系的基础上，剔除了部分在生产实践中淘汰的内容，增加了已成熟运用的全站仪、数字化测图、GPS 等测绘新技术。测量过程的操作要求和精度指标都与最新的国家、行业规范一致。本教材不仅可作为园林类专业的高、中等职业院校、大专函授的教材，同样适用于林学、园艺、规划等专业，也可作为园林、林业企业职工职业培训教材。

本教材共 11 章。第一～四章介绍了测量学基本知识、基本理论及常规仪器的构造、使用和检校方法，距离、角度和高程测量的基本方法，测量的误差知识；第五章介绍了小区域控制测量的方法；第六～八章介绍了大比例尺地形图测绘、地形图的识读与应用，全站仪和数字化测图知识；第九、十章介绍了测量在园林工程中的应用、园林工程的施工与放样等；第十一章介绍了 GPS 测量原理和应用技术。附录对测量实习过程作了要求，收录了 18 项课堂实训和综合实习内容。

本教材由江西环境工程职业学院黎曦任第一主编，漳州职业技术学院林长进任第二主编，浙江水利水电专科学校毛迎丹、甘肃林业职业技术学院王琴任副主编，参加编写的还有江西环境工程职业学院衣德萍、廖彩霞。具体分工为：第一、五章由黎曦、廖彩霞编写，第二、三章由王琴编写，第四、六章由毛迎丹编写，第七、八章由林长进编写，第九、十章由衣德萍编写，第十一章由黎曦编写，附录实训四、九、十一、十八由黎曦编写，其余实训及综合实训内容由林长进编写。全书由黎曦统稿。

本书编写过程中，参考了大量的文献资料，在此谨向有关作者表示衷心感谢！同时对黄河水利出版社为本书所做的辛勤工作表示衷心感谢！

由于作者水平所限，加之时间仓促，书中难免有疏漏和不足之处，恳请广大教师、同行专家和读者批评指正。

编　者

2012 年 3 月

前言

目　录

第一章　测量的基础知识

学习目标

本章介绍园林测量的预备知识，应理解和掌握测量的一些基本概念，重点掌握用地理坐标、平面坐标和高程表示地面点位的方法及相关概念；了解测量工作的原则；了解测量误差的种类、特性以及来源，测量精度的标准和误差出现的规律，误差的传播定律，并能用误差传播定律进行平差和评定精度；能在以后的学习和实践中把预备知识加以应用。

第一节　测量学的概念及其在园林建设中的作用

一、测量学概述

测量学是研究地球的形状和大小，确定地面（包括空中、地下和海底）点位，以及将地球表面的地形及其他信息测绘成图的科学。它的内容包括测定和测设两个方面。

测定是指使用测量仪器和工具，通过一定的测量程序和方法，得到一系列测量数据，把地球表面的形状和大小缩绘成地形图或建立有关的数字信息，供经济建设、规划设计、科学研究和国防建设使用。

测设是把图纸上规划设计好的建筑物、构筑物或其他图形的位置在地面上标定出来，作为施工的依据。

测量学按照研究对象和研究范围的不同，划分为以下几个学科。

（一）大地测量学

该学科主要研究整个地球的形状、大小和地球重力场及其变化，地面点的精确定位，解决大范围控制测量问题。大地测量学是整个测绘科学的基础理论学科，为测量学的其他分支提供基础测量数据和资料。

（二）普通测量学

该学科主要是研究地球表面小范围测绘的基本理论、技术和方法，不考虑地球曲率的影响，把地球局部表面当做平面看待，是测量学的基础。

（三）摄影测量与遥感学

该学科主要是研究利用摄影或遥感技术获取被测物体的信息（影像或数字形式），进行分析处理，绘制地形图或建立相应的数字模型的理论和方法的学科。由于获取像片的方法不同，摄影测量学又可分为地面摄影测量学、航空摄影测量学等。

（四）海洋测绘学

该学科主要是以海洋和陆地水域为对象所进行的测量和海图编绘工作，目前在军事、跨海工程、码头建设等方面有应用。

（五）工程测量学

该学科主要是研究工程建设和资源开发中，在规划、设计、施工、运营管理各阶段进行的控制测量、地形测绘和施工放样、变形监测等各种测量工作的理论、技术和方法的学科。由于建设工程的不同,工程测量又可分为园林测量学、建筑工程测量学、矿山测量学、水利工程测量学、公路测量学及铁路测量学等。

(六)制图学

该学科主要是利用测量所得的成果资料,研究如何投影编绘和制印各种地图的工作,属于制图学的范畴。

园林测量学是园林工程专业的技术基础课,其内容包括普通测量学和工程测量学的基本内容。通过学习园林测量相应的基本知识、基本理论和基本技能,使学生具备使用常规测量仪器的操作技能,了解现代测绘仪器的功能、基本构造和使用方法;掌握大比例尺地形图的测绘过程和方法,对数字化测图有所了解和运用;在园林规划、设计和施工中能正确使用地形图和测量信息,掌握处理测量数据的理论和评定精度的方法,能进行一般园林工程的施工放样工作,为学习园林工程、园林绿地规划设计、园林工程招标投标与预决算等专业课程打下基础。

二、测量在园林工程建设中的作用

测量在国民经济建设中发挥着极其重要的作用,在铁路、公路、水运等交通建设,城市规划与建设,矿山,园林,水利,农田基本建设及各种资源的勘察开发中,勘测、设计、施工都需要测量工作紧密配合,测量贯穿工程建设的各个阶段。测量是设计与施工质量的根本保证。

测量在园林建设中的应用非常广泛。

园林工程建设一般分三个阶段:规划设计、施工和运营管理。

(一)规划设计阶段

通过测量工作绘制成的地形图、平面图和断面图获得该地区的高低起伏、坡向和坡度变化情况及道路、水系、房屋、管线、植被等地物的分布情况,以合理地进行山、水、植物、路和园林建筑的综合规划与设计,把规划设计的结果标绘到地形图上,成为规划设计图。

(二)施工阶段

把图上已设计好的各项园林工程的位置,准确地标定在实地上,以便工程施工。

(三)运营管理阶段

当园林工程施工完毕后,有时还要测绘竣工图和进行一些测量工作,满足园林工程使用期间的管理、维修、改建、扩建的需要。

三、测绘技术发展

测绘是受新技术影响最大的传统学科之一,全站仪、GPS定位、数字测图、计算机技术的应用与普及,对测量的方法与效率产生了重要的影响。以全球定位系统(GPS)、地理信息系统(GIS)和遥感技术(RS)为代表的测绘新技术的迅猛发展与应用,使测绘的产品基本由传统的纸质地图转变为“4D”(数字高程模型DEM,数字正射影像图DOM,数字栅格地图DRG,数字线划地图DLG)产品。“4D”产品在网络技术的支持下,成为国家空间数据基础设施(NSDI)的基础,为相关领域的研究工作及国民经济建设的各行业、各部门应用地理信息技术带来了巨大的方便。测绘技术体系从模拟转向数字、从地面转向空间,并进一步向网络化和智能化方向发展。

第二节　地面点位的确定

确定地面点位就是确定地面点的平面位置和高程。园林测量与其他测量工作一样,其本质工作就是地面点位的确定,因为地球表面上的地物和地貌的形状即使再复杂,也可以认为是由点、线、面构成的,其中点是最基本的单元,合理选择一些点进行测量,就可以准确地表示出地物和地貌的位置、形状和大小。因此,地面点位的确定是测量工作最基本的问题。

一、地球的形状与大小

为了确定地面点位,应有相应的基准面和基准线作为依据。测量工作是在地球表面上进行的,故测量的基准面和基准线与地球的形状和大小有关。

地球的形状似一个椭球,它的自然表面是一个极其复杂的不规则的曲面,有高山、丘陵、平地、凹地和海洋等;在陆地上,最高点珠穆朗玛峰高出平均海水面 8 844.43 m;在海洋中,最深点马里亚纳海沟,低于平均海水面 11 022 m;但这样的高低起伏,相对于地球巨大的半径来说还是很小的。由于海洋约占整个地球表面的 71% ,人们就设想有一个静止的海平面,向陆地延伸包围整个地球,形成一个封闭的曲面,把这个被海水所覆盖的曲面看做地球的形状,这个封闭的曲面就称为水准面。由于潮汐的影响,海水面有涨有落,所以水准面有无数个,其中与平均海水面相吻合的水准面,称为大地水准面。大地水准面是测量工作的基准面。大地水准面所包围的地球形体称为大地体。

由于地球质量巨大,地球上任何一点都要受到地心引力的作用,同时地球又不停地作自转运动,这个点又产生离心力的作用,这两个力的合力称为重力,重力的方向线又称为铅垂线。铅垂线具有处处与水准面垂直的特性,因此把铅垂线作为测量工作的基准线。

用大地水准面表示地球的形状和大小是恰当的,但由于地球内部质量分布不均匀引起铅垂线的方向产生不规则的变化,致使大地水准面成为一个非常复杂的曲面(如图 1-1 所示)。

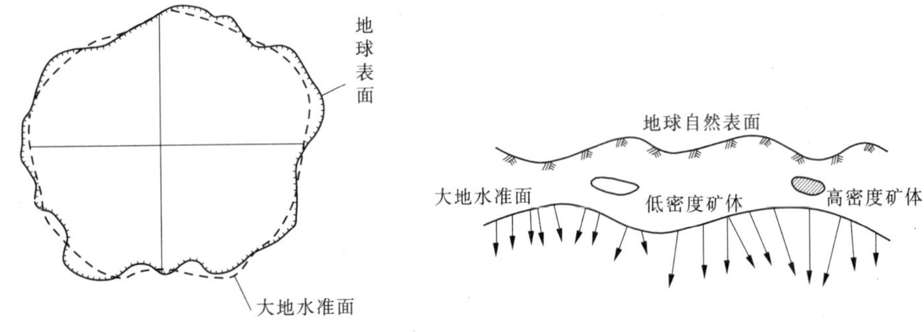

图 1-1　地球自然表面、大地水准面

如果把地球表面上的图形投影到这个复杂的曲面上,无法完成测量计算和绘图工作。为此,选择一个与大地水准面非常接近的规则几何曲面来表示地球的形状与大小,即地球参考椭球面,作为测量计算工作的基准面。

地球参考椭球是由一椭圆绕其短半轴旋转而成的椭球体(如图 1-2 所示)。地球椭球面的形状与大小由其长半轴 a、短半轴 b 和扁率 α 决定。

$$\left.\begin{aligned}\frac{x^2}{a^2}+\frac{y^2}{a^2}+\frac{z^2}{b^2}=1\\ \alpha=\frac{a-b}{a}\end{aligned}\right\} \tag{1-1}$$

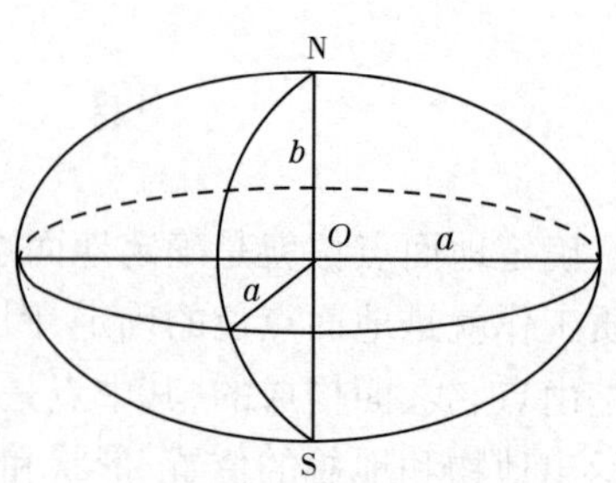

图 1-2　地球参考椭球

几个世纪以来，许多学者曾分别测算出参考椭球体的元素值。我国采用 1975 年国际大地测量与地球物理联合会 16 届大会推荐的椭球元素值。即长半轴 a = 6 378 140 m，短半轴 b = 6 356 755.288 m，扁率 $\alpha=\frac{a-b}{a}=$ 1/298.257。

采用椭球定位得到的坐标系为国家大地坐标系，我国大地坐标系的原点在陕西省泾阳县永乐镇。

由于地球参考椭球的扁率很小，因此可以把地球当做是一个圆球，其半径的近似值为 6 371 km。当测区面积更小（半径小于 20 km 的范围）时，还可以把地球看成是平面，使计算工作更为简单。一般的园林测量工作都是把地球看成是平面。

二、确定地面点位的方法

我们知道，确定一个点的空间位置须用三维坐标来表示，在测量工作中，一般将点空间位置用球面或平面位置（二维）和高程（一维）来表示，分别属于大地坐标系、平面直角坐标系和高程系统。

（一）地面点坐标的确定

确定地面点的位置就是确定点的空间位置。其中两个量是地面点沿投影线在投影面上的投影位置，另一个量是点沿着投影线到投影面的距离。地面点的空间位置与选用的椭球及坐标系统有关。测量上常用的坐标系有大地坐标系、高斯 - 克吕格平面直角坐标系、独立平面坐标系。

1. 大地坐标系

大地坐标系又称为地理坐标系，是以参考椭球面作为基准面，以起始子午面（即通过格林尼治天文台的子午面）和赤道面作为在椭球面上确定某一点投影位置的两个参考面。

地理坐标是从整个地球考虑某点的位置，通常用经纬度来表示。

如图 1-3 所示，NS 为椭球的旋转轴，由椭球旋转轴引出的半平面称为子午面，通过英国伦敦格林尼治天文台的子午面，称为首子午面；子午面与椭球面的交线叫子午线，又称经线。过 P 点的子午面与首子午面所夹的二面角称为该点的经度，用 L 表示。同一经线上各点的经度相同。经线在首子午面以东者为东经，以西者为西经，其值都在 0° ~ 180°。通过椭球中心且与椭球旋转轴正交的平面，称为赤道面，它和椭球面的交线称为赤道；与椭球旋转轴正交但不通过球心的其他平面，和椭球面的交线称为纬圈或纬线。过 P 点作一与椭球体相切的平面，再过 P 点作一与此平面垂直的直线，这条直线称为 P 点的法线（不通过椭球中心），它与赤道面的夹角称为该点的纬度，用 B 表示。同一纬线上的各点的纬度相同。在赤道以北者为北纬，以南者为南纬，其值在 0° ~ 90°。

这样，地面上一点的位置，可用大地坐标 L、B 表示。

2. 高斯平面坐标系

当测区范围较大时，不能把水准面当做水平面。把地球椭球面上的图形展绘到平面上，必然产生变形。为了减少变形误差，我国采用了一种适当的投影方法，就是高斯投影（如图 1-4 所示）。

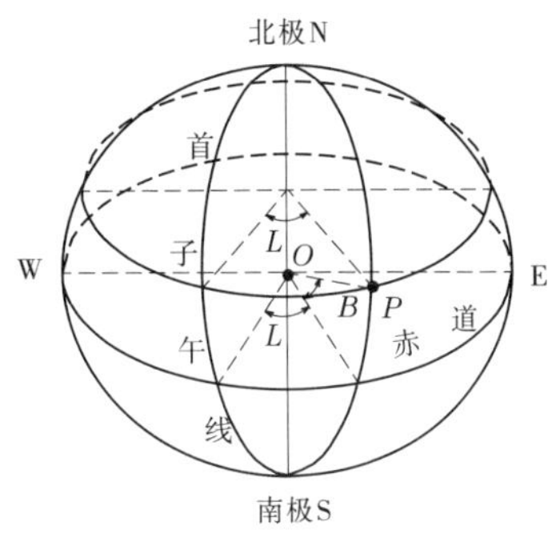

图 1-3　地理坐标

高斯投影的方法首先是将地球按经线划分成带，称为投影带。投影带是从首子午线（经度为 0°）起，每隔经度 6°划为一带，称为 6°带（如图 1-5 所示），自西向东将整个地球划分为 60 个带，依次以 1，2，3，…，60 进行编号，位于各带中央的子午线称为该带的中央经线，其经度 L_0 与其相应投影带带号 N 的关系为

$$L_0 = 6° \times N - 3° \tag{1-2}$$

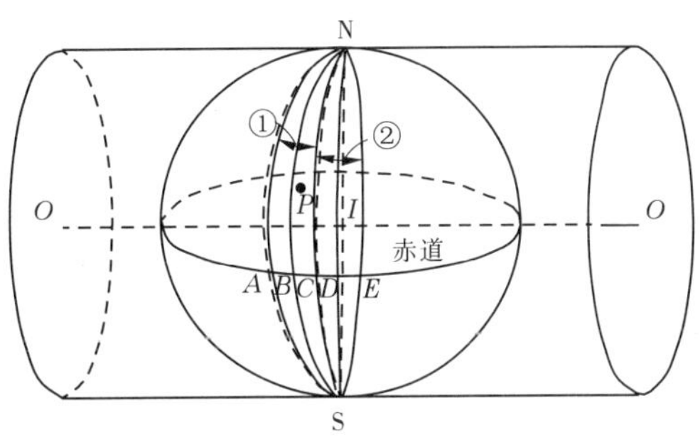

图 1- 4　高斯投影

高斯投影能使球面图形的角度与投影在平面上的角度一致，但任意两点间的长度投影后会产生变形，离中央子午线越远，变形越大。在投影精度要求较高时，可以把投影带划分再小一些，例如采用 3°分带，第 n 带的中央子午线经度为

$$L_0 = 3° \times n \tag{1-3}$$

如果投影精度要求更高，还可以采用 1. 5°分带。1. 5°分带不必全球统一划分，可以将中央子午线的经度设置在测区的中心，因此也称为任意分带。

我国在大地坐标系中的经度位置在 73° ~135°，6°带编号时，在我国 N 为 13 ~23，3°带编号时，在我国 n 为 24 ~45。

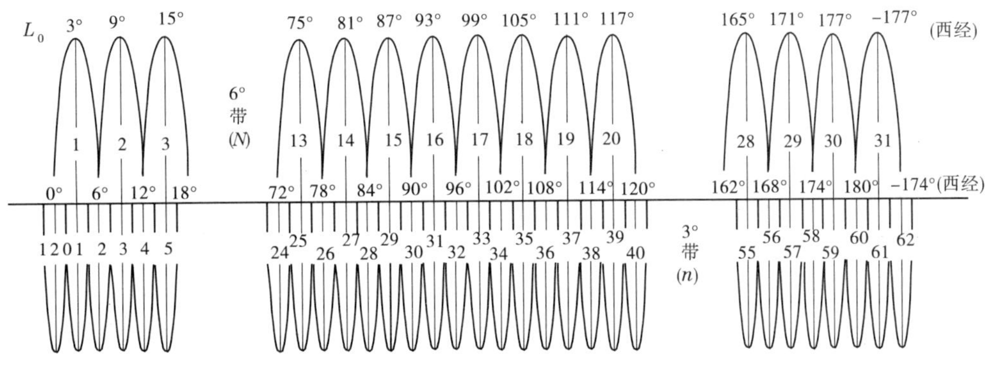

图 1-5　高斯投影分带

高斯投影的基本方法是：设想用一个椭圆柱横切套在地球椭球外面，并与椭球的某一中央子午线相切，如图 1-4 所示，在保持等角的条件下，将中央经线东、西各一定经差范围内的经线和纬线投影到椭圆柱面上，再将圆柱分别沿通过南北极的母线剪开展成平面，即得高斯

平面。投影后,中央子午线长度不变,距离中央子午线越远,其长度投影变形越大。

投影后,取中央子午线与赤道交点的投影为原点,中央子午线的投影为纵坐标 X 轴,赤道的投影为 Y 轴,即构成了高斯平面直角坐标系。如图 1-6 所示,在该坐标系内,规定 X 轴向北为正,Y 轴向东为正。我国位于北半球,纵坐标均为正,横坐标有正有负。为了使用方便,避免出现负值,规定将坐标纵轴西移 500 km,则投影带中任一点的横坐标也恒为正值。例如,P 点的高斯平面直角坐标为 $X_P = 3\ 275\ 611.188$ m,$Y_P = -376\ 543.211$ m;若该点位于第 19 带内,则 P 点的国家统一坐标表示为 $X_P = 3\ 275\ 611.188$ m,$Y_P = 19\ 123\ 456.789$ m ($500\ 000 - 376\ 543.211 = 123\ 456.789$)。前者称为自然值,后者称为统一值。

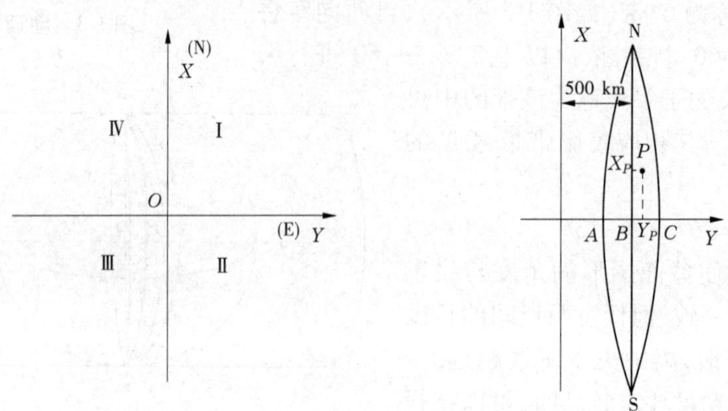

图 1-6　高斯平面直角坐标系

3. 独立平面直角坐标系

当测量区域较小时,可以用测区的切平面代替椭球面作为基准面。在切平面上建立独立平面直角坐标系,测量时可将地面上的点沿铅垂线直接投影到水平面上,并用各点的平面直角坐标来表示其位置。如图 1-7 所示,测量上采用的平面直角坐标系与数学上的平面直角系坐标轴互换,象限顺序相反。纵轴为 X 轴,与南北方向一致,向北为正,向南为负;横轴为 Y 轴,与东西方向一致,向东为正,向西为负。顺时针方向度量,这样便于将数学的三角公式直接应用到测量计算中。原点一般假定在测区西南角,使测区内部点坐标均为正值,以便计算。

数学坐标系与测量平面坐标系见图 1-8。

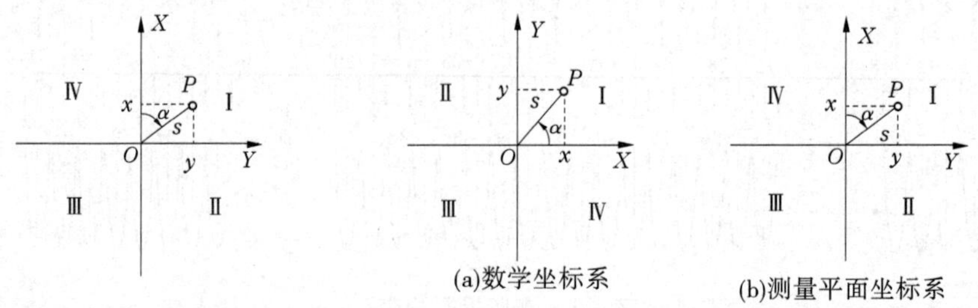

图 1-7　独立平面直角坐标系　　　　图 1-8　数学坐标系与测量平面坐标系

数学上的三角公式适用于测量平面坐标系

$$\left.\begin{array}{l} x = s\cos\alpha \\ y = s\sin\alpha \end{array}\right\} \tag{1-4}$$

（二）地面点的高程

1. 绝对高程

绝对高程是指地面上某点到大地水准面的铅垂距离，又称为海拔，用 H 表示。如图 1-9 所示，A、B 两点的绝对高程为 H_A、H_B。数值越大，表示地面点越高，当地面点在大地水准面的上方时，高程为正；反之，当地面点在大地水准面的下方时，高程为负。

由于受海潮、风浪等影响，海水面时刻在变化，我国在青岛设立验潮站，长期观测和记录黄海海水面的高低变化，取其平均值作为高程基准面，并在验潮站附近建立水准原点。1957 年我国采用青岛验潮站 1950 ~ 1956 年验潮资料计算确定出大地水准面，并以此水准面为基准引测出水准原点的高程为 72. 289 m，以此数据测量推算全国水准点的高程，这样建立的高程系统称为 1956 年黄海高程系。20 世纪 80 年代中期，我国又从 1987 年开始以采用青岛验潮站 1952 ~ 1979 年验潮资料计算确定的大地水准面为基准引测出水准原点的高程为 72. 260 m，以其为基准测算全国各地的高程，称为 1985 国家高程基准。

2. 相对高程

有些测区，引用绝对高程有困难，或为了计算和使用方便，可采用假定的水准面作为高程起算的基准面。那么，地面上一点到假定水准面的垂直距离称为相对高程，由于高程基准面是根据实际情况假定的，故相对高程有时也称为假定高程。

3. 高差

地面两点之间的高程之差称为高差，用 h 表示，高差有方向性和正负，与高程基准无关。如图 1-9 所示，A、B 两点高差为

$$h_{AB} = H_B - H_A \tag{1-5}$$

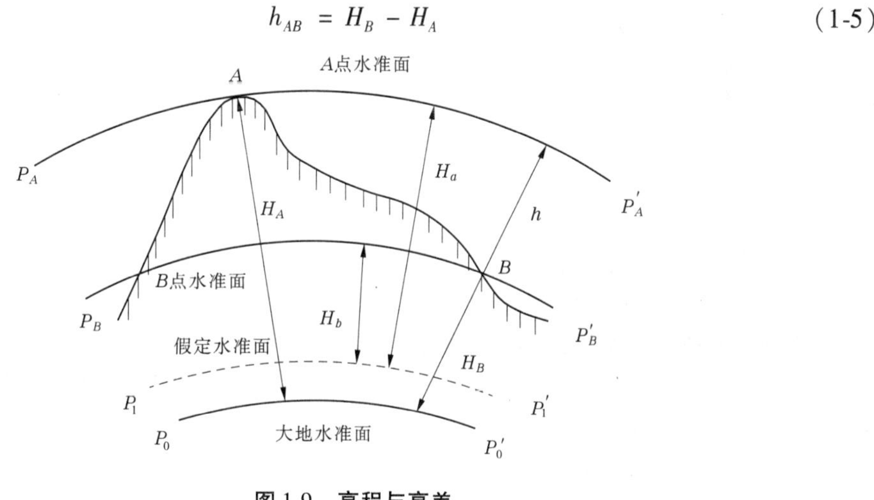

图 1-9　高程与高差

三、地球曲率对测量工作的影响

曲面上的图形投影到平面上会产生变形，变形的程度与曲面的弯曲程度（即曲率）有关。在实际测量工作中，若变形的程度没有超出误差的范围，就可以用平面来代替曲面，否则就不能用平面代替曲面。

（一）地球曲率对距离测量的影响

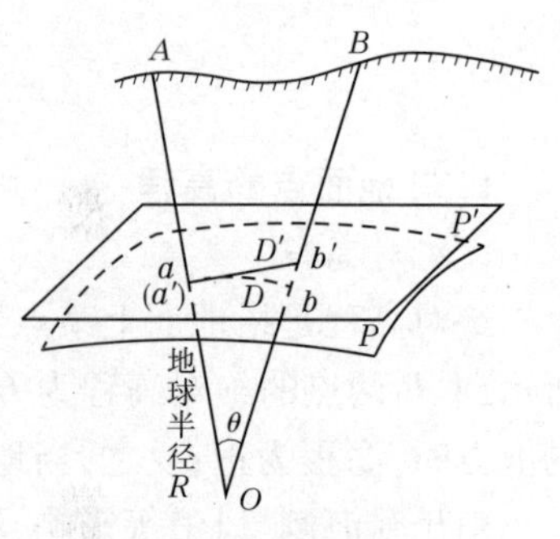

图 1-10　水平面代替曲面后对距离和高程的影响

如图 1-10 所示，A、B 为地面上的两个点，它们在大地水准面上的投影点分别为 a、b，在水平面上的投影分别为 a'、b'。地球的半径为 R，假设 ab 的弧长为 D，ab' 的长度为 D'，O 为地球的球心，$\angle AOB$ 的值为 θ，则用水平面代替曲面所产生的误差为 ΔD，ΔD 可用下式来表示：

$$\Delta D = D' - D = R(\tan\theta - \theta) \tag{1-6}$$

在小区域范围内，θ 一般都很微小，可将 $\tan\theta$ 用级数展开为

$$\tan\theta = \theta + \frac{1}{3}\theta^3 + \cdots \tag{1-7}$$

取式(1-7)的前两项，并与 $\theta = \dfrac{D}{R}$ 一起代入式(1-6)中，得

$$\frac{\Delta D}{D} = \frac{1}{3}\left(\frac{D}{R}\right)^2 \tag{1-8}$$

将地球半径 R = 6 371 km 和不同的数值 D 代入式(1-8)中进行计算，得到结果见表 1-1。

表 1-1　水平面代替大地水准面对距离的影响

距离 D (km)	距离误差 ΔD(cm)	相对误差 $\Delta D/D$	距离 D (km)	距离误差 ΔD(cm)	相对误差 $\Delta D/D$
1	0.00	—	20	6.60	1∶30 万
5	0.10	1∶500 万	50	102.70	1∶4.8 万
10	0.82	1∶120 万	100	821.20	1∶1.2 万
15	2.77	1∶54 万			

从表 1-1 中可以看出，当 D = 10 km 时，所产生的距离误差为 0.82 cm，相对误差为 1∶120 万，即使是精密量距，这么小的误差也是允许的。因此，在 10 km 范围内量距，不用考虑地球曲率对测距产生的影响，可以用水平面代替地球曲面。

（二）地球曲率对水平角测量的影响

球面上三角形的内角之和与平面上三角形的内角之和相比较，其多出的部分称为球面角超，用 ε 表示，其值为

$$\varepsilon = \frac{P}{R^2}\rho \tag{1-9}$$

式中　ε——球面角超(″)；

P——球面三角形面积；

ρ——常数，取值 206 265″。

将地球半径 R = 6 371 km 和不同球面三角形的面积值代入式(1-9)中进行计算，得到结果见表 1-2。

表 1-2　水平面代替水准面对角度的影响

$P(km^2)$	10	50	100	500
$\varepsilon('')$	0.05	0.25	0.51	2.54

从表 1-2 中可以看出，当测区范围在 100 km^2 时，对角度的影响仅为 0.51″。所以，在一般的测量中，角度的影响可以忽略不计。

（三）地球曲率对高程测量的影响

如图 1-10 所示，地面上 B 点的高程为铅垂距离 Bb，若用水平面代替大地水准面，则 B 点的高程为 Bb'，两者之间的高差用 Δh 表示，Δh 即为对高程的影响。

$$\Delta h = Bb - Bb' = b'O - bO = R\sec\theta - R = R(\sec\theta - 1) \tag{1-10}$$

θ 一般都很微小，将 $\sec\theta$ 用级数展开为

$$\sec\theta = 1 + \frac{1}{2}\theta^2 + \cdots \tag{1-11}$$

将式（1-11）中的前两项和 $\theta = D/R$ 一起代入式（1-10）中，得

$$\Delta h = R\left(1 + \frac{1}{2}\theta^2 - 1\right) = R\frac{D^2}{2R^2} = \frac{D^2}{2R} \tag{1-12}$$

将地球半径 $R = 6\ 371$ km 代入式（1-12）中，水平距离 D 取不同的值，就会得到不同的 Δh 值，见表 1-3。

表 1-3　水平面代替大地水准面对高程的影响

D(m)	10	20	50	100	200	500	1 000
Δh(mm)	0.01	0.03	0.2	0.8	3.1	19.6	78.5

从表 1-3 中可以看出，用水平面代替大地水准面对高程的影响非常大，200 m 远的距离就会产生 3 mm 的高程误差。根据规定，对于中等精度的高程测量，1 km 长度的高程误差不能超过 2 cm，而表 1-3 中达到了近 8 cm。这就说明，在高程测量中，即使是在短距离或小区域内也必须考虑地球曲率的影响。

第三节　测量工作概述

一、测量工作的基本内容

从本章前述内容知道，测量工作的实质就是确定地面点的位置，地面点位可以用它在投影面上的坐标和高程来确定，但在实际工作中一般不是直接测量坐标和高程，而是通过测量地面点与已知坐标和高程的点之间的几何关系，经过计算间接地得到坐标和高程。因此，测量角度、距离、高差就是测量工作的基本内容，也称为测量工作的三要素，所以高程测量、角度测量、距离测量是测量的三项基本工作。

从事测绘工作的基本步骤是：

(1)收集资料，根据测区的具体情况制订合理的观测方案；

(2)布设控制网,进行控制测量;

(3)碎步测量;

(4)测绘成果的检验与验收。

二、测量工作的基本原则

不论采取何种方法、使用何种仪器进行测量工作,误差在测量中都是不可避免的。为了防止测量误差的逐渐传递和累积,要求在测量工作中遵循在布局上“由整体到局部”、在工作程序上“先控制后碎步”、在精度上“从高级到低级”的基本原则进行。同时,测量工作必须做到随时检查,步步校核,保证测量成果的准确无误。这也是测量工作的基本要求。

遵循“先控制后碎步”的测量原则,就是先在测区内选择一定数量具有控制作用的点,称为控制点,用精密的仪器和方法精确地测出控制点的位置,这部分工作称为控制测量;然后,根据控制点的位置,再测定控制点周围一定范围内的地物和地貌,这部分工作称为碎步测量。

如图1-11所示,先在测区内选择 A、B、C、D、E、F 作为该测区的控制点,对其进行测量,并将点分别标在图纸上,然后以 A 点为测站,测定其周围的地物或地貌点,将相关点连接起来,并用一定的符号来表示,该测站的工作完成后,再依次在控制点 B、C、…开展测量工作,直到整个测区的测量工作完成。

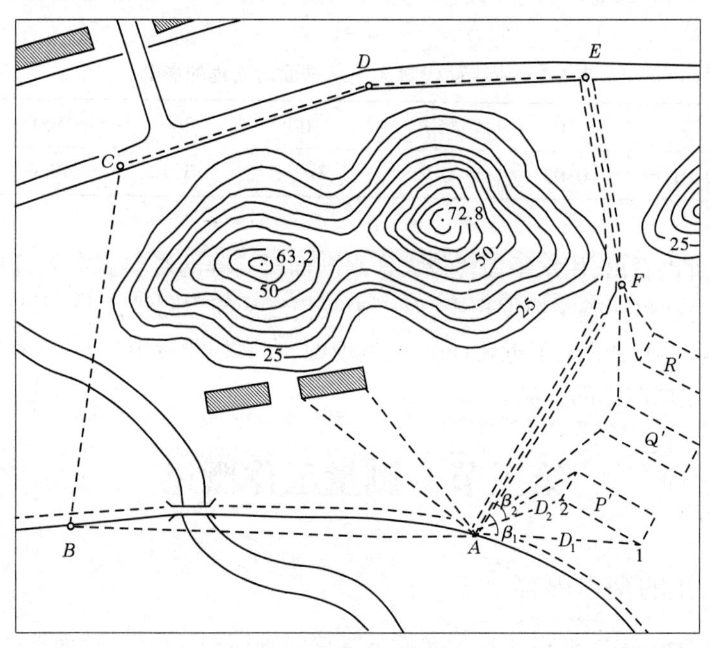

图1-11 测量工作原则

三、测量常用的计量单位及换算

(一)长度单位

$$1\ \text{km(千米)}=1\,000\ \text{m(米)}$$

$$1\ \text{m}=10\ \text{dm(分米)}=100\ \text{cm(厘米)}=1\,000\ \text{mm(毫米)}$$

（二）面积单位

面积单位是平方米(m^2)。大面积通常用平方千米(km^2)或公顷(hm^2)，在农业上也用市亩。

$$1\ km^2(平方千米)=100\ hm^2(公顷)$$

$$1\ hm^2(公顷)=10\ 000\ m^2(平方米)=15\ 亩$$

$$1\ 亩=666.7\ m^2$$

（三）角度单位

我国测量上采用的角度单位为60进位制，即1圆周等于360度(360°)，即

$$1\ 圆周=360°,1\ 直角=90°$$

$$1°=60',1'=60''$$

但是，有些国家采用百进制的新度，即

$$1\ 圆周=400\ g(新度),1\ 直角=100\ g(新度)$$

$$1\ g(新度)=100\ c(新分),1\ c(新分)=100\ cc(新秒)$$

在测量学中，推导公式和一些公式的表达式，常用弧度表示角度大小。所谓弧度，就是与半径相等的弧长所对应的圆心角，称为1个弧度（如图1-12所示），以$\rho°$表示。因此

$$1\ 圆周长对应的弧度=\frac{2\pi R}{R}=2\pi\ 弧度$$

$$2\pi\ 弧度=360°$$

$$1\ 弧度=\frac{360°}{2\pi}=\frac{180°}{\pi}=57.295\ 8°$$

$$\rho°(弧度度)=57.295\ 8°\approx57.3°$$

$$\rho'(弧度分)=3\ 437.748'\approx3\ 438'$$

$$\rho''(弧度秒)=206\ 264.88''\approx206\ 265''$$

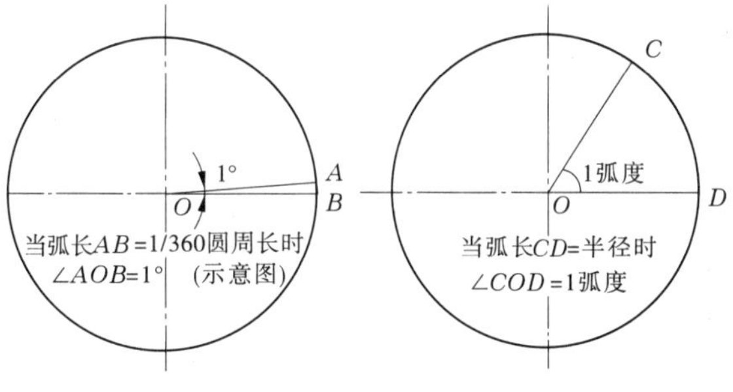

图1-12　弧度与度的关系

第四节　测量误差的基本知识

一、测量误差概述

（一）测量误差的概念

在测量过程中，无论仪器多么精密，观测多么仔细，观测值一定会含有误差。任何一个

观测量，在客观上总存在着一个能代表其真正大小的数值，这个数值称为真值，一般用 X 表示。对未知量进行测量的过程称为观测，测量所获得的数值称为观测值，用 L_i 表示。进行观测时，观测值与真值之间的差异，称为测量误差或真误差，用 Δi 表示。

$$\Delta i = L_i - X$$

式中　Δi——真误差；

L_i——观测值；

X——真值。

(二)测量误差的来源

产生测量误差的原因有很多，归纳起来主要有以下三个方面。

1. 测量仪器误差

由于测量仪器制造工艺上的局限性，仪器虽然经过校正，仍存在残余误差。

2. 观测者的误差

观测者感觉器官的局限性、责任心、技术水平、固有习惯都会影响观测结果的质量。

3. 外界环境条件的影响

观测时温度、湿度、风力、气压和光线等外界环境因素的影响引起观测结果产生误差。

上述测量仪器、观测者、外界环境条件三个方面的因素是测量误差的主要来源。因此，我们把这三个方面的因素综合起来称为观测条件。观测条件的好坏与观测成果的质量有着密切的联系。当观测条件好时，观测中所产生的误差就可能相应地小一些，观测成果的质量就高一些；反之，观测条件差，观测成果的质量就低一些。测量是使用仪器或工具在一定的观测条件下由人进行作业，因此产生观测误差的因素总是存在的，观测误差是不可能避免的。然而，在客观条件允许的范围内，测量工作者必须确保观测的结果具有较高的质量。

(三)测量误差的种类

根据测量误差产生的原因，通常将误差分为粗差、系统误差和偶然误差三类。

1. 粗差

粗差也称错误，指在正常观测条件下所出现的比最大偶然误差还要大的误差。是由于观测者使用仪器不正确或疏忽大意，如测错、读错、听错、算错等造成的错误，计算机数据错误输入，航测像片判读错误，或因外界条件发生意外的显著变动引起的差错。一旦发现含有粗差的观测值，应将其从观测成果中剔除。一般来讲，只要严格遵守测量规范，工作中仔细谨慎，并对观测结果作必要的检核，粗差是可以发现和避免的。

2. 系统误差

在相同的观测条件下，对某量进行的一系列观测中，如果误差在数值大小和正负符号固定不变或按一定规律变化的误差，称为系统误差。系统误差具有累积性，它随着单一观测值观测次数的增多而积累，对观测结果影响很大。

如某一钢尺名义长度为 20 m，经过鉴定存在尺长误差 0.5 mm。如果用该钢尺进行长度测量，测距离愈长，所积累的误差也愈大，这是一种系统误差。

系统误差对于观测结果的影响具有累积的作用，它对成果质量的影响也特别显著。在实际过程中，应该采用各种方法来消除或减弱其影响，达到实际上可以忽略不计的程度。

3. 偶然误差

在相同的观测条件下对某量进行一系列观测，单个误差的出现没有一定的规律性，其数值的大小和符号表现出偶然性，这种误差称为偶然误差。例如，用经纬仪测角时，就单一观测值而言，由于受照准误差、读数误差、外界条件变化所引起的误差、仪器自身不完善引起的误差等的综合影响，测角误差的大小和正负号都不能预知，具有偶然性。所以，测角误差属于偶然误差。

【例 1-1】 对三角形的三个内角进行等精度观测，因观测有误差存在，使三角形的内角和不等于 180°，则其真误差 Δ 为

$$\Delta = \sum \alpha - 180^\circ$$

现将观测的 358 个三角形内角和的真误差按其大小分区统计于表 1-4。

表 1-4 三角形内角和真误差区间统计

误差所在区间	$+\Delta$	$-\Delta$	总数	百分数(%)
0″~3″	45	46	91	25.4
3″~6″	40	41	81	22.6
6″~9″	33	33	66	18.4
9″~12″	23	21	44	12.3
12″~15″	17	16	33	9.2
15″~18″	13	13	26	7.3
18″~21″	6	5	11	3.1
21″~24″	4	2	6	1.7
24″以上	0	0	0	0
合计	181	177	358	100%

从表 1-4 中可以看出：绝对值小的误差的个数比绝对值大的误差的个数多；绝对值相等的正负误差的个数大致相等，最大的误差不超过 24″。

偶然误差单个出现时不具有规律性，但在相同条件下重复观测某一量时，所出现的大量的偶然误差却具有一定的规律性。经过大量的试验统计和总结，当观测次数较多时，偶然误差具有 4 个特性。

1）有限性

在一定的观测条件下，偶然误差不会超过一定的限度。

2）集中性

绝对值越小的误差，出现的机会越多。

3）对称性

绝对值相等的正误差与负误差，出现的机会均等。

4）抵消性

当观测次数无限增多时，偶然误差的算术平均值趋近于零，即

$$\lim \frac{[\Delta]}{n} = 0$$

式中 n——观测次数。

在测量工作中，错误是不允许存在的，系统误差是可以消除、减弱或限制其影响的，偶然误差是不可避免的。因此，可以通过多次观测，取其算术平均值作为最可靠的值。

二、衡量精度的指标

建立一个统一的衡量精度的标准，给出一个数值概念，使该标准及其数值大小能反映出误差分布的离散或密集的程度，称为衡量精度的指标。

常用的衡量精度的标准有下列几种。

（一）中误差

为了避免正、负误差相抵消和明显地反映观测值中较大误差的影响，通常是以各个真误差的平方和的平均值再开方作为评定该组中每一观测值精度的标准，即

$$m = \pm\sqrt{\frac{\Delta_1^2 + \Delta_2^2 + \cdots + \Delta_n^2}{n}} = \pm\sqrt{\frac{[\Delta\Delta]}{n}} \tag{1-13}$$

式中　m——中误差；

$[\Delta\Delta]$——各真误差的平方和；

n——观测次数。

由于是等精度观测，因此中误差是指该组每一个观测值都具有这个值的精度，也称为观测值中误差。它是一组真误差的代表值，中误差值的大小反映了这组观测值精度的高低，而且它能明显地反映出测量结果中较大误差的影响。因此，一般都采用中误差作为评定观测质量的标准。

【例 1-2】 设有甲、乙两个小组，对三角形的内角和进行了 9 次观测，试分别求其真误差：甲组：$-5''$，$-6''$，$+8''$，$+6''$，$+7''$，$-4''$，$+3''$，$-8''$，$-7''$；乙组：$-6''$，$+5''$，$+4''$，$-4''$，$-7''$，$+4''$，$-7''$，$-5''$，$+3''$。

解：由式(1-13)计算得两组的中误差为

$$m_{甲} = \pm\sqrt{\frac{(-5)^2 + (-6)^2 + 8^2 + 6^2 + 7^2 + (-4)^2 + 3^2 + (-8)^2 + (-7)^2}{9}} = 6.2''$$

$$m_{乙} = \pm\sqrt{\frac{(-6)^2 + 5^2 + 4^2 + (-4)^2 + (-7)^2 + 4^2 + (-7)^2 + (-5)^2 + 3^2}{9}} = 5.2''$$

因 $m_{甲} > m_{乙}$，这就说明甲组观测精度低于乙组，因为甲组观测值中有较大的误差。中误差能正确地反映出观测结果中较大误差的影响，所以用中误差来衡量观测结果的精度是比较合理的。

从上例可知，尽管两组观测误差绝对值的总和相等，但因甲组观测的误差变化大，精度就低。中误差是一组真误差的代表，但并不等于每个观测值的真误差，用中误差可以说明一组观测值的精度。

（二）相对中误差

相对中误差就是中误差的绝对值与相应观测量之比。它是一个无量纲数，在测量上通常以分子为 1 的分数式表示。

$$K = \frac{|m|}{D} = \frac{1}{D/|m|} \tag{1-14}$$

前面提及的真误差、中误差都是绝对误差，当观测误差的大小和观测值的大小相关时，

仅利用中误差就不能反映出测量精度的高低，必须用相对中误差这个标准。例如，丈量二段距离，第一段的长度为 100 m，其中误差为 $m_1 = \pm 2$ cm；第二段长度为 200 m，其中误差为 $m_2 = \pm 3$ cm。如果单纯用中误差的大小评定其精度，就会得出前者精度比后者精度高的结论。实际上丈量的误差与长度有关，距离愈大，误差的积累愈大。$K_1 = 1/5\ 000$，$K_2 = 1/6\ 600$。后者精度高于前者。

（三）容许误差

由偶然误差的第一个特性可知，在一定观测条件下，偶然误差的绝对值不会超过一定的限值。如果在测量工作中某观测值的误差超过了这个限值，就认为这次观测的质量不符合要求，该观测结果应该舍去重测，这个界限称为容许误差或限差。

因此，通常以 3 倍中误差作为偶然误差的限差，即 $\Delta_{容} = 3|m|$；在对精度要求较高时，常取 2 倍中误差作为容许误差，即 $\Delta_{容} = 2|m|$。

三、算术平均值及其中误差

（一）算术平均值

当观测次数 n 趋于无限多时，算术平均值就是该量的真值。但实际工作中观测次数总是有限的，这样算术平均值不等于真值，它与所有观测值比较都更接近于真值。因此，可认为算术平均值是该量的最可靠值，故又称为最或是值。

设在相同的观测条件下，对某一未知量进行了 n 次观测，得观测值 l_1、l_2、…、l_n，则该量的最可靠值就是算术平均值 x，即

$$x = \frac{l_1 + l_2 + \cdots + l_n}{n} = \frac{[l]}{n} \tag{1-15}$$

若 X 为该量的真值，则有 $\lim\limits_{n \to \infty} x = X$。

（二）观测值改正数

未知量的最或是值 x 与观测值 l_i 之差 v_i 是可以求得的，v_i 称为观测值改正数，则

$$v_i = t_i - x$$

（三）由观测值改正数计算观测值中误差

通过研究改正数 v 与真误差 Δ 之间的关系，从而导出以改正数表示观测值中误差的公式

$$m = \pm \sqrt{\frac{[vv]}{n - 1}} \tag{1-16}$$

（四）算术平均值中误差

算术平均值 x 的中误差 M_x 可由下式计算

$$M_x = \pm \frac{m}{\sqrt{n}} \text{ 或 } M_x = \pm \sqrt{\frac{[vv]}{n(n - 1)}} \tag{1-17}$$

四、误差传播定律及其应用

（一）误差传播定律

表述观测值函数的中误差与观测值中误差之间关系的定律称为误差传播定律。

$$m_z = \pm \sqrt{\left(\frac{\partial f}{\partial x_1}\right)^2 m_1^2 + \left(\frac{\partial f}{\partial x_2}\right)^2 m_2^2 + \cdots + \left(\frac{\partial f}{\partial x_n}\right)^2 m_n^2} \tag{1-18}$$

为观测值中误差与其函数中误差的一般关系式，称为中误差传播公式。

中误差传播公式在测量中应用十分广泛。利用这个公式不仅可以求得观测值函数的中误差，还可以用来研究容许误差值的确定以及分析观测可能达到的精度等。

根据推导，可导出下列简单函数式的中误差传播公式，见表1-5。

表1-5 中误差传播公式

函数名称	函数式	中误差传播公式
倍数函数	$Z = Ax$	$m_z = \pm Am$
和差函数	$Z = x_1 \pm x_2$ $Z = x_1 \pm x_2 \pm \cdots \pm x_n$	$m_z = \pm \sqrt{m_1^2 + m_2^2}$ $m_z = \pm \sqrt{m_1^2 + m_2^2 + \cdots + m_n^2}$
线性函数	$Z = A_1x_1 \pm A_2x_2 \pm \cdots \pm A_nx_n$	$m_z = \pm \sqrt{A_1^2m_1^2 + A_2^2m_2^2 + \cdots + A_n^2m_n^2}$

（二）误差传播定律的应用

下面举例说明其应用方法。

【例1-3】 在1∶500地形图上量得某两点间的距离 $d = 234.5$ mm，其中误差 $m_d = \pm 0.2$ mm，求该两点间的地面水平距离 D 的值及其中误差 m_D。

解：实距 = 比例尺 × 图距（属于倍数函数）；$D = 500d = 500 \times 234.5\ \text{mm} = 117.25\ \text{m}$；$m_D = \pm 500\ m_d = \pm 500 \times \pm 0.2\ \text{mm} = \pm 0.10\ \text{m}$

【例1-4】 设对某一个三角形观测了其中 α、β 两个角，测角中误差分别为 $m_\alpha = \pm 3.5''$，$m_\beta = \pm 6.2''$，试求 γ 角的中误差 m_γ。

解：$\gamma = A - \alpha - \beta$（属于和差数函数），$\gamma = 180° - \alpha - \beta$；$m_\gamma = \pm \sqrt{m_\alpha^2 + m_\beta^2} = \pm \sqrt{(3.5'')^2 + (6.2'')^2} = \pm 7.1''$

【例1-5】 试推导出算术平均值中误差的公式。

解：算术平均值

$$x = \frac{[l]}{n} = \frac{1}{n}l_1 + \frac{1}{n}l_2 + \cdots + \frac{1}{n}l_n$$

设 $\frac{1}{n} = k$，则 $x = kl_1 + kl_2 + \cdots + kl_n$（属于和差数函数）。因为是等精度观测，各观测值的中误差相同，即 $m_1 = m_2 = \cdots = m_n = m$，得算术平均值的中误差为

$$\begin{aligned} M &= \pm \sqrt{k^2m_1^2 + k^2m_2^2 + \cdots + k^2m_n^2} \\ &= \pm \sqrt{\frac{1}{n^2}(m^2 + m^2 + \cdots + m^2)} \\ &= \pm \sqrt{\frac{m^2}{n}} \end{aligned}$$

所以：$M = \pm \frac{m}{\sqrt{n}}$。

在相同的观测条件下，算术均值的中误差与观测次数的平方根成反比。设观测值的中误差 $m=1$，则算术平均值的中误差 M 与观测次数 n 的关系随着观测次数的增加，算术平均值的精度固然随之提高，但是，当观测次数增加到一定数值后（例如 $n=10$）算术平均值精度的提高是很微小的。因此，不能单以增加观测次数来提高观测成果的精度，还应设法提高观测本身的精度。例如，采用精度较高的仪器，提高观测技能，在良好的外界条件下进行观测等。

【例 1-6】 推导用三角形闭合差计算测角中误差公式。

解：设等精度观测了 n 个三角形的内角，其测角中误差为 m_β。

各三角形闭合差为

$$f_{\beta_i} = a_i + b_i + c_i - 180°\text{（属于和差数函数）}$$

按中误差定义得三角形内角和的中误差 m_Σ 为

$$m_\Sigma = \pm\sqrt{\frac{[f_\beta f_\beta]}{n}}$$

由于内角和 Σ 是每个三角形各观测角之和，即

$$\Sigma_i = a_i + b_i + c_i$$

其中误差为

$$m_\Sigma = \pm\sqrt{3}\,m_\beta$$

故测角中误差

$$m_\beta = \pm\sqrt{\frac{[f_\beta f_\beta]}{3n}}$$

上式称为菲列罗公式，通常用在三角测量中评定测角精度。

【例 1-7】 分析水准测量精度。

解：(1)设在 A、B 两水准点间安置了 n 个测站，每个测站后视读数为 a，前视读数为 b，每次读数的中误差均为 $m_{读}$，由于每个测站高差为：$h=a-b$（属于和差数函数）。

(2)根据误差传播定律，求得一个测站所测得的高差中误差 $m_h = m_{读}\sqrt{2}$（如果采用黑、红双面尺或两次仪器高法测定高差，并取两次高差的平均值作为每个测站的观测结果，则可求得每个测站高差平均值的中误差 $m_{站} = m_{读}$）。

(3)由于 A、B 两水准点间共安置了 n 个测站，可求得 n 站总高差的中误差 $m=m_{站}\sqrt{n}=m_{读}\sqrt{n}$（即水准测量高差的中误差与测站数的平方根成正比）。

(4)设每个测站的距离 S 大致相等，全长 $L=nS$，将 $n=L/S$ 代入 $m=m_{站}\sqrt{n}$ 得

$$m = m_{站}\sqrt{1/S}\times\sqrt{L}$$

式中，$1/S$ 为每千米测站数，$m_{站}\sqrt{1/S}$ 为每千米高差中误差，以 u 表示，则

$$m = \pm u\sqrt{L}$$

即水准测量高差的中误差与距离平方根成正比。

(5)现行规范中规定，普通（图根）水准测量容许高差闭合差分别为

$$f_{h容} = \pm 40\sqrt{L}\text{(mm)（平地）}; f_{h容} = \pm 12\sqrt{n}\text{(mm)（山地）}$$

【例 1-8】 分析水平角测量的精度。

(1)DJ_6 级光学经纬仪一测回的测角中误差。

DJ_6 级光学经纬仪通过盘左、盘右(即一测回)观测同一方向的中误差 $m_{方} = \pm 6''$作为出厂精度,也就是一测回方向中误差为 ±6″。由于水平角为两个方向值之差,$\beta = b - a$。故其中误差应为

$$m_\beta = m_{方}\sqrt{2} = \pm 6'' \times \sqrt{2} = \pm 8.5''$$

即 DJ_6 级光学经纬仪一测回的测角中误差为 ±8.5″。考虑仪器本身误差及其他不利因素,取 $m_\beta = \pm 10''$。以两倍中误差作为容许误差,则

$$m_{\beta容} = 2m_\beta = \pm 20''$$

因而规范中当用 DJ_6 级光学经纬仪施测一测回时,测角中误差规定为 ±20″。

(2)三角形角度容许闭合差。

用 DJ_6 级光学经纬仪等精度观测三角形的三个内角,各角均用一测回观测。

其三角形闭合差为

$$W = (a_i + b_i + c_i) - 180°$$

已知测角中误差

$$m_\beta = m_a = m_b = m_c$$

按误差传播定律,三角形闭合差的中误差为 $m_w = \sqrt{3}\,m_\beta$,以 $m_\beta = \pm 8.5''$代入,则最后结果为

$$m_w = \pm 8.5 \times \sqrt{3} = \pm 15''$$

考虑仪器本身误差和其他不利因素,$m_w = \pm 20''$。取 3 倍中误差为容许误差,则规范规定用 DJ_6 级光学经纬仪施测一测回,三角形最大闭合差(容许闭合差)为 ±60″。

习　题

1. 什么叫测量学? 测量学的研究对象是什么?

2. 什么叫水准面、大地水准面? 大地水准面有什么作用?

3. 什么叫绝对高程、相对高程和高差?

4. 表示点的坐标有哪几种? 分别适用于什么情况?

5. 测量学中的平面坐标系与数学中的平面直角坐标系有何区别?

6. 根据“1956 年黄海高程系”算得 A 点高程为 210.464 m,B 点高程为 138.654 m。若改用“1985 国家高程基准”,则 A、B 点的高程分别为多少?

7. 测量工作的基本内容、基本原则是什么?

8. 系统误差与偶然误差有何不同? 偶然误差有哪些特性?

9. 下列情况会使观测结果产生误差,试判断产生误差的性质? 在普通水准测量中:①符合气泡没有精确居中;②估读不准;③水准仪下沉;④水准尺下沉;⑤水准管轴与视准轴不平行。用钢尺丈量距离时:①尺长不准确;②定线不准;③温度变化;④拉力不均匀;⑤估读小数不准确。

10. 评定观测精度的标准有几种? 衡量角度测量和距离测量精度的标准有何不同? 为什么?

11. 设对某水平角观测了 5 次，测得观测值为 67°21′30″、67°21′48″、67°21′18″、67°21′36″、67°21′18″，试计算观测值的最或是值、观测值的中误差和最或是值的中误差。

12. 分别丈量两段距离，一段是 150 m，另一段是 200 m，它们的中误差都为 ±20 mm，问这两段距离的丈量精度是否相同，为什么？

13. 在 1∶500 的图上量得一圆半径为 31.34 mm，已知测量中误差为 ±0.1 mm，求实地圆周长的中误差。

14. 在同精度观测中，观测值中误差 m 与算术平均值中误差 M 有什么区别和联系？

15. 某长方形房屋，长边量得结果为：60 m +0.02 m，短边量得结果为：30 m +0.01 m，求房屋面积的中误差。

第二章 水准测量

学习目标

本章应重点掌握水准测量的原理，熟悉 DS_3 水准仪的构造、使用和观测方法；等外水准路线的观测、记录、计算及其成果的校核方法等内容。了解水准测量误差的主要来源，掌握消除或减少误差的基本措施。

在测量工作中，要确定地面点的空间位置，经常要确定地面点的高程。我们把确定地面点高程的测量工作称为高程测量。高程测量的目的是研究地面的起伏状况和解决工程中的有关问题。在园林工程中，园林道路、园林建筑等工程的设计，以及苗圃，改土、治水等基本建设都需要高程测量，以了解工作地区的地形情况。

根据测量高程所用仪器和测量原理的不同，高程测量方法分为三种：几何水准测量、三角高程测量和气压高程测量。其中几何水准测量的精度最高，使用也最为广泛，是高程测量的基本方法。近年来，GPS 测量也可以提供 GPS 高程，通过修正可改算为高程。

几何水准测量分为国家等级水准、等外水准（也称为图根水准测量）。国家水准测量用于建立全国性的高程控制网，分为一、二、三、四等，一等水准测量精度最高，是国家高程控制网的骨干，同时是研究地壳垂直位移及有关科学研究的主要依据；二等水准测量精度低于一等水准，是国家高程控制的基础；三、四等水准测量，其精度依次降低，为地形测图和各种工程建设提供高程分级控制服务。等外水准测量精度低于四等水准，直接服务于地形测图高程控制测量和普通工程建设施工。

第一节 水准测量基本原理

一、水准测量基本原理

水准测量的基本原理是利用水准仪提供的水平视线测定地面间的高差，然后由已知点高程推算未知点的高程。如图 2-1 所示，在需要测定高差的 A、B 两点上，分别立上水准尺，在 A、B 两点的中点安置可获得水平视线的仪器（这种仪器称为水准仪），水平视线在 A、B 两尺上的截尺数分别为 a、b，由于 AB 距离很短，地球曲率影响可忽略不计，则 A、B 两点的高差为

$$h_{AB} = a - b \tag{2-1}$$

若水准测量是沿 AB 方向前进，则 A 点称为后视点，其竖立的标尺称为后视标尺，读数值 a 称为后视读数；B 点称为前视点，其竖立的标尺称为前视标尺，读数值 b 称为前视读数。因此，公式（2-1）用文字表达，即为：两点间的高差等于后视读数减去前视读数。

高差有正（+）、有负（-），当 B 点高程比 A 点高时，前视读数 b 比后视读数 a 要小，高差为正；当 B 点比 A 点低时，前视读数 b 比后视读数 a 要大，高差为负。因此，水准测量的高

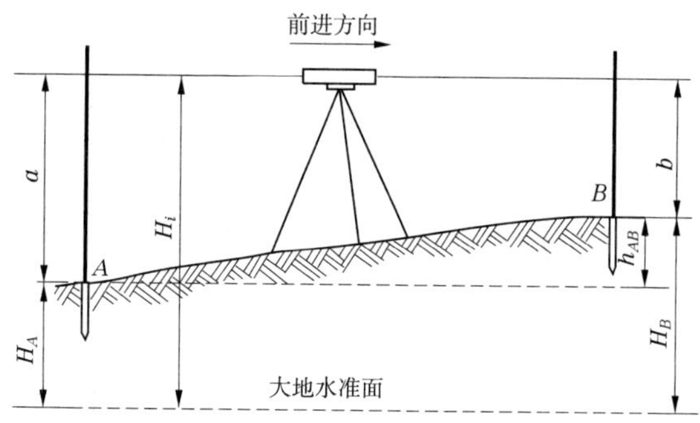

图 2-1 水准测量的原理

差 h 根据正负要冠以“+”、“-”号。

很显然，如果 A 点的高程 H_A 为已知，则 B 点的高程为

$$H_B = H_A + h_{AB} \tag{2-2}$$

$$H_B = H_A + a - b = (H_A + a) - b \tag{2-3}$$

式中，$(H_A + a)$ 称为视线高，通常用 H_i 表示，则有

$$H_B = H_i - b \tag{2-4}$$

式(2-4)在断面水准测量工作中经常用到。

二、水准测量的测段

在实际测量工作中，当 A、B 两点相距较远，或者高差较大时，安置一次仪器不可能测得其间的高差，因此必须在两点间分段连续安置仪器和竖立标尺，连续测定两标尺点间的高差，最后取其代数和，求得 A、B 两点间的高差。如图 2-2 所示。

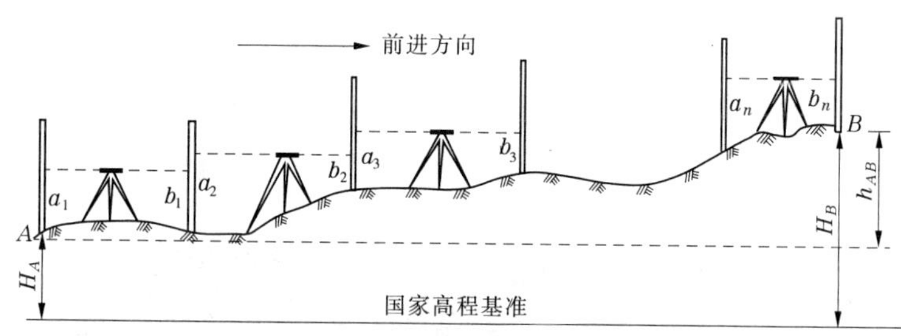

图 2-2 水准测量测段

由图 2-2 可以看出每站的高差

$$\left.\begin{aligned} h_1 &= a_1 - b_1 \\ h_2 &= a_2 - b_2 \\ &\vdots \\ h_n &= a_n - b_n \end{aligned}\right\}$$

将以上各段高差相加，则得 A、B 两点间的高差 h_{AB} 为

$$h_{AB} = h_1 + h_2 + \cdots h_i + \cdots + h_n = \sum_1^n h_i \tag{2-5}$$

或 $$h_{AB} = (a_1 - b_1) + (a_2 - b_2) + \cdots (a_i - b_i) + \cdots + (a_n - b_n)$$

$$= (a_1 + a_2 + \cdots a_i + \cdots + a_n) - (b_1 + b_2 + \cdots b_i + \cdots + b_n)$$

$$= \sum_{i=1}^{n} a_i - \sum_{i=1}^{n} b_i \qquad (2\text{-}6)$$

由式(2-5)和式(2-6)可知:相距较长距离的 A、B 两点(或高差较大的两点),其高差等于两点间各段高差之和,也等于所有后视尺读数之和减去所有前视尺读数之和。在实际测量作业中,用两种方法计算能起到相互检核作用。

如果,已知 A 点高程为 H_A,则 B 点高程 H_B 为

$$H_B = H_A + h_{AB} = H_A + \sum_{i=1}^{n} h_i \qquad (2\text{-}7)$$

在测量过程中,高程已知的水准点称为已知点,未知高程点则为待定点。每架设一次仪器称为一个测站,自身高程不需要测定,只是被用做传递高程的临时立尺点,也被称为转点。由若干个连续测站完成两点间高差测定称为一个测段。用水准仪测量地面点的高程时,水准仪的视线必须水平,这是水准测量最重要、最基本的要求。

第二节　水准测量仪器及其使用

在园林测量中,水准测量常用的仪器和工具有 DS_3 水准仪、水准尺和尺垫等。

一、DS_3 水准仪

D 是大地测量仪器的代号,即汉字“大”的拼音的第一个字母;S 是水准仪的代号,即汉字“水”的拼音的第一个字母;角码 3 是指水准仪的精度,即该型号水准仪每千米往返测量高差中数的偶然中误差小于 3 mm。三者连写为 DS_3 表示了该仪器的型号和精度。

(一)水准仪的构造和性能

水准仪是为水准测量提供水平视线的仪器。图 2-3 为 DS_3 水准仪的外观,主要由照准部、基座和三脚架三部分组成。照准部主要由望远镜和管水准器组成,二者连为一体是进行水准测量的前提条件;在微倾螺旋作用下,二者可同时作微小倾斜;当管水准器气泡居中时,

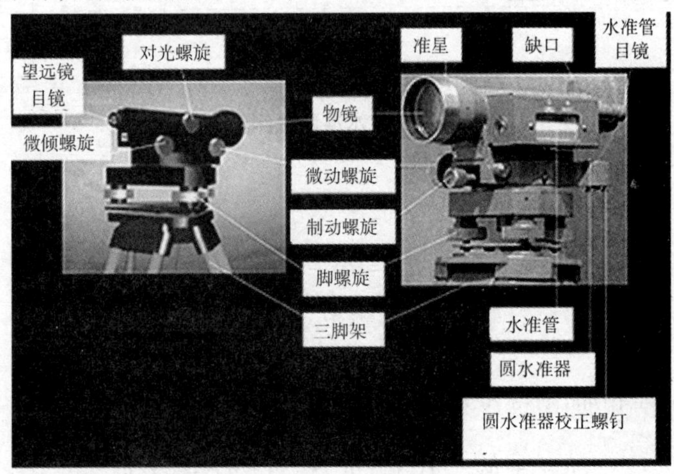

图 2-3　DS_3 水准仪

标志着望远镜视线水平。照准部可绕竖直轴在水平方向上旋转,水平制动螺旋和微动螺旋可控制其左右转动,用以精确瞄准目标。使用仪器时,中心螺旋将仪器与三脚架头连接起来,旋转基座上的脚螺旋,使圆水准器气泡居中,则视准轴大致处于水平位置。三脚架可以伸缩和收张,为架设仪器提供方便。

(二)望远镜

1. 望远镜成像原理

望远镜的物镜和目镜均为凸透镜,如图 2-4 所示,长焦距的透镜作为物镜,远处物体 MN 发来的光线通过物镜形成倒立而缩小了的实像 $M'N'$;再用短焦距的透镜作为目镜,将物像 $M'N'$ 放大成虚像 mn,当人的眼镜处于某一恰当位置时,将看到这个虚像。十字丝分划板安置在物镜和目镜之间,在瞄准目标时以十字丝交点对准目标中心为准。

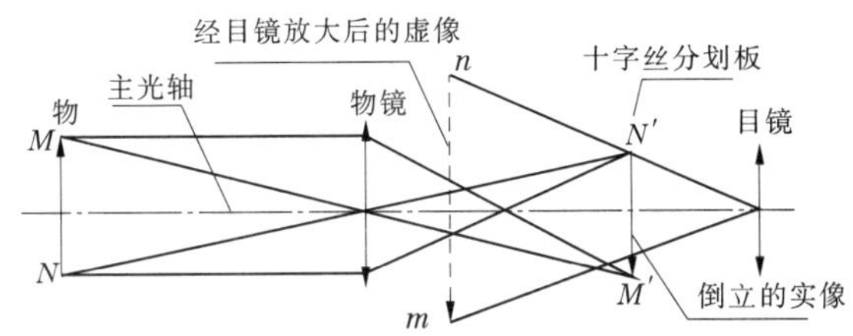

图 2-4　望远镜成像原理

2. 望远镜的构造

依据望远镜成像原理,望远镜则由目镜、物镜、十字丝分划板、调焦(对光)螺旋、镜筒以及照准器组成。

望远镜按其调焦方式的不同分为外调焦和内调焦两大类。外调焦望远镜由于密封性不好等,缺点较多,因此现在生产的水准仪都采用内调焦望远镜。图 2-5 为内调焦望远镜示意图。

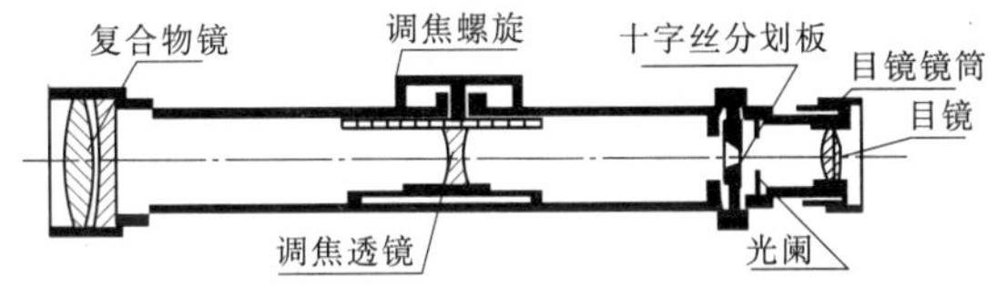

图 2-5　望远镜的结构

因为凸透镜厚度不均的原因,望远镜在成像过程中会出现色散,形成球面相差和色差对目标成像造成影响,所以现代测量仪器中的透镜(物镜、目镜)均为复合透镜。为防止边缘光线目镜聚焦于一点而影响成像,因此在靠近目镜附近安置一光阑。

为使仪器精确照准目标和读数,在物镜筒内光阑处安装了一十字丝分划板。

十字丝是刻在玻璃板上相互垂直的两条细线。竖直的一根十字丝称为纵丝(又称竖丝)。中间水平的一根十字丝称为横丝(又称中丝或水平丝)。横丝上、下对称的两根十字丝称为上、下丝,由于是用来测量距离的,因此又称为视距丝,如图 2-6 所示。

物镜光心和十字丝的连线称为望远镜的视准轴。视准轴是水准仪进行水准测量的关键轴线。

3. 望远镜的使用

1) 望远镜的操作程序

首先将望远镜对向明亮的背景,例如对向白色的墙面或明亮的天空,转动目镜进行调焦,使十字丝的分划线能看得很清晰。正确的操作方法是由负曲光度向正曲光度(目镜套筒上带有“+”、“-”的标记)转动目镜。使十字丝由不清晰到清晰(十字丝最黑),然后瞄准目标,用物镜调焦螺旋使目标也能看得十分清楚。为了方便寻找目标,一般在望远镜筒的外面都装有瞄准器(准星和照门),可以先用瞄准器将望远镜对准目标之后再使用物镜调焦。

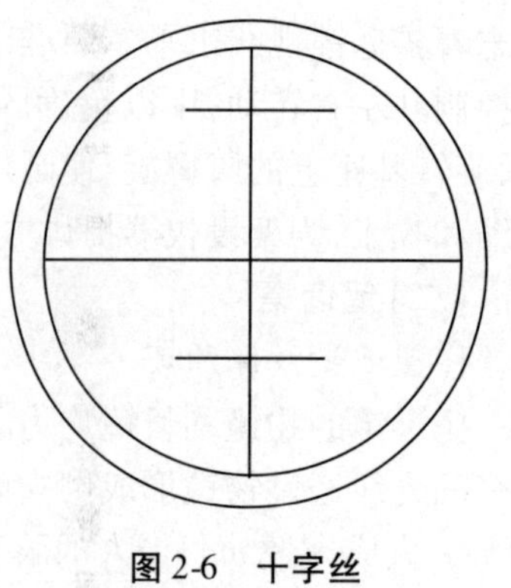

图 2-6 十字丝

2) 视差及视差的消除

瞄准目标时,如果像平面与十字丝面没有严密重合,当观测者眼睛在目镜后晃动时,则目标像与十字丝相对位置发生变化,这种现象称为十字丝视差。视差带来观测误差。为了检查是否存在视差,可使眼睛在目镜后上下或左右轻微晃动,如果十字丝的交点始终对着目标的同一位置或横丝对准尺子的刻划不变,则表示没有视差;如果发现十字丝与目标有相对移动,说明有视差存在。如图 2-7(a)、(b)所示为像平面与十字丝面不重合的情况,当人眼位于目镜中间 2 处时,十字丝的交点 O 与物体的像点 a 重合;当眼睛略向上移至 1 处时,O 点又与 b 点重合;而当眼睛向下移至 3 处时,O 点便与 c 点重合了。如果连续使眼睛的位置上下移动,好像看到物体的像在十字丝附近上下移动一样。图 2-7(c)就不存在上述现象,说明没有视差存在。

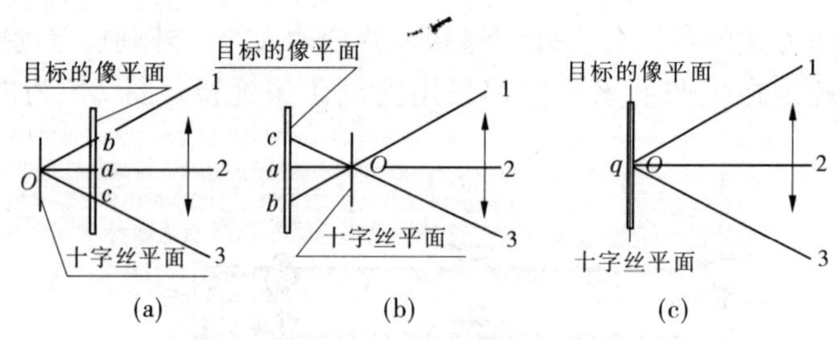

图 2-7 视差

消除视差的方法是:首先按操作步骤依次调焦,即将望远镜对向远方明亮处,进行目镜调焦,使十字丝的分划线成像清晰。然后瞄准目标,用物镜调焦使目标像同样清晰。其次要注意观测者的眼睛不要紧张,要始终处于松弛状态,防止眼球焦距发生变化。这样反复调 1~2 次,直到上下晃动眼睛时十字丝与目标影响不发生相对移动。

(三) 水准器

水准器是水准仪获得水平视线的重要部件。从形式上分为管水准器、圆水准器和符合水准器。

1. 管水准器

管水准器又称水准管,是用玻璃制成的。它是一个纵向内表面磨成圆弧的玻璃管,将一端封闭,由开口的一端注入质轻而易流动的液体如酒精、氯化钾或乙醚等,装满后再加热融封而成,待液体冷却后,管内即形成了一个气体充塞的小空间,这个空间称为水准气泡(见

图 2-8)。在管水准器上刻有 2 mm 间隔的分划线(见图 2-9)。分划线与中间的 S 点成对称状态,如图 2-10 所示,S 点称为水准管的零点,零点附近无分划,零点与圆弧相切的切线 LL 称为水准管的水准轴。根据气泡在管内占有最高位置的特性,当气泡中点位于管子的零点位置时,称为气泡居中,也就是管子的零点最高时,水准轴处于水平位置。气泡中点的精确位置依气泡两端相对称的分划线位置确定。

气泡在水准器内快速移动到最高点的能力称为灵敏度。水准器灵敏度的高低与水准器的分划值有关。

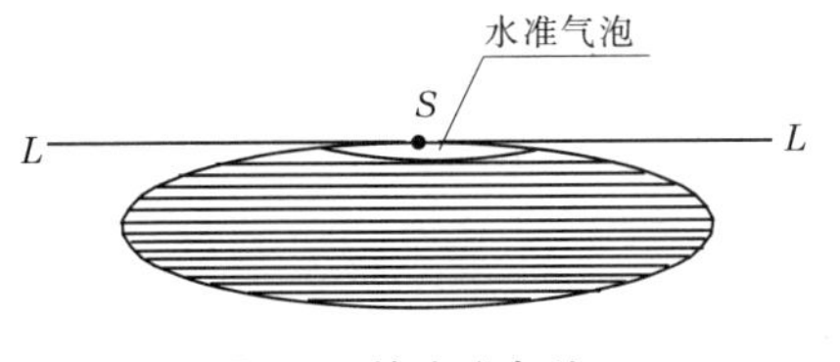

图 2-8 **管水准气泡**

图 2-9 **管水准器分划线**

水准器的分划值是指水准器上相邻两分划线(2 mm)间弧长所对应的圆心角值的大小,用 τ 表示。若圆弧的曲率半径为 R(见图 2-10),则分划值 τ 为

$$\tau = \frac{2}{R}\rho \tag{2-8}$$

分划值与灵敏度的关系为:分划值越大,灵敏度越低;分划值越小,灵敏度越高。但水准管气泡的灵敏度愈高,气泡愈不稳定,使气泡居中所费的时间愈长。因此,水准器的灵敏度应与仪器的性能相适应。

2. 圆水准器

圆水准器的顶面内壁为一球面,球面中心有圆圈,圆圈中心是圆水准器的零点。通过零点的球面法线称为圆水准轴。如图 2-11 所示的 OC,当气泡的中心与水准器的零点重合时,圆水准轴即成竖直状态。圆水准器在构造上,使其轴线与外壳下表面正交,所以当圆水准轴竖直时,外壳下表面 MN 处于水平位置。

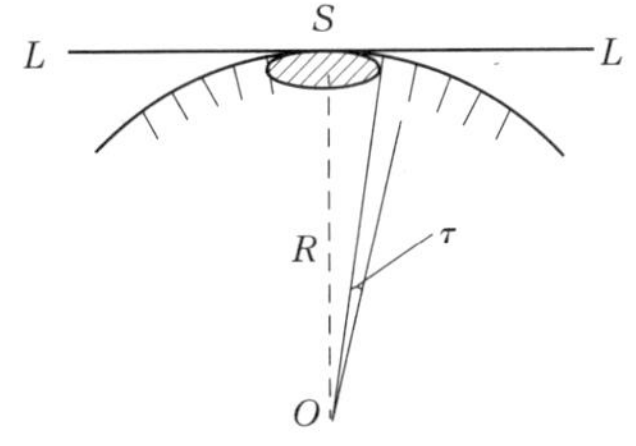

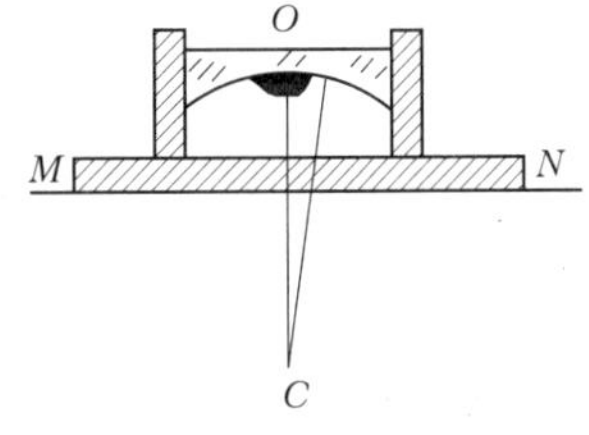

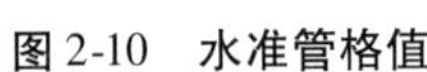
图 2-10 **水准管格值**

图 2-11 **圆水准器**

由于圆水准器的半径比水准管小,故其分划值较大,所以圆水准器的灵敏度低,在工作中,常将圆水准器作为概略整平之用。精度要求较高的整平,则用管水准器或符合水准器来进行。

3. 符合水准器

当用眼睛直接观察水准管气泡两端相对于分划线的位置来衡量气泡是否居中时,为了提高整平的精度,以便于观察,一般采用符合水准器。

符合水准器就是在水准管的上方安置一套棱镜组 ,通过光学系统的反射和折射作用,把管气泡两端各一半的影像传递到望远镜内或目镜旁边的显微镜内,使观测者不移动位置就能看到水准器的符合影像。同时,由于气泡两端影像的偏离是将实际偏移值放大了一倍甚至许多倍,从而提高了水准器居中的精度。图 2-12 所示为符合水准器棱镜系统的光路及观察气泡的情况。若气泡两端的影像完全重合,则表示气泡已居中,见图 2-12 中的①。若呈现图 2-12 中②的情况,则表明气泡尚未居中。

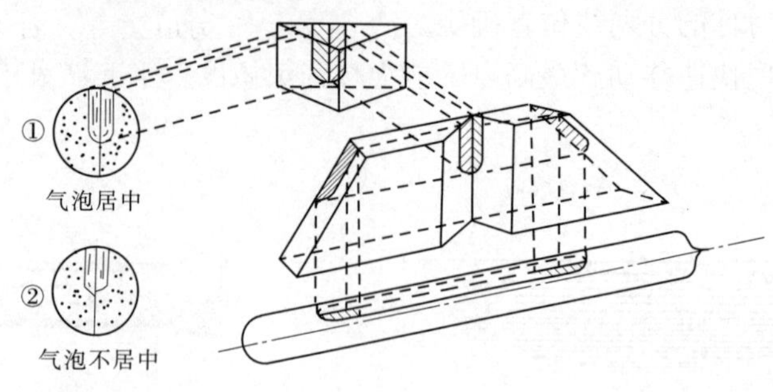

图 2-12

二、水准标尺

水准标尺是水准测量的重要工具,水准测量作业时与水准仪配合使用。水准标尺类型很多,普通水准尺多为木质,也有合金铝质水准尺和精密水准测量所用的铟钢尺。普通水准尺标尺总长一般在 2 ~ 5 m,多选用伸缩性小、不易变形的木材加工而成,尺面分划为 1.0 cm,黑面为黑白相间的分划,红面为红白相间的分划。为保证读数方便和避免读数错误,每 5 个分划组合在一起。如图2-13 所示,尺面上每分米注有倒写的阿拉伯数字,由下往上逐渐增大。这样是为了配合倒像水准仪的使用。其中与字头平齐的分划线就是该分米的起算线。

标尺必须成对使用。为了防止观测时产生印象错误,每对双面尺的底部,黑面均从零起算,红面分别从 4687 和 4787 起算,4687 和 4787 为一对水准尺。高等级水准测量时,为提高观测精度,通常在水准尺背面装一水准器,测量时水准气泡应严格居中。

黑面　红面

图 2-13

除水准尺外,还有 5 m 塔尺、3 m 折叠尺等。

三、尺垫(又称为尺台)

尺垫也是水准测量中的一种工具,一般由铸铁制成。在进行水准测量时,为了防止水准尺下沉,每根水准尺都附有一个尺垫,使用时先将尺垫牢固地踩入地下,再将标尺直立在尺垫的半球形顶部,如图 2-14 所示。注意:尺垫只用在转点上,已知点或待定点不能放尺垫。土质特别松软的地区应用尺桩进行测量。

四、水准仪的使用

进行水准测量时,首先将仪器安置于三脚架上,并将仪器安置在经过粗略整平、高度适中的位置上,瞄准水准尺,经过精确整平后,利用望远镜就可以在竖立的水准尺上读数,则可按照水准测量的原理测定高差，推算高程。

（一）水准仪的安置

安置水准仪，通常是先将脚架的一条腿取适当位置安置好（仪器高度应与自己的身高相适应），然后两手握住另两条腿作前后、左右移动，眼睛目测使脚架头顶面水平。若地面比较坚实，可以不用脚踏，如在公路上、城镇中有铺装面的街道上等。若地面比较松软，则应用脚踏实脚架，使仪器稳定。当地面倾斜较大时，应将三脚架的一个脚架腿安置在倾斜方向上，再将另外两个脚架腿安置在与倾斜方向垂直的方向，这样既有利于仪器的整平，又有利于仪器安置的稳固安全，如图 2-15 所示。

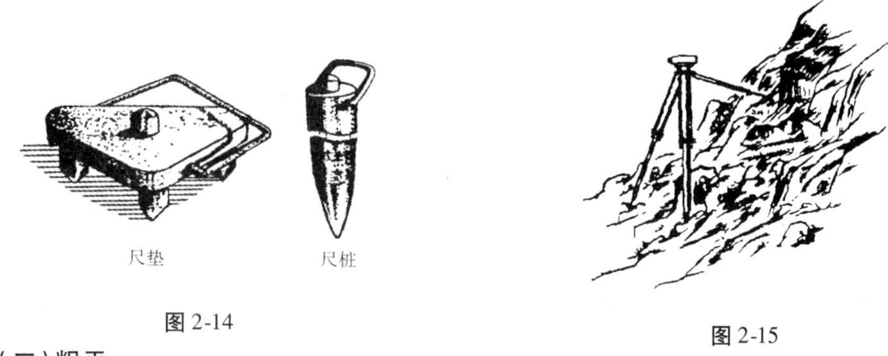

图 2-14　　图 2-15

（二）粗平

粗平工作是利用脚螺旋使圆水准器的气泡居中，达到仪器粗平的目的，操作方法具体如下：

（1）打开制动螺旋，转动仪器，使圆水准器置于 1、2 两脚螺旋一侧的中间。

（2）两手分别以相对方向转动两个脚螺旋，使气泡位于圆水准器零点和垂直于 1、2 两个脚螺旋连线的方向上，此时气泡移动方向与左手大拇指旋转时的移动方向相同。如图 2-16（a）所示。

（3）再转动第三个脚螺旋让气泡居中，见图 2-16（b）。

实际操作时可以不转动第三个脚螺旋，而以相同方向同样速度转动原来的两个脚螺旋 1、2 使气泡居中即可，如图 2-16（c）所示。在熟练操作以后，不一定将气泡的移动分解为两步，直接转动两个脚螺旋即可导致气泡居中。此时，两个脚螺旋各自的转动方向和转动速度都要视气泡的具体位置而定，要按照气泡移动的方向及时控制两手的转动。

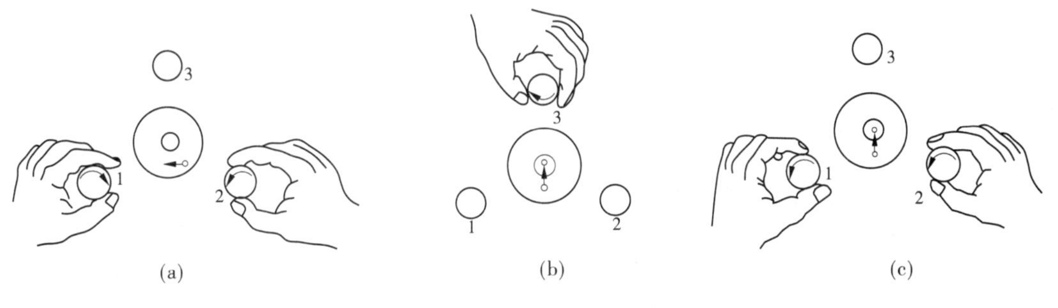

图 2-16

（三）瞄准

用望远镜十字丝中心对准目标的操作过程称为瞄准。具体操作步骤如下：

(1)松开望远镜水平制动螺旋,把望远镜对向明亮背景处,进行目镜调焦,使十字丝最清晰。

(2)转动望远镜,利用镜筒上方的缺口和准星照准水准标尺,固定水平制动螺旋。

(3)旋转水平微动螺旋,使十字丝纵丝精确照准水准标尺的中间即可。

(4)旋转物镜调焦螺旋,使水准尺成像清晰且无视差现象存在。

(四)精平

读数之前必须调节微倾螺旋使水准管气泡完全居中。由于气泡的移动有一个惯性,因此转动微倾螺旋的速度不能太快,尤其当符合水准器的两端气泡将要对齐时更要注意。

(五)读数

水准测量的读数是以十字丝中间的横丝在水准尺上截取读数。它包括视距读数和中丝读数两步工作。视距读数就是利用上、下丝直接读取仪器至标尺的距离。视距读数的方法是:照准标尺,读出上、下丝读数,计算出上、下丝切尺读数的间隔 L,将 L 乘以 100 即为仪器至水准尺的距离,也可以旋转微倾螺旋,使上、下丝切准某一整分划,读出上、下丝之间的间隔 L 的厘米数,单位换成米数即为仪器到水准尺的间距。

中丝读数是水准测量的基本功之一,必须熟练掌握。中丝读数在精平后即刻进行,直接读出米、分米、厘米、毫米。为了防止不必要的误差,习惯上只报读四位数字,不读小数点,如 1.204 m 和 0.607 m 读为 1204 和 0607。视距读数时,符合水准器气泡不需符合;而中丝读数是用来测定高差的,所以进行中丝读数时,必须先使符合水准器气泡符合。

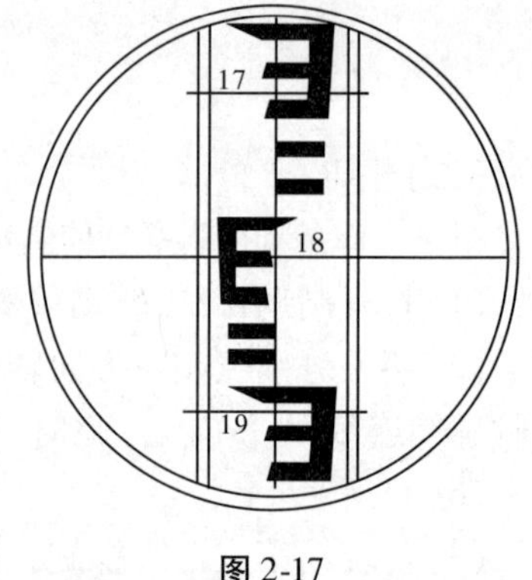

图 2-17

读数时,要弄清标尺上的数字注记形式。大部分水准标尺的注记形式如图 2-17 所示,即分米数字注记在整分划线数值增加的一边,这样的注记读数较方便,如图 2-17 所示,中丝读数为 1822。由于水准仪有正像和倒像两种,读数时注意遵循从小读数向大读数的原则,如图 2-17 不能读成 1978。

第三节　普通水准测量方法

普通水准测量又称为等外水准测量或图根水准测量。它是地形测量、断面测量及航测外业获得图根高程点的方法。其精度低于四等水准测量,但具有操作简单、工作速度快等优点,所以很多园林工程施工中也会用到普通水准测量。

普通水准测量包括准备、计划、选点、埋石、观测以及计算等工作。

一、水准路线的拟订

进行水准测量前必须先做技术整体设计,其目的在于从全局考虑统筹安排,让整个水准测量任务有计划地顺利完成。此项工作完成的好坏将直接影响到水准测量的速度、质量及其相关的工程建设,所以要求测量工作者在开展工作之前,必须做好水准路线的拟订工作。

水准路线的拟订工作包括:水准路线的选择、水准点位的确定。

选择水准路线的基本要求是必须满足具体任务的需要。例如:施测国家三、四等水准测量,它们必须以高一等级的水准点为起始点,并较为均匀地分布水准点的位置。不同等级的水准测量和不同性质的工程建设,其精度要求是不同的,所以拟订水准路线时应按规范要求进行。

拟订水准路线一般要收集现有的较小比例尺地形图,收集测区已有的水准测量资料,包括水准点的高程、精度、高程系、施测年份及施测单位。设计人员还应亲自到现场勘察,核对地形图的正确性,了解水准点的现状。在此基础上根据任务需求确定如何合理使用已有资料,进行图上设计。一般来说,精度要求高的水准路线应该沿公路、大道布设,精度要求较低的水准路线也应尽可能沿各类道路布设,目的在于路线通过的地面要坚实,使仪器和标尺都能稳定。为了不多增加测站数,并保证足够的精度,还应使路线的坡度较小,水准点的位置在拟订水准路线时也应考虑;对于较大测区,如果水准路线布成网状,则应考虑平差计算的初步方案,以便内业工作顺利进行。

设计结束后,绘制一份水准路线布设图;图上按一定比例绘出水准路线、水准点的位置,注明水准路线的等级、水准点的编号。

水准路线布设形式有以下几种。

(一)单一水准路线形式

单一水准路线形式有三种,即附合水准路线、闭合水准路线和支水准路线。

(1)附合水准路线:从一个已知点开始,经过若干个待求点后,到达另一个已知点,这样的观测路线形式称为附合水准路线,见图2-18(a)。

(2)闭合水准路线:从一个已知点出发,经过若干个待求点后仍回到原已知点,从而形成一个闭合环线,这样的观测路线形式称为闭合水准路线,见图2-18(b)。

(3)支水准路线:由已知点起测至待求点后再返测到原已知点,其路线既不闭合又不附合,见图2-18(c),这样的观测路线形式称为支水准路线。此形式没有检核条件,为了提高观测精度和增加检核条件,支水准路线必须进行往返测量。

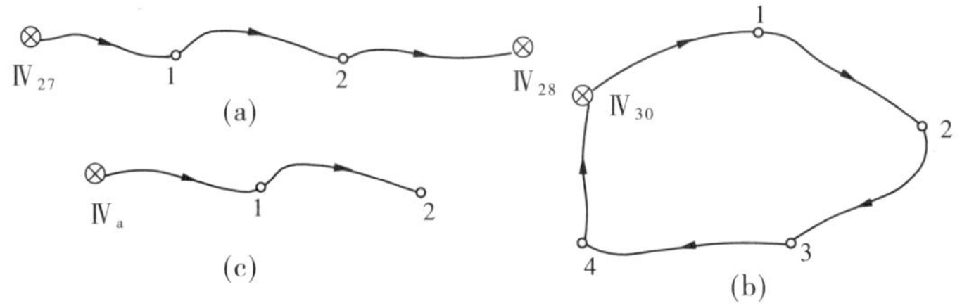

图2-18 水准路线的布设

(二)水准网形式

若干条单一水准路线相互连接构成结点或网状形式,称为水准网。只有一个高级点的称为独立水准网(图2-19(b)),有3个以上高级点的称为附合网(图2-19(a))。

二、选点、埋石

水准路线拟订后,即可根据设计图到实地踏勘、选点和埋石。所谓踏勘,就是到实地查看图上设计是否与实地相符;埋石就是水准点的标定工作;选择水准点具体位置的工作称为选点。

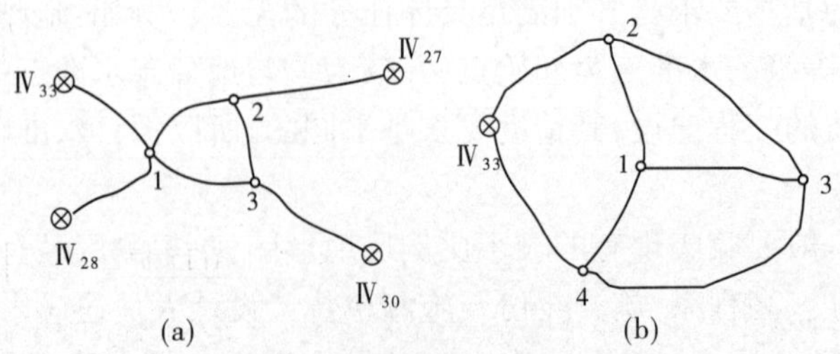

图 2-19　水准网

水准点选点的原则:交通方便、土质坚实、坡度均匀且小等。

水准点按其性质分为永久性和临时性水准点两大类。便于长期保存的水准点称为永久性水准点,通常是标石。为了工程建设的需要而临时增设的水准点,没有长期保存的价值,称为临时性水准点(通常以木桩作为临时性水准点)。

永久性水准点又分为标准型和普通型两种。标准型由一个方底盘和一个柱石组成,除柱石顶部镶嵌有水准标志外,在底盘上也镶嵌有一个水准标志,水准测量时应测出两个标志的高程,规格和埋设如图 2-20(a)所示。普通型标石只有柱石,水准标志仅有一个,规格和埋设如图 2-20(b)所示。埋石工作最好现场浇灌。水准测量的成果通常取至毫米,故此水准测量应与埋设之间有一段时间间隔,以便水准标石的稳定。

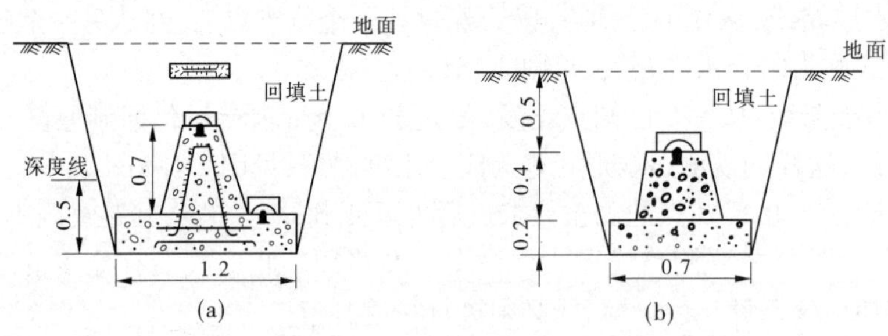

图 2-20　水准点标石　(单位:m)

在城镇和厂矿社区,还可以采用墙角水准标志,选择稳定建筑物墙脚的适当高度埋设墙脚水准标志作为水准点,具体埋设和形状如图 2-21 所示 。

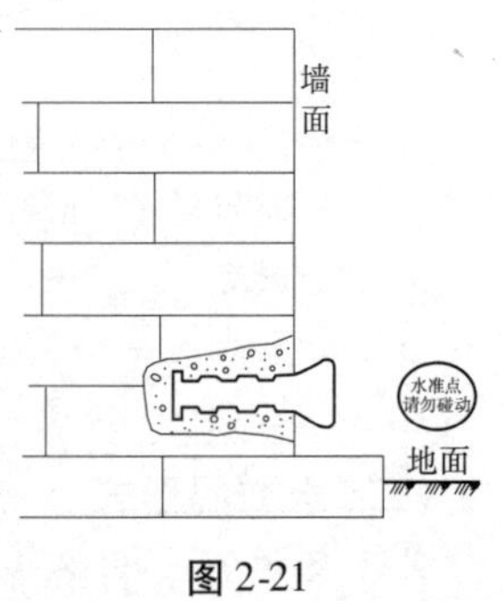

图 2-21

为了便于寻找水准点的位置,所有水准点均应制作点之记,点之记应作为测量成果长期保存。

水准点点之记的绘制方法及式样见图 2-22。

三、普通水准的施测

(一)普通水准测量的观测、记录

普通水准测量的外业观测程序为:将水准尺立于已知高程的水准点上作为后视,水准仪置于施测路线附近合适的位置,在施测路线的前进方向上取与后视距大致相等的距离放置尺垫,当尺垫踩实后,将水准尺立在尺垫上作为前视尺。观测员将仪器设站于两水准尺中间,安置仪器,经过粗平,瞄准后视标尺,精平,读取三丝读数。转动照准部,瞄准前视标尺,精平,读取三丝读数。记录员根据观测员的读数在手簿中记下相应数字,并立即计算高差,

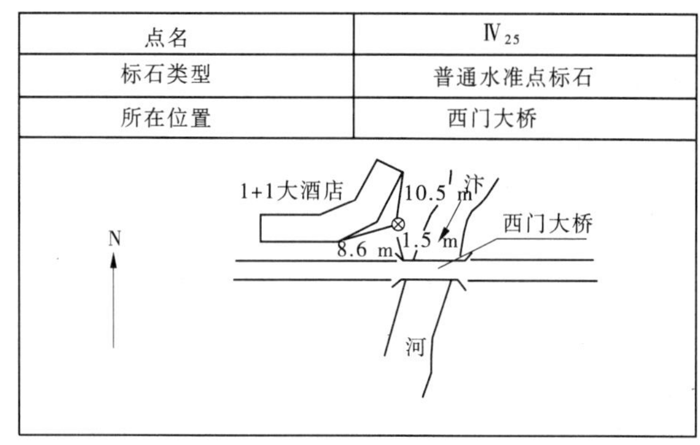

图 2-22　水准点之记

检查视距与前后视距差是否超限，超限应进行调整。如符合要求，就完成了第一个测站的全部工作。

第一站结束之后，记录员通知后标尺员向前转移，并将仪器迁至第二测站。这时，第一测站的前视点便成为第二测站的后视点。依第一站相同的工作程序进行第二站的工作。依次沿水准路线方向施测，直至全部路线观测完。

记录、计算过程见表 2-1。

表 2-1　水准测量记录手簿

测自IV_{135}至 IV_{136}　　　　＿＿＿＿年＿＿月＿＿日 观测者:＿＿＿

记录者:＿＿＿

测站	点号	视距(m)	后视	前视	高差		高程(m)	说明
1	2	3	4	5	6	7	8	9
1	IV_{135}	56	0347			-1284	+46.215	已知点
	转点	54		1631				
2	转点	72	0306			-2318		
	1	74		2624			+42.613	
3	1	98	0833			-0683		
	转点	96		1516				
4	转点	41	1528		+1027			
	转点	43		0501				
5	转点	79	2388		+1694			
	2	77		0694			+44.651	

(二)普通水准测量、记录、资料整理的注意事项

(1)在水准点(已知点或待定点)上立尺时，不得放尺垫；

(2)水准尺应直立，不能左右倾斜，或者前后俯仰；

(3)在观测员未迁站之前，后视点尺垫不能提动；

(4)前后视距离应大致相等，立尺时可用步丈量；

(5)外业观测记录必须在有编号、装订成册的手簿上进行。已编号的各页不得任意撕去，记录中间不得留空页或空格；

(6)一切外业原始观测值和记事项目，必须在现场用铅笔直接记录在手簿中，记录的文字和数字应端正、整洁、清晰；

(7)外业手簿中的记录和计算的修改以及观测结果的作废，禁止擦拭、涂抹与刮补，而应以横线或斜线正规划去，并在本格内的上方写出正确数字和文字。除计算数据外，所有观测数据的修改和作废，必须在说明栏内注明原因及把重测结果记录清楚。重测记录前需加"重测"二字。

在同一测站内不得有两个相关数字"连环更改"。例如：更改了标尺的黑面前两位读数后，就不能再改同一标尺的红面前两位读数，否则就叫连环更改。若有连环更改记录，应立即废去重测。

对于尾数读数有错误(厘米和毫米读数)的记录，不论何种原因都不允许更改，而应将该测站的观测结果废去重测。

(8)有正、负意义的量，在记录计算时，都应带上"+"、"-"号，正号不能省略。针对中丝读数，要求读记四位数，前后的0都要读记。

(9)作业人员应在手簿的相应栏内签名，并填注作业日期、开始及结束时刻、天气及观测情况和使用仪器型号等。

(10)作业手簿必须经过小组认真地检查(即记录员和观测员各检查一遍)，确认合格后，方可提交上一级检查验收。

第四节　水准测量成果的计算

一、检查外业观测手簿、绘制线路略图

高程计算之前，应首先进行外业手簿的检查。检查内容包括记录是否有违规现象、注记是否齐全、计算是否有错误等。经检查无误后，便可着手计算水准点的高程。

计算前应作如下准备工作：先确定水准路线的推算方向；再从观测手簿中逐一摘录各测段的观测高差 h_i，其中观测方向与推算方向相同的，其观测高差的符号不变，方向不同的，观测高差的符号则应变号；还应摘录各测段的距离 L_i 或测站数 n_i，并抄录起、终水准点的已知高程 $H_{起}$、$H_{终}$，绘制水准路线略图(见图 2-23)。

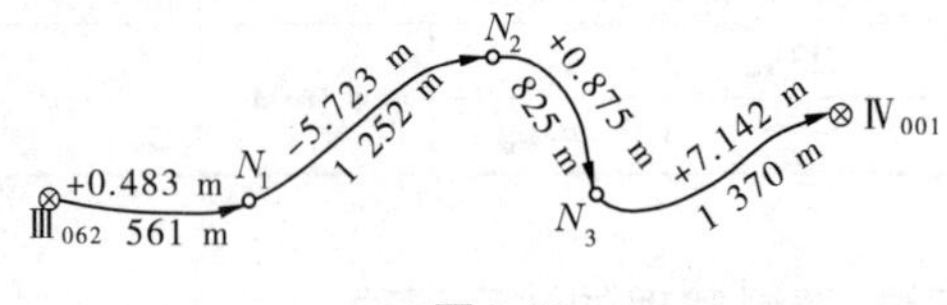

图 2-23

二、高差闭合差的计算及调整

观测值与重复观测值之差，或与已知点的已知数据的不符值，统称为闭合差。高差闭合差通常用 f_h 表示。

（一）水准路线高差闭合差的计算

（1）附合水准路线高差闭合差

$$f_h = \sum h - (H_{终} - H_{起})$$
$$\sum h = h_1 + h_2 + h_3 + \cdots \qquad (2\text{-}9)$$

式中 $H_{起}$、$H_{终}$——附合水准路线起点高程和终点高程；

$\sum h$——附合水准路线高差之和。

（2）闭合水准路线。

因闭合水准路线起点和终点为同一个高程点，所以闭合差 f_h 为

$$f_h = \sum h \qquad (2\text{-}10)$$

（3）支水准路线的闭合差。

$$f_h = \sum h_{往} + \sum h_{返} \qquad (2\text{-}11)$$

式中 $\sum h_{往}$——往测高差之和；

$\sum h_{返}$——返测高差之和。

（二）高差闭合差允许值的计算

高差闭合差是衡量观测值质量的一个精度指标。高差闭合差是否合乎要求，必须有一个限度规定，如果超过了这个限度，则应查明原因，返工重测。

普通水准测量的高差闭合差的允许值计算如下

平地时 $$f_{h允许} = \pm 40\sqrt{L} \qquad (2\text{-}12)$$

山地时 $$f_{h允许} = \pm 12\sqrt{n} \qquad (2\text{-}13)$$

式中 L——水准路线的长度，km；

n——测站数。

（三）高差闭合差的调整

如果高差闭合差在允许范围内，可将闭合差按与各测段的距离（L_i）成正比反号调整于各测段高差之中，设各测段的高差改正数为 v_i，则

$$v_i = \frac{-f_h}{\sum L} \times L_i \qquad (2\text{-}14)$$

改正数凑整至毫米，余数强制分配到长测段中。

如果在山区测量，可按测段的测站数分配闭合差，则各测段的高差改正数 v_i 为

$$v_i = \frac{-f_h}{\sum n} \times n_i \qquad (2\text{-}15)$$

式中 $\sum n$——水准路线的总测站数；

i——测段编号。

三、计算待定点的高程

（一）改正后高差的计算

各测段观测高差值加上相应的改正数，即可得改正后高差

$$\hat{h}_i = h_i + v_i \tag{2-16}$$

式中 $\hat{h}_i$——改正后高差。

(二)待定点高程的计算

由起始点的已知高程 H_0 开始,逐个加上相应测段改正后的高差 h_i,即得下一点的高程 H_i。

$$H_i = H_{i-1} + h_i \tag{2-17}$$

四、算例

某附合水准路线观测结果(普通水准)见图 2-23,起始点Ⅲ$_{062}$的高程为 73.702 m,终点Ⅳ$_{001}$的高程为 76.470 m,求各待定点 N_1、N_2、N_3 的高程。

(1)闭合差及允许值的计算。

$$f_h = \sum h - (H_{终} - H_{起}) = 2.777 - (76.470 - 73.702) = +9(\text{mm})$$

$$f_{h允许} = \pm 40\sqrt{L} = \pm 40 \times \sqrt{4.008} = \pm 80(\text{mm})$$

因 $f_h < f_{h允许}$,符合限差要求,可以进行闭合差分配。

(2)高差闭合差的调整和改正后高差的计算。

改正数

$$v_i = \frac{-f_h}{\sum L} \times L_i$$

通过上式计算得各段高差改正数为

$$v_1 = -1\text{mm}$$
$$v_2 = -3\text{ mm}$$
$$v_3 = -2\text{ mm}$$
$$v_4 = -3\text{ mm}$$

改正后高差

$$\hat{h}_i = h_i + v_i$$

通过上式计算得

$$h_1 = +0.483 + (-0.001) = +0.482(\text{m})$$
$$h_2 = -5.723 + (-0.003) = -5.726(\text{m})$$
$$h_3 = +0.875 + (-0.002) = +0.873(\text{m})$$
$$h_4 = +7.142 + (-0.003) = +7.139(\text{m})$$

(3)高程计算。

$$H_i = H_{i-1} + h_i$$

根据上式计算,则

$$H_{N_1} = 73.702 + 0.482 = 74.184(\text{m})$$
$$H_{N_2} = 74.184 + (-5.726) = 68.458(\text{m})$$
$$H_{N_3} = 68.458 + 0.873 = 69.331(\text{m})$$

该算例还可以通过表格进行计算,见表 2-2。

表 2-2

点号	距离（m）	平均高差（m）	改正数（mm）	改正后高差（m）	高程（m）	说明
1	2	3	4	5	6	7
Ⅲ$_{062}$					73.702	附合水准路线 $f_{h允许}=\pm 40\times\sqrt{4.008}$ $=\pm 80(\text{mm})$ $f_h=\sum h-(H_{终}-H_{起})$ $=+9(\text{mm})$
	561	+0.483	−1	+0.482		
N_1					74.184	
	1252	−5.723	−3	−5.726		
N_2					68.458	
	825	+0.875	−2	+0.873		
N_3					69.331	
	1370	+7.142	−3	+7.139		
Ⅳ$_{001}$					76.470	
Σ	4008	+2.777	−9	2.768		

第五节　微倾式水准仪的检验与校正

水准仪是水准测量的主要仪器，测量成果的好坏，首先取决于水准仪能否符合要求。因此，在进行水准测量前必须对仪器进行细致的检查，当水准仪的几何条件不满足要求时，必须进行校正，以保证测量工作的顺利进行。

一、水准仪应满足的几何条件

根据水准测量原理，在进行水准测量时，要求水准仪能提供一条水平视线，为了使水准仪能提供一条水平视线，水准仪各轴线（见图 2-24）应满足以下几何条件：

（1）圆水准轴应平行于仪器的竖轴。这是因为水准仪的粗平是借助于圆水准器进行的。当圆水准气泡居中时，仪器的竖轴应处于铅垂位置，如图 2-24 所示。

（2）十字丝的横丝应垂直于竖轴。这样，当仪器粗平后，竖轴处于铅垂位置时，横丝则处于水平状态，以保证用横丝的任意部位在标尺上读数都是准确的。

（3）水准管轴应平行于视准轴。

以上条件若得到满足，即可保证水准测量的精度。

二、水准仪的检验与校正

（一）一般检视

仪器在使用之前，应先进行检视，检视水准仪时，应注意光学零部件的表面有无油迹、擦痕、霉点和灰尘；胶合面有无脱胶，镀膜面有无脱膜现象；仪器的外表面是否光洁；望远镜视场是否明亮、均匀；水准器有无气味，符合水准器呈像是否良好；各部件有无松动现象；仪器

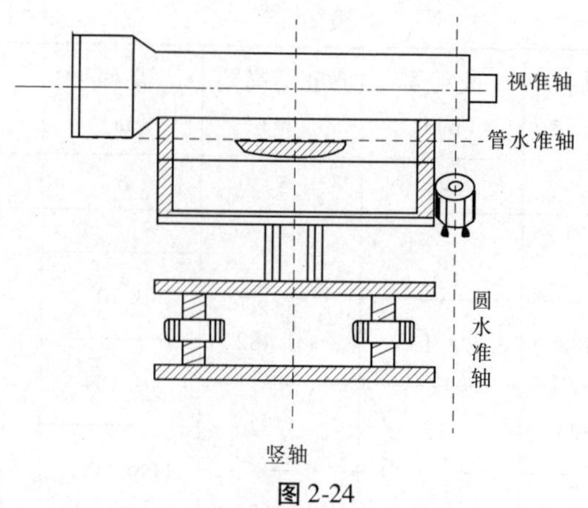

图 2-24

转动部分是否灵活、稳当,制动是否可靠;调焦时呈像有无晃动现象。另外,还应检查仪器箱内配备的附件及备用零件是否齐全,三脚架是否牢固。

(二)圆水准器轴应平行于仪器的竖轴

1. 检验原理

仪器的旋转轴与圆水准器水准轴为两条空间直线,它们一般并不相交。为使问题讨论简单一些,现取它们在过两个脚螺旋连线的竖直面上的投影状况加以分析。

图 2-25 中的 VV 为仪器旋转轴,ll 为圆水准器的水准轴,假设它们互不平行而有一交角 α,当气泡居中时,水准轴 ll 是竖直的,仪器旋转轴 VV 则与竖直位置偏差 α 角,见图 2-25(a)。将仪器旋转 180°(见图 2-25(b)),由于仪器旋转时是以 VV 为旋转轴的,即 VV 的空间位置是不动的。仪器旋转之后,水准器中的液体受重力作用,气泡仍将处于最高处,而圆水准器的水准轴将在 ll 处。从图 2-25(b)中可以看出,水准轴 ll 与竖直线 $L'L'$之间的角度为 2α,此时,水准器的气泡已不再居中而偏离到了另外一边,气泡偏移的弧长所对的圆心角即等于 2α。

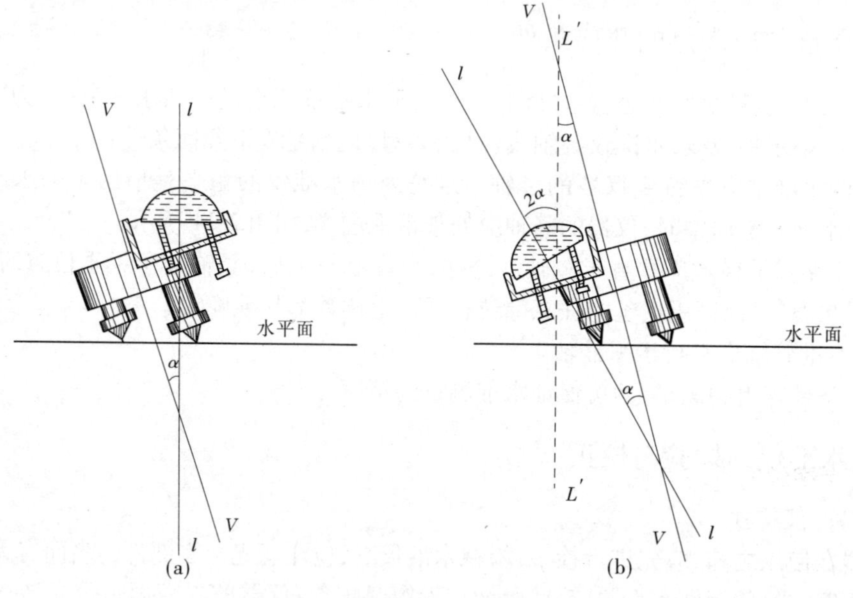

图 2-25

实际上，由于仪器旋转轴 VV 与圆水准器水准轴 ll 均为空间直线，所以当仪器从图 2-25（a）状态开始旋转任意角度后气泡均会移动，若它旋转 180°后，气泡移动的幅度最大。

2. 检验和校正方法

（1）检验。

先用脚螺旋使圆水准器气泡居中，然后将仪器旋转 180°，若气泡仍在居中位置，则表明此项条件已得到满足；若气泡有了偏移，则表明条件没有满足，需进行校正。

（2）校正。

若发现仪器旋转轴与水准轴不平行，必须进行校正。校正工作可用装在圆水准器下面的校正螺钉来实现。校正螺钉一般有三个，如图 2-26 所示。操作时，按整平圆水准器的方法，分别调动三个校正螺钉使气泡向居中位置移动偏离长度的一半；若操作完全准确，水准轴 ll 将与仪器旋转轴 VV 平行，如图 2-27（a）所示。如果此时用脚螺旋将仪器整平，则仪器旋转轴 VV 处于竖直状态，见图 2-27（b）。实际上由于各种原因，校正工作要反复进行多次。例如，拨动校正螺钉时振动了仪器，估计气泡的移动长度不准确等都要重新校正。每次校正工作都必须首先整平圆水准器，然后旋转仪器 180°，观察气泡的位置。

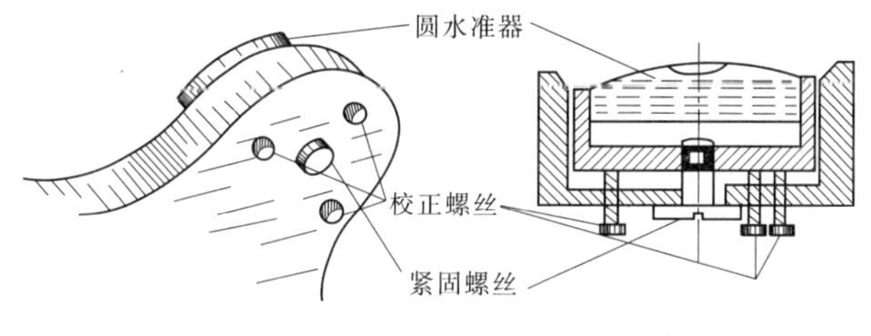

图 2-26

确定是否需要再进行校正，直到将仪器整平后旋转仪器到任何位置，气泡都始终居中，校正工作才算结束。

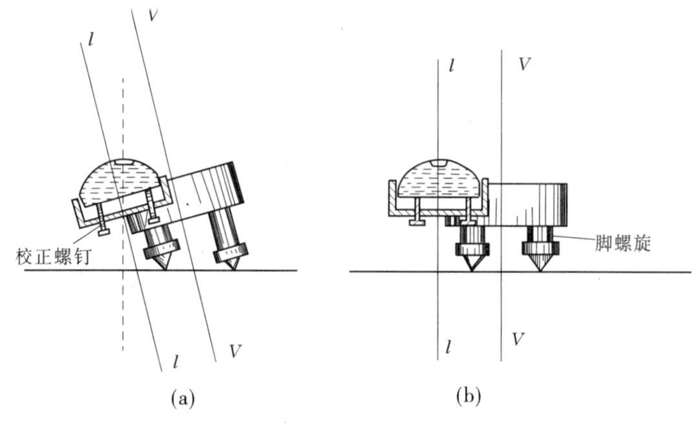

图 2-27

（三）十字丝的检验与校正

1. 检验

整平仪器后，将横丝一端对准远处一清晰目标点，随后旋转水平微动螺旋，让目标点移到横丝的另一端，若目标点始终不离开横丝，则表示横丝水平，否则应进行校正。

2. 校正

旋开十字丝护盖，松开十字丝环的四个固定螺丝中的相邻两个，旋转十字丝环，使横丝的一端移至其偏离位置的一半处，最后旋紧十字丝环的固定螺丝，旋上护盖。

（四）水准管轴应平行于照准轴

望远镜视准轴和水准管轴都是空间直线，若它们互相平行，则无论是在包含视准轴的竖直面上的投影还是在水平面上的投影，都应该是相互平行的。对水准测量来说，重要的是检验其对竖直面上的投影是否平行，如果二者在竖直面上的投影不平行，其夹角称为 i 角，该项检验称为 i 角检验，是水准仪检验的重要项目。若二者在水平面上的投影不平行，其误差称为交叉误差，它对水准测量的影响较小。

1. i 角检验原理

i 角检验的方法较多，其原理基本相同。

在地面上选择 A、B 两点，测出 A、B 两点的两次高差 h'_{AB} 和 h''_{AB}。若仪器存在 i 角误差，则 i 角对读数和高差的影响分别为 x 和 δh_{AB}，如图 2-28 所示，则

$$x = S\tan i$$

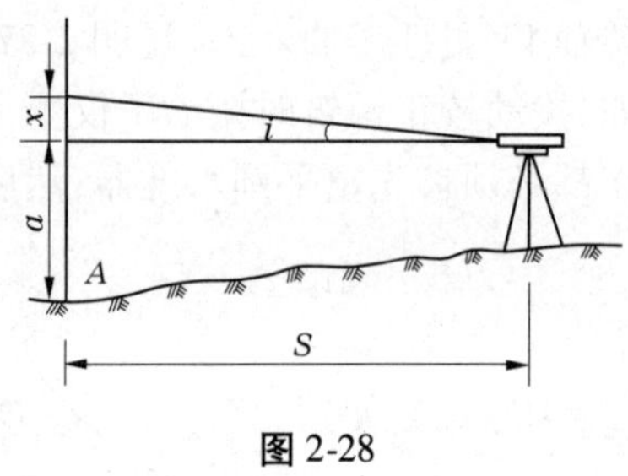

图 2-28

一般情况下 i 角都很小，其误差

$$x = \frac{S}{\rho} i \qquad (2\text{-}18)$$

由上式可以看出，x 的大小与 S 成正比。

设 a' 为水准尺上的实际读数，那么水准尺上的正确读数为

$$a = a' - x$$

则 A、B 两点的高差为

$$h'_{AB} = a' - b' \qquad (2\text{-}19)$$

式中 a'——后视读数；

b'——前视读数。

则 A、B 两点间的正确高差为

$$h_{AB} = (a' - x_A) - (b' - x_B) = h'_{AB} - (x_A - x_B)$$

式中 $x_A - x_B$——i 角在高差中的影响，用 δh_{AB} 表示，即

$$\delta h_{AB} = x_A - x_B = \frac{i}{\rho}(S_A - S_B) \qquad (2\text{-}20)$$

那么，h'_{AB} 和 h''_{AB} 的正确高差为

$$h_{AB} = h'_{AB} - \delta h_{AB} = h'_{AB} - \frac{i}{\rho}(S'_A - S'_B)$$

$$h_{AB} = h''_{AB} - \delta h_{AB} = h''_{AB} - \frac{i}{\rho}(S''_A - S''_B)$$

即

$$i'' = \frac{h''_{AB} - h'_{AB}}{(S''_A - S''_B) - (S'_A - S''_B)}\rho \qquad (2\text{-}21)$$

在实际检验仪器工作中有两种方法，一种是仪器架设在 A、B 的中点；另一种是仪器分别架设在 A、B 的两侧进行。

2. 检验及校正

1) 第一种方法

(1) 检验。在平坦地面上选择 A、B 两点(见图 2-29),并打入木桩或放置尺垫立尺,置仪器于 A、B 中间,测得高差 h'_{AB},S'_A 和 S'_B 之差为零。随后将仪器迁至 B 点附近,测得高差 h''_{AB},并量取仪器至 A、B 两点的距离 S''_A 和 S''_B,代入式(2-21)得 i 角值。

当 i 角大于 20″时,必须校正仪器。

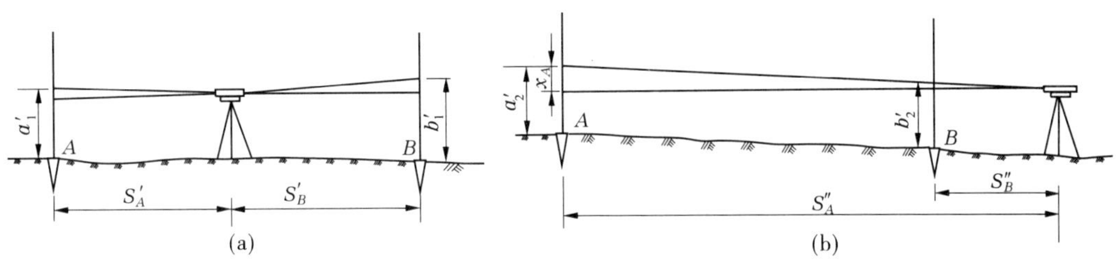

图 2-29

(2) 校正。通过式(2-18)求得 x_A 值后,当仪器位于 B 尺附近(见图 2-29(b))不动时,先计算出 A 尺的正确读数 a_2。

$$a_2 = a'_2 - x_A$$

用倾斜螺旋使读数对准 a_2,此时管水准气泡不居中,调节上、下两个校正螺钉使气泡居中便可。

实际操作时,需先将左(或右)面的螺钉(见图 2-30)略微松开一些,让水准管能活动,然后校正上、下两螺钉。校正结束后仍应将左(或右)面的螺钉上紧。

这种校正方法的实质是先将视线水平,即读数对准 a_2,然后校正水准轴至水平位置。检验、校正应反复进行,直到符合要求。

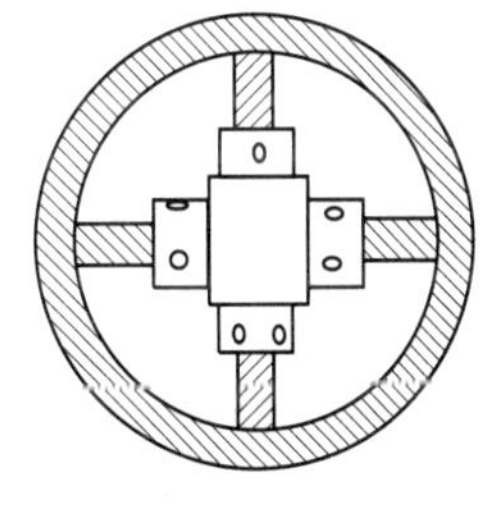

图 2-30

【例 2-1】 某测量小组对 S_3 水准仪进行 i 角检验,取 A、B 之长为 100 m,第一次仪器安置在 A、B 的中间,得读数 $a'_1 = 1\ 364$ mm,$b'_1 = 1\ 579$ mm。第二次仪器安置在 B 点的一端距 B 点 10 m(见图 2-29(b)),得读数 $a'_2 = 1\ 483$ mm,$b'_2 = 1\ 641$ mm。计算得两次的高差分别为 $h'_{AB} = -0215$ mm,$h''_{AB} = -0158$ mm;两次高差不相等,说明存在 i 角误差;计算得 $\delta h_{AB} = +57$ mm;A 水准尺上的读数影响 $x_A = +63$ mm,因此正确读数 $a_2 = 1483 - 63 = 1420$(mm)。

整个计算过程见表 2-3。

表 2-3

第一次读数(mm)仪器在 A、B 点中间		第二次读数(mm)仪器在 B 点一端		距离(m)
a'_1	1 364	a'_2	1 483	$S_A = 110$ $S_B = 10$
b'_1	1 579	b'_2	1 641	
h'_{AB}	-0215	h''_{AB}	-0158	
$h''_{AB} - h_{AB} = +57$ mm $x_A = \frac{h''_{AB} - h_{AB}}{110 - 10} \times 110 = +63$ mm $a_2 = a'_2 - x_A = 1\ 420$ mm				

校正时用微倾螺旋使 A 尺上的读数为 1 420，然后用水准管上的校正螺钉将气泡居中即可。

2）第二种方法

（1）检验。如图 2-31（a）所示，将仪器置于 AB 延长线上 A 点一端，得 AB 两点的第一次高差 h'_{AB}。

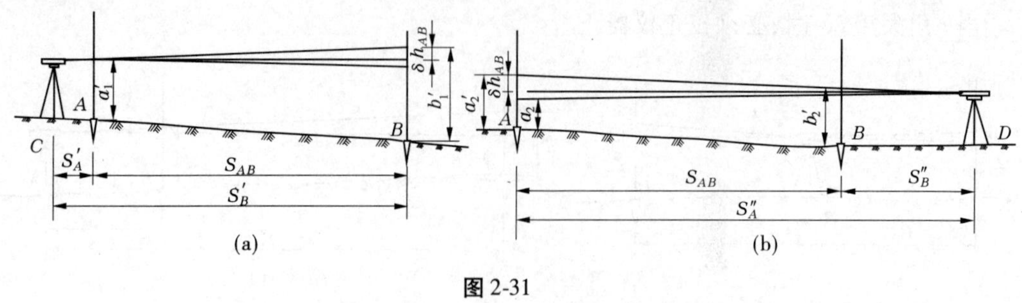

图 2-31

$$h'_{AB} = a'_1 - b'_1$$

然后，将仪器置于 AB 延长线 B 点一端，如图 2-31（b）所示，得 A、B 两点的第二次高差 h''_{AB}

$$h''_{AB} = a'_2 - b'_2$$

两次仪器位置距水准尺的距离差相等，即

$$S_{AB} = S''_A - S''_B = -(S'_A - S'_B)$$

则
$$i = \frac{h''_{AB} - h'_{AB}}{2S_{AB}}\rho \qquad (2\text{-}22)$$

当所测结果 i 角大于 20″时，必须校正仪器。

（2）校正。首先算出远处标尺上的正确读数。仪器在 B 点一端时的正确读数

$$a_2 = a'_2 - x_A \qquad (x_A = \frac{i}{\rho}S''_A)$$

用微倾螺旋时读数对准正确数值，然后用水准管上、下校正螺钉将气泡居中。

【例 2-2】 为检验 S_3 水准仪，布置了图 2-32 所示的场地，第一次仪器置于 C 点得读数 $a'_1 = 1\ 086$ mm，$b'_1 = 1\ 146$ mm。将仪器迁至 D 点得读数 $a'_2 = 1\ 278$ mm，$b'_2 = 1\ 358$ mm，仪器至标尺的距离见图 2-32。

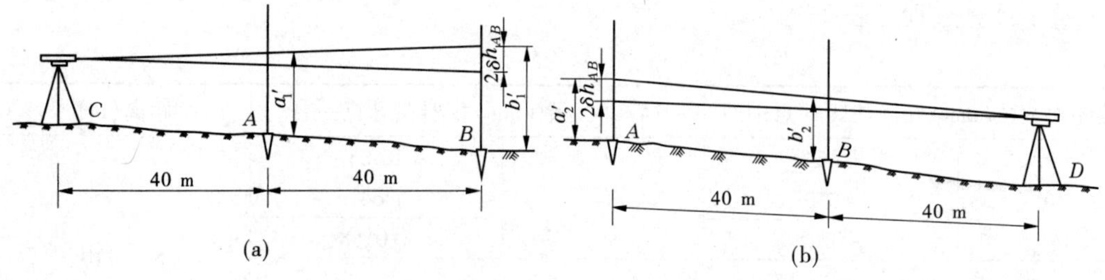

图 2-32

计算过程见表 2-4。

表 2-4

测站:C			测点:D	
a_1'	1 086		a_2'	1 278
b_1'	1 146		b_2'	1 358
h'_{AB}	-0060		h''_{AB}	-0080

$$\frac{1}{2}(h''_{AB}-h'_{AB}) = -10 \text{ mm}$$

$$x''_A = \frac{h''_{AB}-h'_{AB}}{2S_{AB}}S''_A = -20 \text{ mm}$$

$$a_2 = 1\ 278 + 20 = 1\ 298(\text{mm})$$

第六节　水准测量的误差分析

测量工作是人们使用仪器在野外进行的,因此水准测量误差的主要来源有仪器误差、观测误差、外界因素的影响等二个方面。

一、仪器误差

(一)仪器制造与校正不完善的误差

在进行水准测量之前,虽进行了仪器的检验和校正,但是仪器仍然存在误差,一方面是制造误差,仪器在制造、装配过程中就存在制造缺陷误差,水准仪各轴线还会存在一些残余误差,其中主要是水准管轴与视准轴不平行的误差。针对这种情况,只要将仪器安置于距前、后视尺等距离处,就可以消除此类误差。

(二)调焦误差

由于制造原因,当转动调焦螺旋调焦时,调焦透镜产生非直线移动而改变视线位置,产生调焦误差。观测时,将仪器安置于距前、后视尺等距离处,后视完毕转向前视,不必重新调焦,就可避免此项误差。

(三)水准尺误差

水准尺误差包括刻划和尺底零点不准确等误差。观测前应对水准尺进行检验,尺子的零点误差在一测段的测站数为偶数时即可消除。

二、观测误差

(一)气泡居中和水准标尺估读的误差

水准测量的主要条件是视线必须水平。在水准仪不存在 i 角误差的情况下,我们用微倾螺旋让管水准器气泡居中,此时一般认为管水准轴就水平了,因此望远镜照准轴也就水平了。其实不然,在观察到气泡居中的一瞬间,还不能认为水准轴是水平的。因为我们在衡量气泡是否居中时,是用肉眼观察的,由于生理条件的限制,一般不可能准确辨别气泡居中位置;其次,在停止转动微倾螺旋后仍然运动的气泡在居中的一瞬间它还受到惯性力的推动及管内液体与管内壁摩擦阻力的作用,这样就会产生管水准器气泡居中的误差。因此,我们必

须在对中丝读数之前注意气泡的居中情况，随时进行调整，来减少这种误差。对符合管水准器而言，其气泡的居中误差为

$$m_{中} = \frac{0.1\tau}{2\rho}S \tag{2-23}$$

对于 S_3 水准仪来说，其水准管的分划值 $\tau = 30''$，令视距 $S = 100$ m，则 $m_{中} = 0.73$ mm。

另外，水准测量是通过望远镜来获得标尺读数的，其毫米数是用水平丝（中丝）在厘米分划影像内估读的，这样必然带有误差。估读误差的大小与厘米分划宽度的大小及十字丝的粗细有关。而这两者又与望远镜的放大率及视线长度有关。因此，为减弱估读误差的影响，各等级水准测量都对仪器的放大率和视线长度作了相应的规定。

（二）标尺的倾斜误差

水准测量时，若水准尺未竖直立于地面而倾斜，其倾斜标尺上的读数比竖立的标尺读数大，如图 2-33 所示。当水准标尺的倾斜角为 α 时，其尺上读数为 a_1，则由图可知

$$a = a_1\cos\alpha$$

$$\Delta a = a_1 - a = a_1(1 - \cos\alpha)$$

即 Δa 的大小取决于水准尺倾斜角 α 和标尺上读数 a_1 的大小。

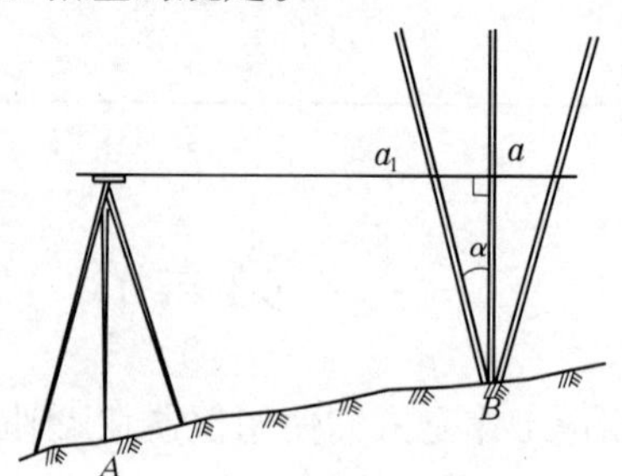

图 2-33

当 $\alpha = 1°$，$a_1 = 3$ m 时，则 $\Delta a = 0.5$ mm，这种影响在图根水准测量中是不算大的。要消除该误差的影响，必须将标尺竖直立于地面。

三、外界因素的影响

影响水准测量的外界因素有仪器、尺垫升降以及地球曲率等。

（一）仪器和标尺的升降误差

由于土质松软，土壤的回弹性及仪器的自重等原因，可能会引起仪器或水准标尺的上升或者下沉。假设仪器下沉（或上升）的变动量是和时间成比例的。如图 2-34 所示，第一次后视读数为 a_1，当仪器转向前视时仪器下沉了一个 Δ，前视读数为 b_1，那么高差 $h = a_1 - b_1$ 中必然包含误差 Δ。为了减小这种误差的影响，读取红面读数时采用先读前视的办法。当最后读取后视读数时，仪器视线又变动了一个 Δ。由图 2-34 可以看出，黑面读数的高差为

$$h_{黑} = a_1 - (b_1 + \Delta) = a_1 - b_1 - \Delta$$

红面读数的高差为

$$h_{红} = (a_2 + \Delta) - b_2 = a_2 + \Delta - b_2$$

取两次高差的平均值得

$$h = \frac{(a_1 - b_1) + (a_2 - b_2)}{2}$$

这样，正巧将 Δ 消除。由于仪器的变动量和时间并不完全成比例，所以这种措施只能减弱而不能完全消除。此外，若熟练操作以减少操作时间，也可控制该项误差的影响。

关于尺子下沉（上升）的影响，当仪器在第一站观测完毕之后转向第二站时，前视尺变动了一个 Δ 值（见图 2-35），于是第二站的后视读数和第一站的前视读数的尺子零点不在同

一个位置。对于同类土壤的水准路线，它们造成的影响是系统性的，假如属于尺子下沉，则使高差增大，反之则高差减小。

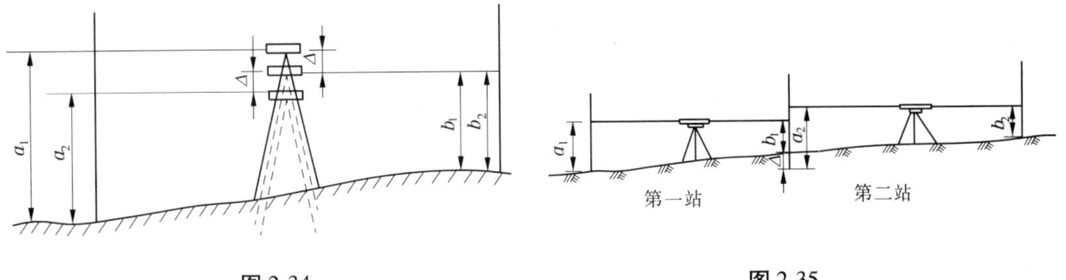

图 2-34　　图 2-35

(二)地球曲率和大气折光差的影响

前面我们在讲用水平面代替水准面的限度时，讲到“在水准测量中即使距离再近，也必须考虑地球曲率的影响”，然而在小范围内我们通常是将水准面视为平面。严格地说，由于地球曲率的存在，两点上的标尺是分别沿着铅垂线方向竖立的，如图 2-36 所示。设通过地面点 A、B 及仪器中心 O 作三个水准面，则过 O 点的水准面与标尺分别交于 m_0 及 n_0 点，于是，Am 和 Bn 的差数就是 B 点对 A 点的高差，即

$$h = Am_0 - Bn_0$$

但观测时，望远镜的水平视线在两标尺上的读数分别为 m_1 及 n_1，由图 2-36 可知，m_0m_1 及 nn_1 为地球曲率对两标尺读数的影响，则上式又可改写为

$$h = (Am_1 - m_0m_1) - (Bn_1 - n_0n_1)$$
$$= (Am_1 - Bn_1) + (n_0n_1 - m_0m_1)$$

若以地球弯曲差 $mm_1 = \frac{S_1^2}{2R}$，$nn_1 = \frac{S_2^2}{2R}$代入上式，则有

$$h = (a - b) + (\frac{S_2^2}{2R} - \frac{S_1^2}{2R})$$

式中　R——地球的曲率半径；

a——后视 Am_1 读数；

b——前视 Bn_1 读数。

可以看出，若使前、后视距相等，即令 $S_1 = S_2$，就可以消除地球曲率差对每站高差的影响。

此外，地面上空气存在密度梯度，当光线通过不同密度的媒质时，会发生折射，因此水准仪的视线往往不是一条理想的水平线，一般成为弯向地面的弧线，所以对标尺读数(对高差)也是有影响的。使读数减小，如图 2-36 中的 m_2 及 n_2。在平坦地区内，大气折光对后、前视读数的影响相同。而在地面起伏较大地区，因为后、前视线离地面高度相差较大，大气折光的影响就不同，因此对每站高差就会产生影响。不过，若使每站后、前视距相等，基本可消除折光差对高差的影响。在

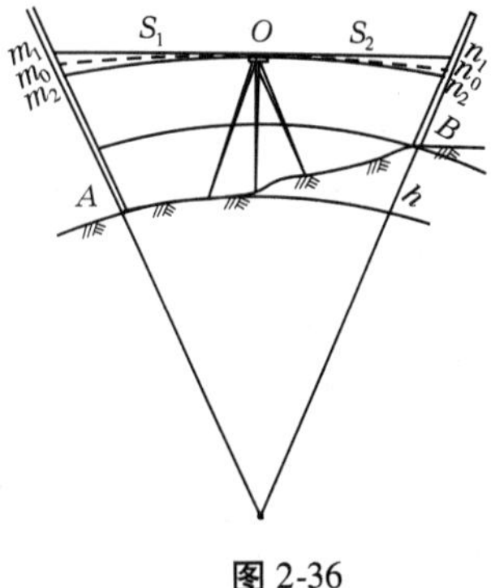

图 2-36

观测中，应注意使水平视线距地面有一定的高度，同时观测应选择在大气密度较稳定的时间内进行，这样可以减弱大气折光差的影响。

第七节　自动安平水准仪及电子水准仪简介

一、自动安平水准仪

在水准测量中，水平视线主要靠管水准气泡居中获得，但是管水准气泡的调整需花费很多时间，而且极易疲劳，因此会影响观测精度。为了提高观测速度和精度，测量研究工作者从20世纪40年代开始，经过多年的潜心研究，大批型号各异的水准仪相继出现，其中自动安平水准仪受到了测绘工作者的广泛青睐。

自动安平水准仪的类型目前较多，但其自动安平的原理是相同的，它们都是在水准仪的望远镜筒中安设一个小小的装置，该装置称为补偿器。当水准仪根据圆水准器粗略整平后，照准轴仅有微小倾斜时，经过物镜中心的水平光线，可通过补偿装置能偏转一相应角度依然到达十字丝中点，从而仍可读得照准轴水平时应有的读数。所以，它在作业时就毋需严格整平，另外，在观测过程中由于仪器不稳、地面微小震动、脚架不规则下沉等所引起的照准轴微小的倾斜变化，也都可由补偿器自动迅速地予以调整，而不会影响读数。这样就提高了测量精度和速度。

图2-37所示为补偿器的原理图。设望远镜视准轴倾斜了一个小偏角 α，为使经过物镜光心的水平视线能通过十字丝的交点，可采用两种方法得以实现。

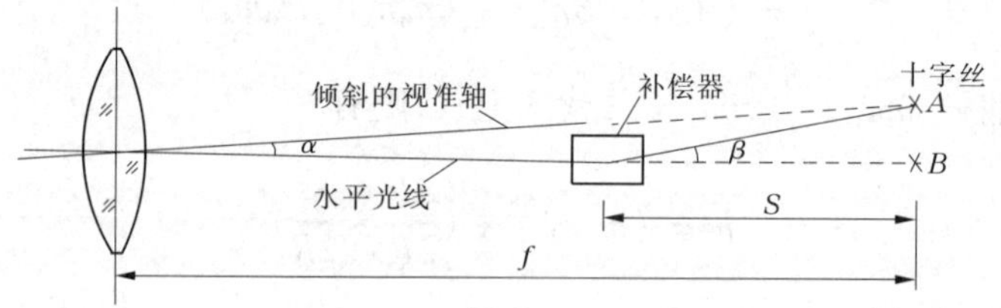

图2-37

（1）在光路中安装一个“补偿器”，使光线偏转一个 β 角而通过十字丝交点 A；由于偏转角 α 和 β 的值都很小，若

$$f\alpha = S\beta$$

成立，则能够达到“补偿”效果。

（2）若能使十字丝移动至 B，也可达到“补偿”的目的。

我国北京光学仪器厂生产的 DSZ_3-1 型水准仪就是利用第一种方法实现“补偿”的。下面介绍 DSZ_3-1 型水准仪的构造、特点。

DSZ_3-1 型水准仪由望远镜、光学补偿器、制动机构、微动机构、基座等部分组成，并附有水平度盘装置。其光学系统如图2-38所示。

DSZ_3-1 型水准仪有如下特点：

（1）采用轴承吊挂补偿棱镜的自动安平机构，为平移光线式自动补偿器。

（2）设有安平警告指示器，又称为自动报警装置，可以迅速判别自动安平机构是否处于

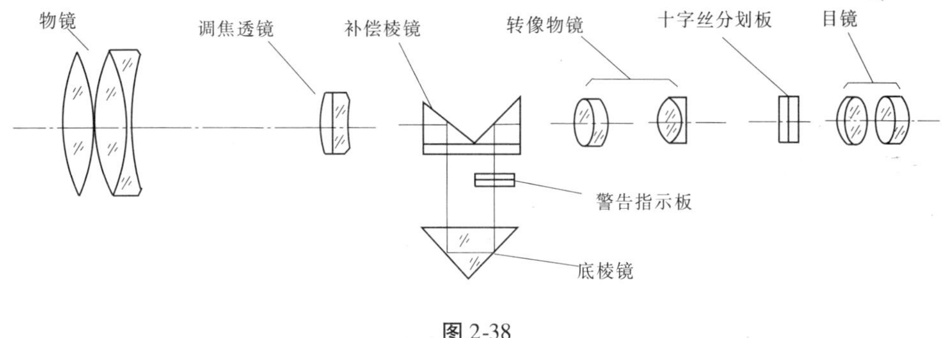

图 2-38

正常工作范围,提高了测量的可靠性。

(3)采用空气阻尼器,可使补偿元件迅速稳定。

(4)采用正像望远镜,观测方便、舒适。

(5)设置有水平度盘,可方便地确定粗略方位。

二、电子水准仪

电子水准仪又称为数字水准仪,它有别于普通水准仪和“补偿器”水准仪,彻底改变了由人眼观测、读数的历史,它集数据采集、传输、计算于一体,是测量史上的一次革命。

目前生产电子水准仪的厂家和型号较多,比较著名的厂商有德国的蔡司(DiNi10/20)、瑞士的徕卡(Wild NA2000)及日本的拓普康(DL－101C/102C)等。

下面以蔡司的 DiNi 系列电子水准仪为例,简要介绍该系列仪器的主要功能。

蔡司 DiNi 系列电子水准仪的基本组成:望远镜、补偿器、光敏二极管、水准器及脚螺旋。图 2-39 为 DiNi12 型电子水准仪的外观,图 2-40 为仪器的操作面板及显示屏。

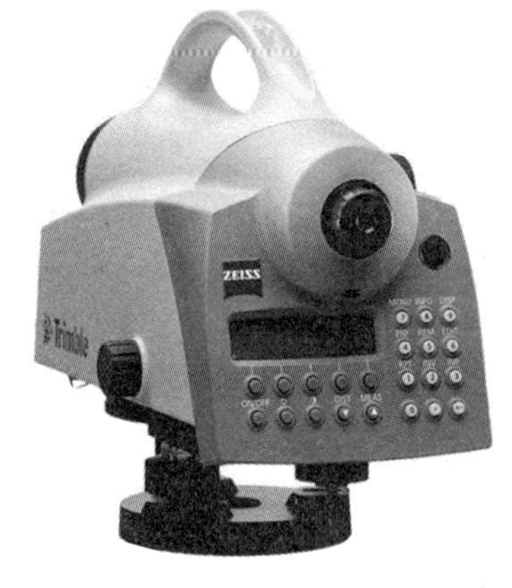

图 2-39　DiNi12 型电子水准仪的外观

图 2-40　水准仪操作面板及显示屏

该系列仪器的主要技术参数如表 2-5 所示。

(一)测量准备

1. 仪器安置

(1)松开脚架的三个制动螺旋,将脚架升至合适高度(望远镜大致与眼平齐)然后旋紧。

(2)安置脚架,展开架腿,使脚架基座基本水平。将脚架踩入地面使之稳定。

(3)把仪器架在三脚架上,旋紧基座下面的连接螺旋。

(4)用脚螺旋调节圆水准气泡居中。

(5)在明亮背景下对望远镜进行目镜调焦,使十字丝清晰。

表 2-5 DiNi 系列水准仪的主要技术参数

参数项目	内容		
仪器精度	双向水准测量每千米标准差		
	电子测量		
	——因瓦精密编码尺	0.3 mm	0.7 mm
	——折叠编码尺	1.0 mm	1.3 mm
	光学测量		
	——折叠尺,米制	1.5 mm	2.0 mm
测量范围	电子测量		
	——因瓦精密编码尺	1.5 ~ 100 m	1.5 ~ 100 m
	——折叠编码尺	1.5 ~ 100 m	1.5 ~ 100 m
	光学水准测量		
	——折叠尺,米制	从 1.3 m 起	从 1.3 m 起
测距精度	视距为 20 m 的电子测距		
	——因瓦精密编码尺	20 mm	25 mm
	——折叠编码尺	25 mm	30 mm
	光学水准测量		
	——折叠尺,米制	0.2 m	0.3 m
最小显示单位	测高	0.01 mm/0.000 1 ft	0.01 mm/0.001 ft
	测距	1.0 mm	10 mm
补偿器	偏移范围	±1.5′	±15′
	设置精度	±0.2″	±0.5″

2. 仪器的照准

(1)用手转动望远镜大致照准水准尺,用壳顶准线进行粗瞄。

(2)调节对光螺旋(俗称调焦)使尺像清晰,用水平微动螺旋使十字丝精确对准编码尺分划中央。

(3)消除十字丝视差。

3. 仪器的开机

开机前必须确定电池已充好电。

用 ON/OFF 键启动仪器,在简短地显示程序说明和蔡司公司简介后,仪器进入工作状态。根据选项进行测量,选项有以下几种:

设置单次测量: 进行单点测量:

设置路线水准测量: 继续已开始的线路测量:

设置校正测量：　　　　　继续进行校正。

注意：仪器取出后，应让它适应周围环境的温度后，再开始测量。

（二）测量过程

当仪器架设好后，即可输入已知高程数据，设置测量和计算精度。

习　题

1. 简述水准测量的原理及测定两点之间的高差和待测点高程的方法。

2. DS_3 水准仪主要由哪几部分组成？各部分有什么功能？

3. 简述用望远镜瞄准水准尺的步骤。

4. 怎样用脚螺旋整平圆水准器？圆水准器和水准管各有什么作用？

5. 水准仪有哪些轴线？它们之间应满足哪些条件？

6. 何为视差？它是如何产生的？如何消除？

7. 在水准测量中转点有什么作用？其特点是什么？为什么要求把水准仪安置在距两个立尺点大致等远处？

8. 已知 A、B 两点的高程 $H_A=24.165$ m，$H_B=24.175$ m，AB 长为 80 m，水准仪安置在离 B 点 3 m 远的 AB 延长线上，测得 B 点尺上的读数 $b_2=1.865$ m，A 点尺上的读数 $a_2=1.855$ m。问水准仪的水准管轴是否平行于视准轴？若不平行，当水准管气泡居中时，视准轴是向上倾斜还是向下倾斜？如何校正？

9. 后视点 A 的高程为 65.318 m，读得其水准尺的读数为 1.212 m，在前视点 B 尺上读数为 1.812 m，问高差 h_{AB} 是多少？B 点比 A 点高还是低？B 点的高程是多少？试绘图说明。

第三章　角度测量

学习目标

熟记水平角、竖直角的概念，重点掌握 DJ_6 级光学经纬仪的使用方法，测量原理及观测记录、计算方法，了解电子经纬仪的基本构造与使用方法；了解角度测量的误差来源、消除方法及检验和校正方法。

第一节　角度测量原理

角度是空间点与点相互关系的基本量之一，也是测量的基本量之一。测量的目的是确定地面点的相互位置关系。角度测量包括两方面内容，一个是水平角测量，另一个就是竖直角测量。水平角用于确定地面点的平面位置，竖直角用于确定地面点的高程或将倾斜距离化算为水平距离。经纬仪是角度测量的主要仪器，可以测量水平角和竖直角，也可间接地测量水平距离和高差。

一、水平角的概念及其测量原理

地面上两方向间的夹角，投影到水平面上的角度称为水平角。或者说过同一点发出的两条射线的铅垂面构成空间二面角的平面角称为水平角。如图 3-1 所示，A、B、C 为三个高度不同的地面点，那么方向线 AC、AB 所夹的角即 $\angle BAC$ 不是水平角，依据水平角定义，将 A、B、C 三点分别沿铅垂线方向投影到水平面上，其投影线 ab 和 ac 所夹的 β 角，即为方向线 AB、AC 所夹的水平角。

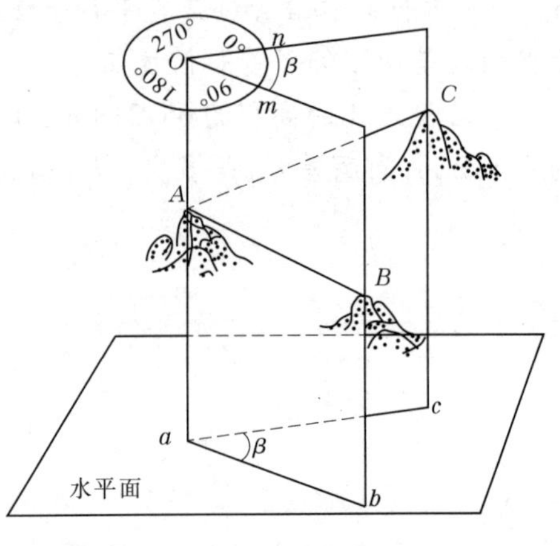

图 3-1

由此得知，地面上任意两方向线间的水平角就是通过该方向线所作两铅垂面组成的二面角的大小。其二面角的大小可以在与过 A 点铅垂线相垂直的任意水平面内求得。为了测定水平角值的大小，可以设想在过顶角 A 点上放置一水平刻度圆盘，即水平度盘，圆盘中心 O 在 A 点的铅垂线上。那么方向线 AB、AC 在水平度盘上的投影，相对于水平度盘上的读数分别为 n 和 m，则水平角 β 就是两个读数之差，即 $\beta = m - n$。两条方向线由装在仪器上的望远镜提供，这就是水平角的测角原理。

二、竖直角及其测量原理

竖直角是在同一竖直面内，倾斜视线与一指标线（水平线或铅垂线）之间的夹角。指标线用水平线时称其为倾角，指标线用铅垂线并为天顶方向时称为天顶距。

在测量中，倾角就是测站点到目标点的视线与水平线在竖直面内投影的夹角，通常用 α

表示。

其测角原理如图 3-2 所示，视线 AB 与水平线 AB'的夹角 α，即为方向线 AB 的倾角。当视线 AB 在竖直面内的投影高于水平线 AB'，则倾角 α 为"正"，即称为"仰角"；当视线 AB 在竖直面内的投影低于水平线 AB'，则竖直角 α 为"负"，即称为"俯角"。其角值自水平线起从 $-90° \sim +90°$。

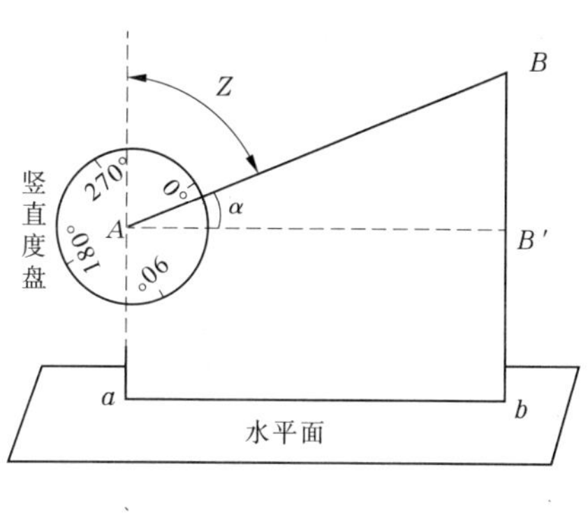

图 3-2

视线 AB 与测站点天顶方向之间的夹角称为天顶距，用 Z 表示，它与竖直角有如下关系：

$$Z = 90° - \alpha \tag{3-1}$$

所以，竖直角测量也可直接进行天顶距测量。为了测定竖直角的大小，需设置一个竖直度盘（竖盘），竖盘平面必须与过视线的铅垂面平行，其中心在过 A 点的水平线上；竖盘能够上下转动，且有一指标线处于铅垂位置，不随度盘的转动而转动，为使指标线处于铅垂位置，必须设置一指标水准管与之相连。很显然，水平视线与照准目标的视线的竖直度盘读数差就是所要测量的竖直角。

第二节　光学经纬仪及其使用

光学经纬仪具有体积小、质量轻、密封性好以及读数精度高的特点。目前，经纬仪的种类很多。按精度划分，我国有 DJ_1、DJ_2、DJ_6、DJ_{15}等几个等级，它们的基本结构和测角原理基本相同，本节主要介绍测量中常用的 DJ_6 光学经纬仪。"D、J"分别表示"大地测量"和"经纬仪"汉语拼音的第一个字母，数字"6"表示仪器的测角精度指标。

一、DJ_6 级光学经纬仪的基本结构

（一）基本构造

DJ_6 级光学经纬仪由照准部、水平度盘和基座三大部分组成。它的外形见图 3-3。

1. 照准部部分

照准部是光学经纬仪的重要组成部分，主要由望远镜、照准部水准管、竖直度盘、光学对点器、读数设备及轴系等各部分组成。照准部可围绕竖轴在水平面内转动，它的转动受制动螺旋和水平微动螺旋控制。照准部水准管用来整平仪器。

2. 水平度盘部分

此部分主要是由水平度盘、度盘旋转轴、复测器与轴套组成。水平度盘是由光学玻璃制成的带有刻划和注记的圆盘，刻划是按顺时针方向将圆盘分成 360 份，每一份是 1°，并注记在度盘上。水平度盘安装在垂直轴的外面，其中心与竖直轴重合，但不与照准部一起转动。在测角过程中，当望远镜照准目标时，移动的指标线在不动的水平度盘上，读取该方向的方向值即可。

3. 基座部分

基座部分就是仪器的底座，主要由基座、脚螺旋与连接板组成。经纬仪的照准部通过竖

直轴固定在基座上，照准部旋转时，基座不动。基座通过中心连接螺旋将仪器固定在三脚架上，其下面有三个脚螺旋用于粗略整平仪器。

(二)经纬仪各部件的名称及作用

经纬仪的外形和各部件的名称如图 3-3 所示。

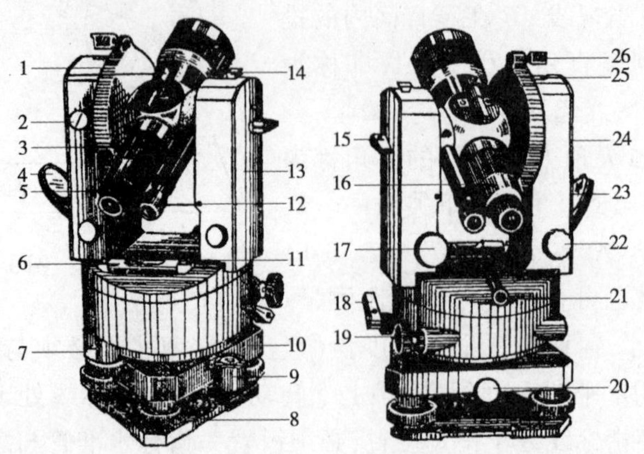

1—粗瞄准器；2—护盖；3—望远镜调焦螺旋；4—照明反光镜；5—望远镜目镜；6—照准部管水准器；7—脚螺旋；8—基座底板；9—圆水准器；10—底座；11—校正螺丝；12—读数显微镜目镜；13—右侧盖板；14—磁针插座；15—望远镜竖直制动手柄；16—分划板护罩；17—望远镜竖直微动螺旋；18—水平制动手柄；19—水平微动螺旋；20—底座固定螺旋；21—光学对点器目镜；22—竖盘水准器微动螺旋；23—进光孔(照明窗)；24—左盖板；25—竖盘指标水准器；26—指标水准器反光

图 3-3　经纬仪外形和各部件名称

(1)水平制动手柄(18)(或螺旋)和水平微动螺旋(19)，可使照准部围绕竖轴作水平转动、制动和微动，主要作用是照准目标。

(2)望远镜竖直制动手柄(15)(或螺旋)和竖直微动螺旋(17)，可使望远镜围绕水平轴上下转动、制动和微动，主要作用是精确照准目标。

(3)竖盘指标水准器(25)，通过该水准器的微动螺旋(22)可调节其气泡居中，主要作用是使竖盘指标处于正确位置，以便测量竖直角。

(4)照准部管水准器(6)和圆水准器(9)，通过调节三个脚螺旋或升降脚架使两水准器气泡居中，主要作用是圆水准器(9)用于粗平仪器、照准部管水准器(6)主要用于精平仪器，使水平度盘处于水平位置。

(5)脚螺旋(7)，拨动手轮可使水平度盘处在所需要的位置上，手轮外有护盖，用于防止碰动手轮，主要作用是变换度盘位置(置数)。

(6)光学对点器目镜(21)，通过此镜可以看到地面点位。当仪器精确水平时，若从目镜中看到地面点位位于对点器的小圆圈中心，说明仪器竖轴与过测站点的铅垂线一致。

(7)底座固定螺旋(20)，松开它时，整个照准部可从轴套中抽出；固定它时，在观测过程中，水平度盘可始终保持不动，否则易带动水平度盘引起测角误差。因此，要求在使用仪器时，不要轻易松动此螺旋。

(8)粗瞄准器(1)，通过其管内的十字标志，可以粗略照准观测目标，主要作用是粗略瞄准。

(9)读数照明反光镜(4)，调整反光镜可使度盘亮度均匀，分划影像清晰，便于准确读数。

二、DJ_6 级光学经纬仪的读数方法

DJ_6 级仪器现在基本都使用的是测微尺装置读数方法。

(一)测微装置

测微装置就是在光路中安装了一个具有 60 个分格的尺子,其宽度正好和度盘上 1°影像的宽窄相同,用来测量不足 1°的微小角值,该装置通常称为测微尺。

因为测微尺 60 个分格的宽度恰好等于度盘上 1°影像的宽窄,所以测微尺上每一个小格的格值为 1′。在测量过程中,可直接读取 1′的精度,而估读到 0.1′即 6″。在分微尺上每 10 个小格注记一次,注记数值为 0 ~ 6,因此注记数为十分数,如图 3-4 所示。

图 3-4 测微装置

(二)读数方法

如图 3-4 所示,在读数显微镜的视场中,有两个读数窗口,其中标有“H”的表示水平度盘读数窗口,有的标注“水平”、“—”等均表示水平度盘读数窗口;在读数显微镜的视场中,标有“V”的表示竖直度盘读数窗口,也有标注“竖直”、“⊥”的窗口均表示竖盘读数窗口。

读数时,以测微尺的零分划为指标,先根据它读出度盘分划线的度数,即在度盘分划比零分划线小的数字为度读数,再读出该分划线所在测微尺上的“分”和“秒”值,测微尺的零分划到度读数分划间的格数为分数,估读到十分之一格,即 6″的一到五的整倍数。如图 3-4 所示,水平度盘读数为 35°03′54″,竖直度盘读数为 87°07′12″。

第三节 角度测量方法

角度测量包括仪器的安置、水平角观测和竖直角观测。

一、仪器的安置

角度测量的首要工作就是熟练掌握经纬仪的使用。经纬仪的使用包括仪器整置、望远镜调焦、照准目标及水平度盘配置等工作。

(一)仪器的整置

1. 对中

对中的目的是使仪器水平度盘中心处于测站点的铅垂线上。对中有两种方法:垂球对中和光学对中器对中。

1)垂球对中

具体步骤是:张开三脚架,使脚架头中心粗略对准测站点的标志中心、调节脚架腿,使高度适于观测,并目估架头大致水平,装上仪器,旋紧中心螺旋,挂上垂球,若垂球离测站中心较远,则需将三脚架作等距平移,或者固定一架腿移动另两架腿,使垂球尖大致对准地面标

志,然后将架腿脚尖踩入土中,微松中心螺旋,双手扶握仪器支架,使仪器在架头上移动,待垂球尖准确对准测站点标志中心后,旋紧中心连接螺旋。用垂球对中时,对中误差一般应小于 2 ~ 3 mm。

2) 光学对中器对中

光学对中器对中精度较高,一般可使对中误差小于 1 mm,具体步骤是:张开三脚架,目估对中且使三脚架架头大致水平,三脚架高度适中。将经纬仪固定在三脚架上,调整对中器目镜焦距,使对中器的圆圈标志和测站点影像清晰。踩实一架腿,两手掂起另外两条架腿,用自己的脚尖点住测站点标志,眼睛通过对点器的目镜来寻找自己的脚尖,找到脚尖便找到了测站点标志,对中地面点标志,放下两架腿踩实即可。然后通过对点器目镜观测测站点,检查是否严格对中,若没有严格对中,可调节三个脚螺旋使之严格对中。

2. 整平

整平的目的:使仪器的水平度盘处于水平位置,竖直轴处于铅垂位置。

若是垂球对中,应按下述方法进行整平(见图 3-5):

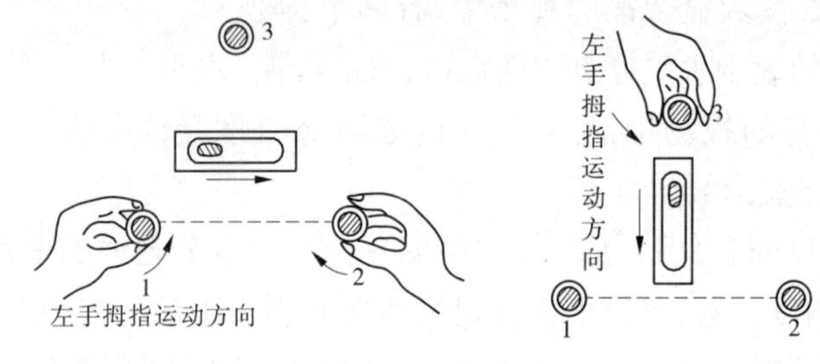

图 3-5

旋转仪器使照准部管水准器与任意两个脚螺旋的连线平行,用两手同时相对或相反方向转动这两个脚螺旋,让气泡居中。然后将仪器旋转 90°,使管水准器与前两个脚螺旋连线垂直,转动第三个脚螺旋,使气泡居中。若管水准器位置正确,如此反复进行数次即可达到精确整平的目的,即管水准器转到任何方向时,水准气泡居中,或偏离不超过 1 格。

若是光学对点器对中应按下列方法进行:

首先,调节三脚架的伸缩连接处,靠伸缩脚架使圆水准器气泡居中,其次按图 3-5 的方法,调平照准部水准管气泡,观察光学对点器与测站点标志是否完全重合(此时一定有很小偏离),最后松开中心连接螺旋,平行移动仪器使光学对点器与测站点标志完全重合,注意:松开中心连接螺旋时不是完全松开。如此反复几次,直到严格整平。

(二)望远镜调焦

调焦就是调节十字丝和物像同时清晰的过程。首先调节目镜使十字丝清晰,随后调节物镜对光螺旋使物像清晰。为了提高测角精度,观测时一定要消除十字丝视差。十字丝视差的消除在望远镜使用中已提到,这里不再叙述。

(三)照准目标

照准目标就是用十字丝的中心部位照准目标,不同的角度测量所用的十字丝是不同的,但都是用接近十字丝中心的位置照准目标。

在水平角测量中，应用十字丝的纵丝（竖丝）照准目标。当所照准的目标较粗时，常用单丝平分之；若照准的目标较细，则常用双丝对称夹住目标，如图3-6所示。当目标倾斜时，应照准目标的根部来减弱照准误差的影响。

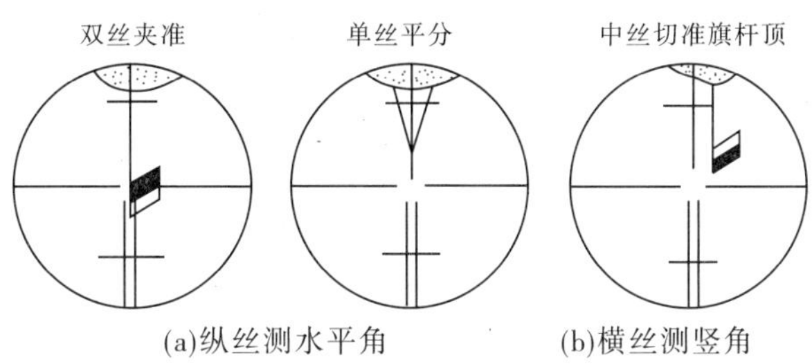

(a)纵丝测水平角　(b)横丝测竖角

图3-6

进行竖直角测量时，应用十字丝的横丝（中丝）切准目标的顶部或特殊部位，在记录时一定要注记照准位置（见图3-6(b)）。

具体的照准操作方法是：松开照准部和望远镜的制动螺旋，转动照准部和望远镜，用粗瞄准器使望远镜大致照准目标，随即从镜内找到目标并使其移动到十字丝中心附近，固定照准部和望远镜制动螺旋，再旋转其微动螺旋，则可准确照准目标的固定部位，读取水平角或竖直角数值。

为了减小仪器的隙动误差，使用微动螺旋精确照准目标时，一定要用旋进方向。测水平角时，照准部要按规定的方向旋转，这样就能减小仪器的隙动误差。

（四）水平度盘配置

为了减弱度盘的刻划误差，方便方向值的计算，在水平角观测时，通常规定某一清晰、成像稳定的目标作为“零方向”，将度盘读数调整为0°或某一规定值，这一操作过程称为“配置度盘读数”。

具体操作步骤如下：

（1）当仪器整平后，用盘左照准目标；

（2）转动度盘变换手轮，使度盘读数调整至预定读数即可；

（3）为防止观测时，碰动度盘变换手轮，度盘“置数”后，应及时盖上护盖。

当观测角要求较高时，通常在一个测站上观测好几个测回，为了减弱度盘刻划误差的影响，各测回的“零方向”值为

$$m = \frac{180^\circ}{n}(i - 1) \tag{3-2}$$

式中　n——测回数；

i——测回序号。

所谓“盘左”，就是当望远镜照准目标时，竖盘在望远镜的左侧称为“盘左”，又称为“正镜”；竖盘位于望远镜的右侧时称为“盘右”，又称为“倒镜”。

用“盘左”观测水平角时称为“上半测回”，用“盘右”观测水平角时称为“下半测回”，上半测回和下半测回合称为“一测回”。

二、水平角观测

水平角观测方法一般根据观测的精度要求和目标的数目来定。常用的测角方法有测回法和方向观测法。

(一)测回法

测回法适用于观测两个方向之间的单角,如图3-7所示,以O点为测站,对中、整平仪器后即可用测回法进行观测,其观测方法如下。

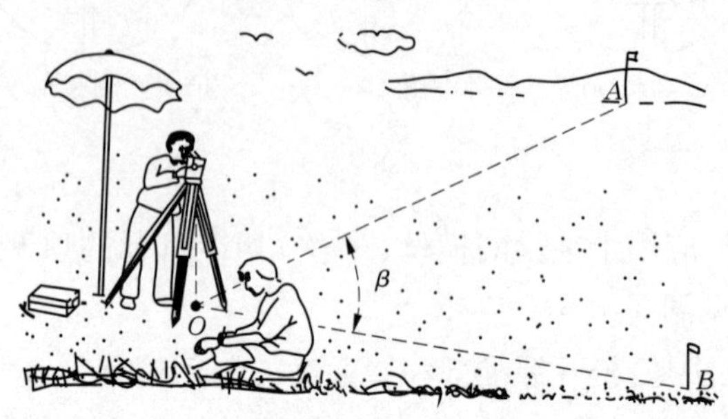

图3-7

(1)用盘左精确照准A目标(消除十字丝视差,双丝夹住目标或单丝平分目标底部),度盘"置零",记录此数为$a_{左}$。

(2)顺时针转动仪器的照准部,照准右边的B目标,读取水平度盘的读数$b_{左}$。

以上两步用盘左观测称为上半测回,其角值称为上半测回角值,大小为

$$\beta_{左} = b_{左} - a_{左}$$

(3)倒转望远镜用盘右观测,按上述方法先观测B目标,记录水平度盘读数$b_{右}$。

(4)逆时针转动仪器的照准部,观测A目标,读数、记录$a_{右}$。

以上(3)、(4)步用盘右观测称为下半测回,其角值称为下半测回角值,大小为

$$\beta_{右} = b_{右} - a_{右}$$

上、下两个半测回称为一测回,其角值大小为上、下两半测回角值的平均值,即

$$\beta = \frac{1}{2}(\beta_{左} + \beta_{右}) \tag{3-3}$$

为提高观测精度,常采用多测回观测;为了减弱度盘刻划误差,各测回间应变换度盘位置,前面已讲述。

测回法观测水平角的限差要求见表3-1。

表3-1 测回法观测水平角的限差

项目	半测回角值之差(″)	测回角值之差(″)
限差大小	36	24

注:半测回角值之差就是上半测回角值和下半测回角值之差;测回角值之差又称为测回差,就是各测回角值之差。

测回法观测水平角的记录、计算格式见表 3-2。

表 3-2　测回法观测水平角的记录计算格式

测站	测回	竖盘位置	目标	水平度盘读数（°　′　″）	半测回角值（°　′　″）	一测回角值（°　′　″）	各测回平均角值（°　′　″）	说明
O	1	左	*A*	0　02　24	81　12　12	81　12　06	81　12　08	
			B	81　14　36				
		右	*B*	261　14　36	81　12　00			
			A	180　02　36				
O	2	左	*A*	90　03　06	81　12　06	81　12　09		
			B	171　15　12				
		右	*B*	351　15　12	81　12　12			
			A	270　03　00				

(二)方向观测法

在一个测站上须观测 3 个以上方向时,通常采用方向观测法。方向观测法又简称为“方向法”。如图 3-8 所示,设测站为 *P*,观测方向为 *A*、*B*、*C*、*D* 等目标,观测记录、计算方法如下。

1. 观测方法

(1)用盘左观测(上半测回观测):在 4 个目标中,选择一个目标清晰、成像稳定的 *A* 目标作为“零方向”,度盘“置零”,即度盘配置为略大于 0°的读数处,读数、记录。然后按顺时针方向转动照准部分别观测 *B*、*C*、*D* 目标,读数、记录。因为观测方向较多,观测时间长等可能造成度盘“零位置”发生变化,从而影响观测精度。为了检核应再次照准 *A* 目标,读数、记录。由于在上半测回中两次照准零方向 *A* 目标,仪器转动了一周,故称为“归零”。该次“归零”称为上半测回“归零”。

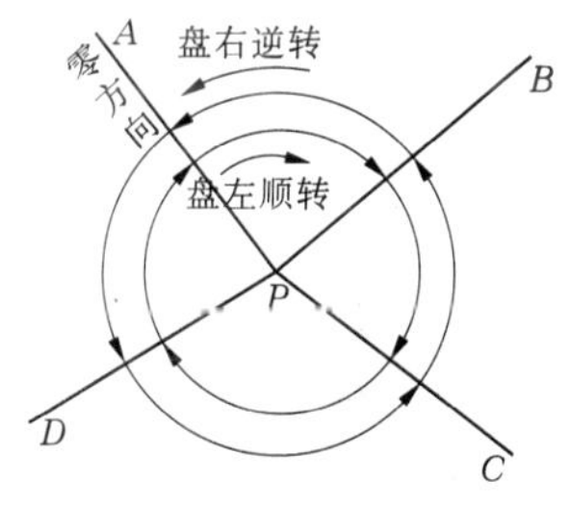

图 3-8

(2)用盘右观测(下半测回观测):倒转望远镜即(盘右)照准 *A* 目标,读数、记录,然后逆时针转动照准部分别照准目标 *D*、*C*、*B*、*A*,读数、记录。在观测中又两次照准目标 *A*,故称为下半测回“归零”。

上、下两半测回合起来称为“一测回”。其余各测回观测只需按要求变换零方向的度盘位置即可,其观测、记录方法完全相同。

这种观测方法因两次照准零方向,仪器转动一周,该方法又称为“全圆方向观测法”。当一个测站的观测个数大于 3 时,必须采用该方法。由于观测过程中有误差存在,两次照准零方向的值不相等,其差值称为“归零差”。仅有当上、下半测回的“归零差”都符合规定要求时,才能进行后面的计算。

2. 方向观测法的记录、计算方法

方向观测法的记录、计算格式见表 3-3。

表 3-3

仪器:J680421	测站:O	等级:5″小三角	日期:×月××日
天气:晴	观测者:×××	$Y=B$	开始时间:××时××分
成像:清晰	记录者:×××	觇标类型:花杆	结束时间:××时××分

目标	水平度盘读数 盘左 (° ′ ″)	水平度盘读数 盘右 (° ′ ″)	2c	平均读数 $\frac{左+(右\pm180°)}{2}$ (° ′ ″)	一测回归零方向值 (° ′ ″)	各测回归零方向值 (° ′ ″)	说明 (° ′ ″)
1	2	3	4	5	6	7	8
第 1 测回							
A	0 02 12	180 02 00	+12	(0 02 09) 0 02 06	0 00 00	0 00 00	
B	37 44 24	217 44 06	+18	37 44 15	37 42 06	37 42 10	
C	110 29 06	290 29 00	+06	110 29 03	110 26 54	110 26 53	
D	150 14 42	330 14 36	+06	150 14 39	150 12 30	150 12 24	
A	0 02 18	180 02 06	+12	0 02 12			
归零差	$\Delta_{左}=+06''$	$\Delta_{右}=+06''$					
第 2 测回							
A	90 03 18	270 03 24	−06	(90 03 22) 90 03 21	0 00 00		
B	127 45 42	307 45 36	+06	127 45 39	37 42 17		
C	200 30 24	20 30 12	+12	200 30 18	110 26 56		
D	240 15 42	60 15 48	−06	240 15 45	150 12 23		
A	90 03 24	270 03 24	00	90 03 24			
归零差	$\Delta_{左}=06''$	$\Delta_{右}=00''$					

上半测回观测时,当照准目标后分别读取目标 A、B、C、D、A 的水平度盘读数,记录在表格的第二栏内。

下半测回观测时,分别照准目标 A、D、C、B、A,并读取相应的水平度盘读数,记录在表格的第三栏内。记录时,观测值应与相应的目标栏对齐。

$2c$ 值的计算:

$$2c = L - (R \pm 180°) \tag{3-4}$$

式中 L——盘左读数;

R——盘右读数,当 $R \geq 180°$时取“−”,当 $R < 180°$时取“+”号。

平均读数的计算:

平均读数指盘左读数与盘右读数 ±180°之和的平均值。表 3-3 第 5 栏中零方向有两个平均值,取这两个平均值的中数记在第 5 栏上方,并加上括号。

归零方向值的计算:

表 3-3 第 6 栏中各值的计算,是用第 5 栏中各方向值减去零方向括号内之值。例如:第一测回方向 B 的归零方向值为 37°44′15″ - 0°02′09″ = 37°42′06″。一测站按规定测回数测完后,应比较同一方向各测回归零后方向值,检查其较差是否超限,限差要求见表 3-4,若满足限差要求,则取各测回同一方向值的中数记入表 3-3 中第 7 栏。

一测回观测完成后,应及时进行计算,并对照检查各项限差,若有超限,应立即重测。

表 3-4

限差项目	DJ_2 型	DJ_6 型
半测回归零差	12″	24″
同一测回 $2c$ 变动范围	18″	
各测回零方向值的较差	12″	24″

三、竖直角测量

(一)竖直度盘及注记形式

1. 竖直度盘的结构

竖直度盘(竖盘)与望远镜一起垂直固定在横轴上,其读数可根据竖盘指标读取,图 3-9 所示为 DJ_6 级光学经纬仪的竖盘构造图。当望远镜在竖直面内绕横轴转动时,竖盘随望远镜一起转动,竖盘的影像通过棱镜和透镜所组成的光具组 10,成像在读数显微镜的读数窗内。光具组 10 的光轴和读数窗中测微尺的零分划线构成竖盘读数指标线,读数指标线相对

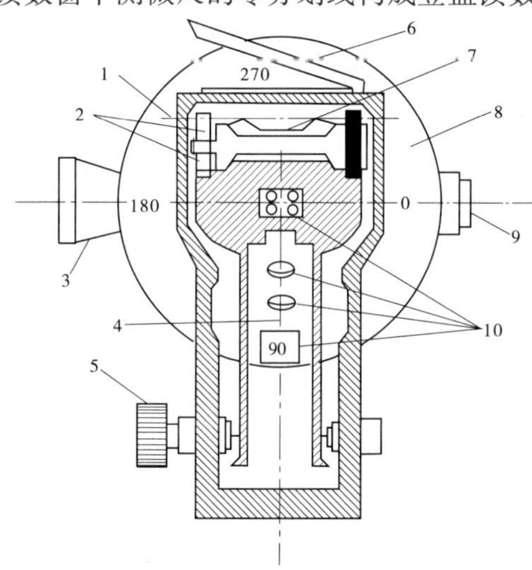

1—指标水准管轴;2—水准管校正螺旋;3—望远镜;
4—光具组光轴;5—指标水准管微动螺旋;6—指标水准管反光镜;
7—指标水准管;8—竖盘;9—目镜;10—光具组(透镜和棱镜)

图 3-9

于转动的度盘是固定不动的。因此，当转动望远镜照准高低不同的目标时，固定不动的指标线便可在转动的度盘上读得不同的读数。光具组 10 又和竖盘指标水准管相连，并使竖盘指标水准管轴 1 和光具组光轴 4 相垂直，当转动竖盘指标水准管微动螺旋时，读数指标线作微小移动；当竖盘指标水准管气泡居中时，读数指标线处于正确位置。所以，在进行竖直角观测时，都必须先让竖盘指标水准管气泡居中。

2. 竖盘注记形式

竖盘的注记形式很多，常见的多为全圆式顺时针或逆时针注记。如图 3-10(a)所示，为 J_6、030、T_1、T_2 等经纬仪竖盘的注记形式；图 3-10(b)所示为 DJ_6-1 型经纬仪竖盘注记形式；图 3-10(c)所示为蔡司 010 等仪器的竖盘注记形式。为直观起见，将盘左望远镜水平时的竖盘正确读数位置标为指标位置。所以，可以说光学经纬仪竖盘指标多在下方铅垂线位置，蔡司 010 仪器的竖盘指标则在水平位置。

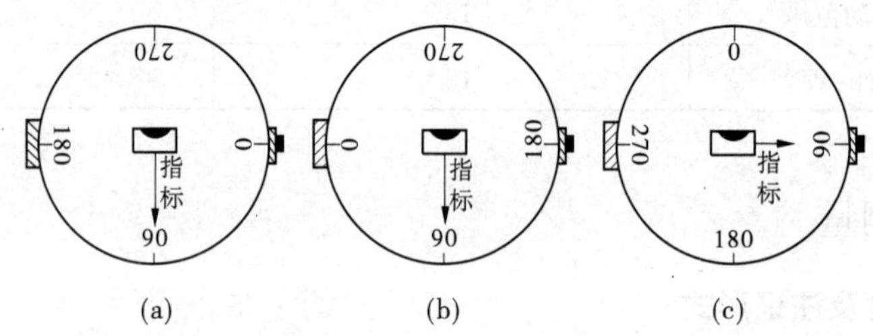

图 3-10　竖盘注记形式

(二)倾角和指标差的计算公式

1. 倾角计算公式

根据倾角的基本概念，它是在同一竖直面内目标方向与水平方向的夹角。不过任何注记形式的竖盘，当视线水平时，不论是盘左还是盘右，其读数都是个定值，正常状态应该是 90°的整倍数。所以，测定倾角时只需读取照准竖盘目标时的竖盘读数即可，将两数相减便得倾角角值。至于究竟以哪个读数作为被减数，哪个读数作为减数，应根据竖盘的注记形式而定。以仰角为例，只需对所用仪器把望远镜放在大致水平位置观察一下读数，望远镜逐渐上倾时观察读数是增加还是减少，就可得出计算公式。

(1)当望远镜视线上倾时，如竖盘读数逐渐增加，则倾角 α 为瞄准目标时的读数减去视线水平时的读数。

(2)当望远镜视线上倾时，如竖盘读数逐渐减少，则倾角 α 为视线水平时的读数减去瞄准目标时的读数。

如图 3-11 所示，该图为常用的 DJ_6 级光学经纬仪的竖直度盘注记形式。

设 L 为盘左时视线照准目标时的读数，R 为盘右时视线照准目标时的读数。

从图 3-11 可以看出，当望远镜视线上倾时，盘左时竖盘读数逐渐减小，盘右时竖盘读数逐渐增加。盘左、盘右水平视线的读数为定值 90°或 270°。

以盘左观测时

$$\alpha_{左} = 90° - L \tag{a}$$

以盘右观测时

$$\alpha_{右} = R - 270° \tag{b}$$

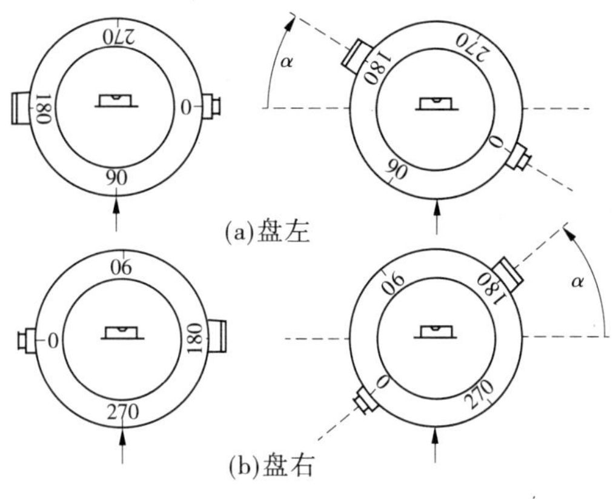

图 3-11

因为竖盘读数 L 和 R 通常含有误差，$\alpha_左$、$\alpha_右$ 不相等，取二者的平均值为倾角 α 的最后结果，则

$$\alpha = \frac{1}{2}(\alpha_左 + \alpha_右) = \frac{1}{2}[(R - L) - 180°] \tag{3-5}$$

【例 3-1】 用图 3-11 竖盘注记形式的经纬仪，观测一高处目标，盘左时读数为 81°15′42″，盘右读数为 278°44′24″，计算倾角的大小。

解：将盘左、盘右读数代入式(3-5)，则

$$\alpha = \frac{1}{2}(\alpha_左 + \alpha_右) = \frac{1}{2}[(R - L) - 180°]$$

$$= \frac{1}{2}[(278°44'24'' - 81°15'42'') - 180°]$$

$$= +8°44'21''$$

【例 3-2】 当用同一仪器观测低处一目标时，盘左读数为 107°25′42″，盘右读数为 252°34′18″，计算倾角的大小。

解：将盘左、盘右读数代入式(3-5)，则

$$\alpha = \frac{1}{2}(\alpha_左 + \alpha_右) = \frac{1}{2}[(R - L) - 180°]$$

$$= \frac{1}{2}[(252°34'18'' - 107°25'42'') - 180°]$$

$$= -17°25'42''$$

2. 指标差的计算公式

所谓指标差，是指当望远镜视准轴水平、竖直度盘指标水准器气泡居中时，竖直度盘读数应为一固定值(90°或 270°)，如果竖直度盘指标线偏离正确位置，使读数与应有读数有一个小角度的偏差 x，这个偏差就称为竖直度盘指标差(如图 3-12 所示)。如指标线沿度盘注记增大的方向偏移，使读数增大，则 x 为正；反之 x 为负。

从图 3-12 可以看出：

盘左时，竖直角为 $$\alpha_左 = 90° - (L - x) \tag{3-6}$$

盘右时，竖直角为 $$\alpha_右 = (R - x) - 270° \tag{3-7}$$

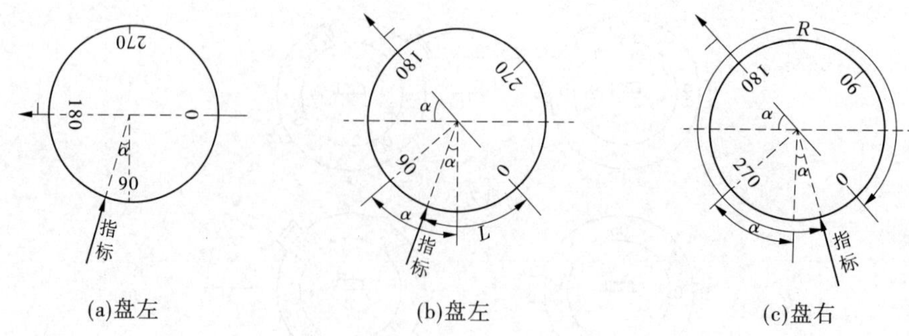

图 3-12　竖盘指标差

盘左、盘右测得的竖直角相减,则得

$$x = \frac{1}{2}(R + L - 360°) \tag{3-8}$$

盘左、盘右测得的竖直角相加,则得

$$\alpha = \frac{1}{2}(R - L - 180°) \tag{3-9}$$

从上式可以看出,取盘左、盘右观测结果的中数,可以消除指标差的影响。

3. 竖直角测量及手簿的记录、计算

(1)在测站上安置好仪器,对中、整平、量取仪器高。

(2)当仪器整平后,用盘左位置照准目标,固定照准部和望远镜,转动水平微动螺旋和竖直微动螺旋,使十字丝的中丝精确切准目标的特定部位(见图 3-13)。

(3)旋转竖盘指标水准器微动螺旋,让其气泡居中,重复检查目标切准情况,确认无误后即可读数,记入手簿中相应位置。手簿格式见表 3-5。对于有自动安平补偿器的经纬仪,则无指标水准器,如上海 J_6、威特 T_{1A}、蔡司 020 等不需此项操作,观测时,切准目标后即可观测读数。

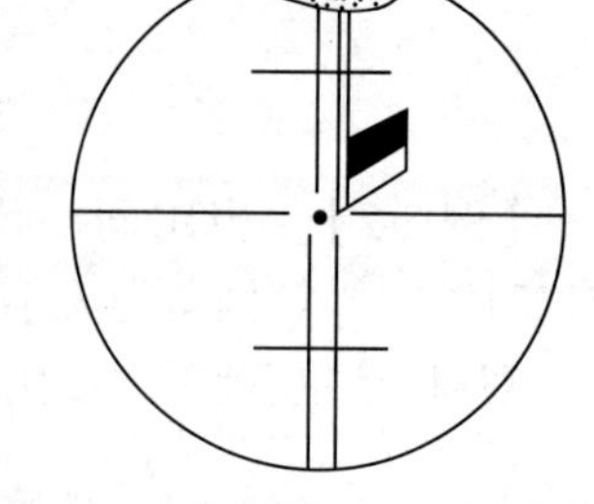

图 3-13

(4)纵转望远镜,盘右照准同一目标的同一特定部位,按第 3 项的操作并读数,记入手簿中相应位置。

以上观测称为一测回。图根控制的竖角观测一般要求中丝观测两测回,且两个测回要分别进行,不得用两次读数的方法代替。

当一个测站上要观测多个目标时,可将 3 ~ 4 个目标作为一组,先观测本组所有目标的盘左,再纵转望远镜观测本组所有目标的盘右,然后将该数分别记入手簿相应栏内,这样可以减少纵转望远镜的次数,节约观测时间。

对某一目标观测一测回结束后,即可用公式(3-8)计算其指标差 i,记入手簿指标差栏内对应位置;然后用式(3-5)、式(3-6)或式(3-7)计算其竖直角 α 的大小,记入手簿竖角栏内对应位置,其公式的选择以心算方便为原则(注意不同竖盘的注记形式,计算时用其相应的计算公式)。当两个测回所测竖角互差不超过限差规定(24″)时,取其平均值作为最后结果,记入手簿相应位置。在一个测站上一次设站观测结束后,如果本站所有指标差互差不超过限差要求(24″),本站竖角观测合格,否则超限目标应重测。具体记录手簿、计算方法见表3-5。上述观测法仅用十字丝的中丝照准目标,故称为中丝法。

表3-5 竖直角观测记录手簿

作业日期:2000-04-25　　天气:晴　　观测者:李平

开始时间:10时30分　　成像:清晰

结束时间:12时10分　　仪器:$J_6$78325　　记录者:李素丽

测站	觇点	读数		指标差 (′ ″)	竖直角 (° ′ ″)	仪器高 (m)	觇标高 (m)	照准觇标部位
		盘左 (° ′ ″)	盘右 (° ′ ″)					
M_6 花杆顶部 2.50 m	M_7	88 05 24 88 05 30	271 55 54 271 55 18	+39 +24 中数	+1 55 15 +1 54 54 +1 55 04	1.54	2.51	花杆顶部
M_6 花杆顶部 2.50 m	M_8	95 06 42 95 23 48 95 41 06	264 20 06 264 37 18 264 54 24	−16 36 +0 33 +17 45 中数	−5 23 24 −5 23 15 −5 23 21 −5 23 18	1.54	2.22	旗顶

而有的规范中规定观测竖直角时,必须按盘左、盘右依次用上、中、下三根十字丝进行读数,这种测法称为三丝法。由于上、下丝与中丝间所夹视角约为17′,因此由上、下丝观测值′算得的指标差分别约为+17′和−17′。记录观测数据时,盘左按上、中、下三丝读数次序,盘右则按下、中、上三丝读数次序记录,见表3-5中观测的成果。计算竖直角时,按三丝所测得的L和R分别计算出相应的竖直角,最后取平均值作为最后结果。

第四节 经纬仪的检验与校正

为了精确测定水平角,要求经纬仪各轴线之间必须满足一定的几何条件,当然在经纬仪进行检验校正前,应先进行一般的检视。如:度盘和照准部旋转是否灵活,各种螺旋是否灵活有效;望远镜视场是否清晰,有无灰尘、水珠、斑点;度盘有无损伤,分划线是否清晰;分微尺分划是否清晰;仪器各种附件是否齐全等。

一、经纬仪应满足的几何条件

依据角度测量的原理,经纬仪在观测时应满足下列要求:

(1)水平度盘平面应是水平面。

(2)垂直轴应垂直,且通过水平度盘中心。

(3)望远镜的照准面应是铅垂平面。

(4)竖直度盘应是铅垂平面,且与水平轴垂直。

水平度盘是否水平、垂直轴是否垂直,都是通过照准部管水准器反映的。仪器结构要求竖轴与水平度盘垂直,且与照准部管水准器的水准轴也垂直,所以当照准部管水准器气泡居中时,即表示水平度盘水平,竖轴铅直。

因为望远镜是绕水平轴旋转的,要满足第(3)项的要求,必须使视准轴与水平轴垂直,而水平轴又与竖轴垂直。前者使照准面成一平面,而后者则在竖直轴铅直时照准面为一铅垂面。

综上所述,经纬仪应满足的几何条件是:

(1)竖直轴与水平度盘垂直,并通过度盘中心。

(2)照准部管水准器水准轴与竖直轴垂直,即与水平度盘平行。

(3)照准轴垂直于水平轴。

(4)水平轴垂直于竖直轴。

(5)水平轴与竖直度盘垂直,并通过其中心。

以上的5个几何条件中,第(1)、(5)项是由仪器厂保证的。作业人员只需检查(2)、(3)、(4)三项。因为观测水平角时,通常是用十字丝竖丝照准目标,因此要求十字丝竖丝垂直于水平轴。观测竖直角时,为了计算方便,应使竖直度盘指标差接近于零。

二、经纬仪的检验、校正

(一)水准管轴应垂直于竖轴的检验与校正

1. 检验

检验的目的在于保证竖轴与铅垂线方向一致,即水平度盘处于水平位置。

首先概略整平仪器,使管水准器与任意两个脚螺旋的连线平行,旋转脚螺旋使气泡居中,然后将照准部旋转180°,若气泡仍居中,则表示条件满足,否则应校正。

检验原理如图3-14所示,当气泡居中时,表明水准轴已水平,这时,若水准轴与竖轴是正交的,则竖轴应处于铅垂方向,水平度盘应处于水平位置;若水准轴与竖轴不正交,如图3-14(a)所示,竖轴与铅垂线将有夹角 θ,则水平度盘与水准轴的交角也为 θ。当照准部旋转180°时,气泡偏离,如图3-14(b)所示,因竖轴倾斜方向没变,可见管水准轴与水平线的夹角为 2α,气泡偏离零点的格值 e 就显示了 2θ 角。

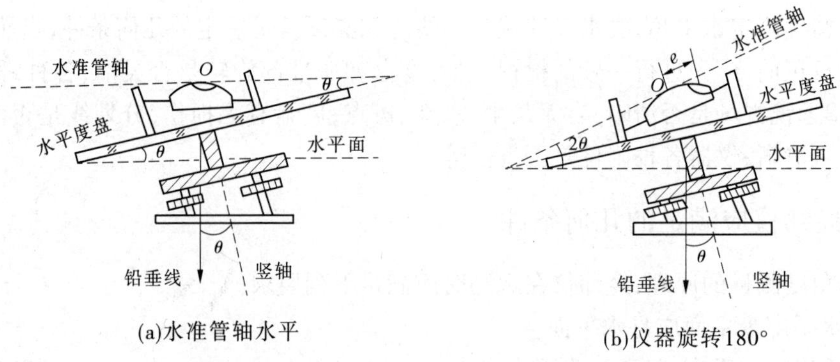

图3-14

2. 校正

先旋转脚螺旋,改正气泡偏离格值的一半即 $\frac{e}{2}$,如图3-15(a)所示,使竖轴处于铅垂方向。

剩下的一半$\frac{e}{2}$,用仪器校正针(即拨针)校正管水准器的校正螺丝,使气泡居中,如图 3-15(b)所示。校正时请注意:转动校正螺丝必须先松后紧,不可用力过猛;校正结束要适当拧紧被松动过的螺丝,否则校正结果将前功尽弃。

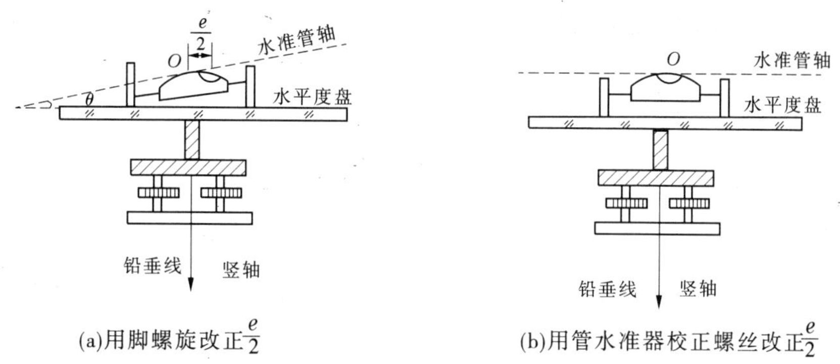

(a)用脚螺旋改正$\frac{e}{2}$　　(b)用管水准器校正螺丝改正$\frac{e}{2}$

图 3-15

由以上结果可以看出,管水准轴与竖轴不正交,其主要原因是管水准器两端支架高度被改变。此项检验校正必须反复进行,直到照准部转到任何位置后气泡偏离值不大于 1 格时。检校完成后,应附带校正圆水准器。

(二)十字丝的竖丝应垂直于水平轴的校正与检验

1. 检验

检验目的在于保证十字丝的竖丝与照准面一致。

检验方法:用十字丝的交点精确瞄准一远方约与仪器同高的目标点,固定照准部和望远镜制动螺旋,微微转动望远镜的微动螺旋,使望远镜上、下微动,如果目标点不离开纵丝,说明此条件满足,否则需要校正,如图 3-16 所示。

2. 校正

打开十字丝环护盖,可见图 3-17 所示的校正装置,松开四个校正螺丝 E,轻轻转动十字丝环,直到满足要求(即让点 A 从 A'处向竖丝移动偏离量的一半)。

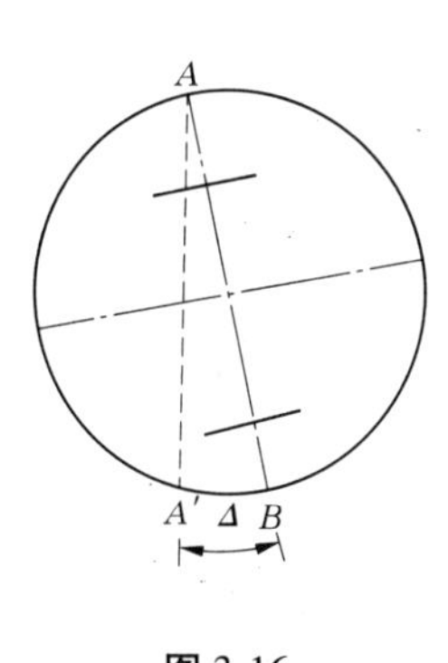

图 3-16

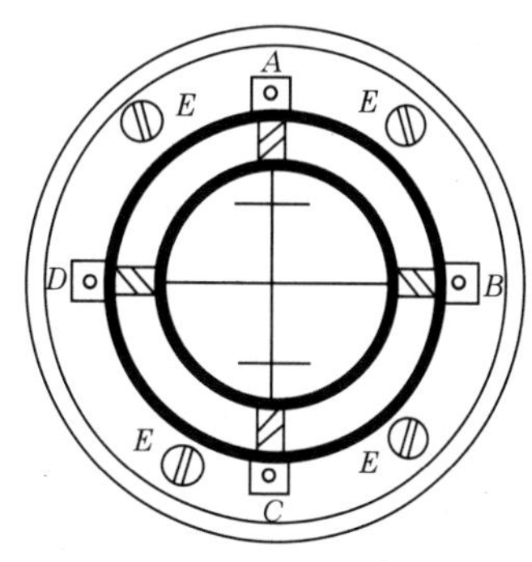

图 3-17

此项检校需反复进行,直至上下转动望远镜时点 A 始终不离开竖丝。校正结束后,应及时拧紧四个校正螺丝 E,旋上护盖。

此检校亦可用悬挂垂球的方法进行，即在距仪器十多米处悬挂一垂球，用望远镜照准，若十字丝竖丝与垂球线重合，表明条件满足；否则转动十字丝环，使竖丝与垂球线重合或平行即可。

（三）照准轴（视准轴）应垂直于水平轴的检验与校正

当水平轴（横轴）处于水平位置时，照准轴若与水平轴正交，则照准轴的仰俯面（照准面）是一个铅垂面。当照准轴围绕水平轴旋转时，其旋转面将是一个圆锥面。这种照准轴不垂直于水平轴的误差称为照准差，通常用 c 表示。

1. 检验

检验的目的在于使照准面成为一铅垂面。该项检验方法较多，现分述之。

（1）第一种方法：选一平坦场地，在一条直线上确定 A、O、B 三点，安置经纬仪于 O 点，横置一支有毫米分划的小尺于 B 点（ OB 长应大于 10 m），A 点设一照准标志。以盘左位置照准 A 点，绕横轴倒转望远镜在小尺上读数得 m 点（见图 3-18（a））。再以盘右位置照准 A 点，倒转望远镜在小尺上读数得 n 点（见图 3-18（b））。若 m、n 两点重合，则条件满足。

如果视准轴不垂直于横轴，相差一 c 角，则盘左时 mB 之长为 $2c$ 的反映，盘右时 nB 之长亦为 $2c$ 的反映，即 mn 之长为 $4c$ 的反映。此时，c 值为

$$c = \frac{1}{4}\frac{mn}{OB}\rho$$

当 c 值大于 1′时，须校正仪器。

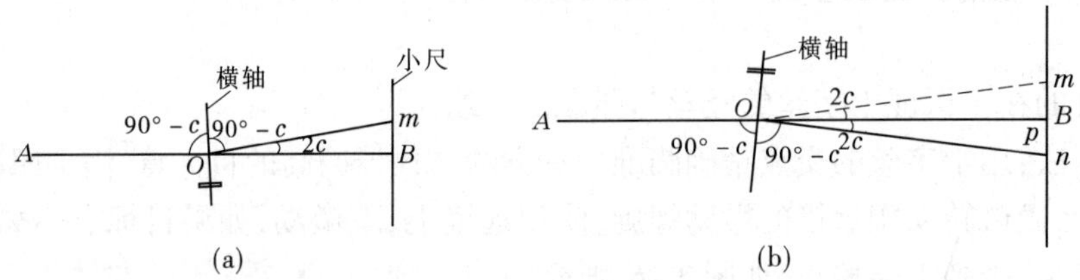

图 3-18

（2）第二种方法：选一水平目标，用盘左、盘右观测之，取它们的读数差即得 2 倍的 c 值。

如图 3-19 所示，设水平目标为 A，盘左读数为 $\alpha'_{左}$，盘右读数为 $\alpha'_{右}$，令盘左时 c 值为正，则盘右时 c 值为负，它们的正确读数为

$$\alpha_{左} = \alpha'_{左} - c$$

$$\alpha_{右} = \alpha'_{右} + c$$

因

$$\alpha'_{右} = \alpha_{左} \pm 180°$$

故

$$c = \frac{1}{2}(\alpha'_{左} - \alpha'_{右} \pm 180°)$$

通过上式计算得 c 值大小，当 c 值大于 1′时，须校正仪器。

2. 校正

（1）方法一的校正：当以盘右位置照准 A 点，倒转望远镜在小尺上读数得 n 点时，取 mn 的 1/4，得一 p 点（见图 3-18（b）），打开十字丝环护盖，用拨针调节十字丝环的左、右两个校正螺丝一松一紧，移动十字丝环，使十字丝交点对准 p 点即可。

（2）方法二的校正：校正时，按 $\alpha_{左} = \alpha'_{左} - c$ 或 $\alpha_{右} = \alpha'_{右} + c$ 求出盘左或盘右的正确读数，

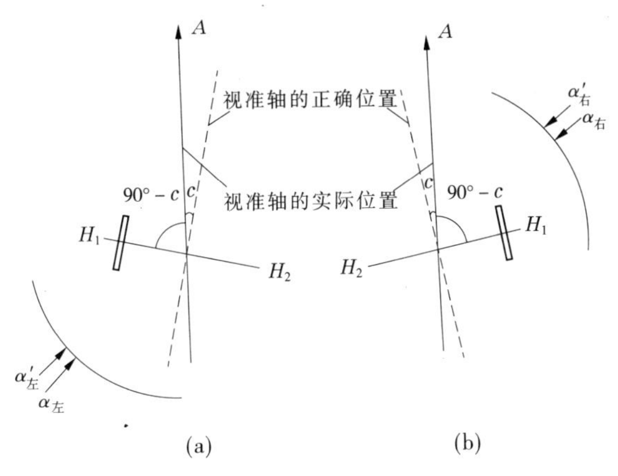

图 3-19

随后配置水平度盘读数(盘右位置)等于 $\alpha'_{右}+c$。这时视准轴偏离 A 点,则打开十字丝环护盖,用拨针调节十字丝环的左、右两个校正螺丝一松一紧,移动十字丝环,使十字丝交点对准 A 点即可(校正后,应将上、下校正螺丝上紧)。

(四)水平轴应垂直于竖轴的检验与校正

在本节中的经纬仪应满足的几何条件满足后,若水平轴垂直于竖轴,则经纬仪整平后水平轴应处于水平位置。这时,望远镜照准面为一铅垂面。若水平轴与水平线有一夹角 i,则望远镜照准面为一倾斜面,其倾角也为 i,此角称为水平轴误差(也称为 i 误差)。水平轴误差主要是由于水平轴两端高度不等而产生的。因光学经纬仪的水平轴被密封在仪器壳内,故 i 角校正应由维修部门或厂家进行为宜。下面只介绍检验方法。

1. 检验

检验的目的在于仪器整平后水平轴(横轴)处于水平位置。

如图 3-20 所示,在离墙壁 20 ~ 30 m 的 O 点处安置经纬仪,使视线垂直墙壁。用盘左照准墙壁上高处一 P 点,观测竖直角 $\alpha_{左}$。然后将望远镜下俯至水平位置,依十字丝交点在墙壁上作标记点 A。

纵转望远镜取盘右位置,仍照准 P 点,观测竖直角 $\alpha_{右}$ 后,将望远镜下俯至水平位置,依十字丝交点在墙壁上作标记点 B。

若 A、B 两点重合,则条件满足,即水平轴误差为零。否则,需计算 i 角值。

量取 A、B 两点间的距离,从图 3-23 可以看出,

$$\tan i = \frac{AC}{PC}$$

而
$$PC = S\tan\alpha$$

式中,S 为仪器到墙的距离。

又因 i 角很小,所以

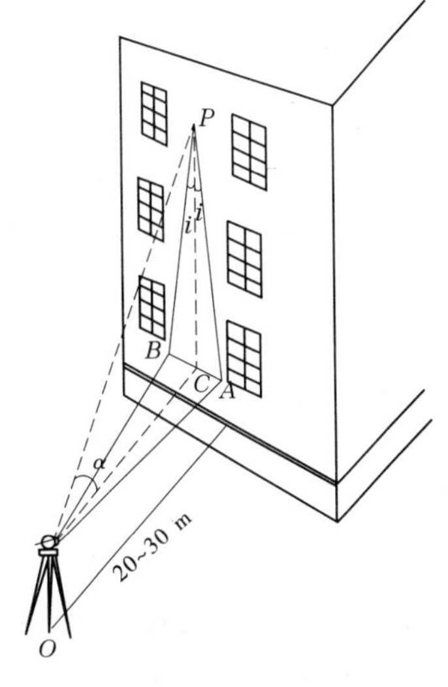

图 3-20

$$i \approx \tan i = \frac{AC}{S\tan\alpha}\rho \tag{3-10}$$

对于 J_6 级经纬仪而言，当通过式(3-10)算得的 i 角值大于 1′时，需校正。

2. 校正

当算得的 i 角值大于 1′时，需校正。校正应由专业人员完成。

(五)竖盘指标差的检验与校正

1. 检验

安置经纬仪，从盘左、盘右观测同一目标的竖盘读数，按式(3-8)计算指标差 x 值，如 $x=0$，则条件满足，否则需进行校正。

2. 校正

算出盘右位置时的竖盘准确读数，转动竖盘指标水准管微动螺旋，使竖盘读数等于正确的读数，此时，竖盘指标水准管气泡已偏离中央，用拨针拨动竖盘指标水准管校正螺丝，使气泡居中。

此项检验校正需反复进行几次。

第五节　电子经纬仪简介

电子经纬仪是利用光电技术测角，带有角度数字显示和进行数据自动归算及存储装置的经纬仪。它可将角度的电信号直接记入存储器，以便送入计算机中进行计算。

电子经纬仪与光学经纬仪的根本区别在于它用微机控制的电子测角系统代替光学读数系统，其主要特点是：

(1)使用电子测角系统，能将测量结果自动显示出来，实现了读数的自动化和数字化。

(2)采用积木式结构，可与光电测距仪组合成全站型电子速测仪，配合适当的接口，可将电子手簿记录的数据输入计算机，实现数据处理和绘图自动化。

一、电子测角原理简介

电子测角仍然是采用度盘来进行的。与光学测角不同的是，电子测角是从特殊格式的度盘上取得电信号，根据电信号再转换成角度，并且自动地以数字形式输出，显示在电子显示屏上，并记录在储存器中。电子测角度盘根据取得电信号的方式不同，可分为光栅度盘测角、编码度盘测角和电栅度盘测角等，如图 3-21 所示。

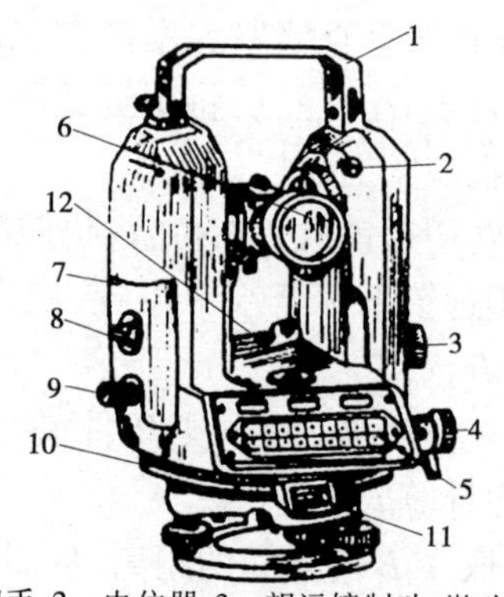

1—把手；2—电位器；3—望远镜制动、微动螺旋；4—水平制动、微动螺旋；5—中央操纵面板；6—望远镜；7—内嵌式电池盒；8—内嵌式电池旋钮；9—光学对中器；10—概略定向度盘；11—概略定向度盘放大镜；12—管水准器

图 3-21

二、电子经纬仪的性能简介

DJD_2 电子经纬仪采用光栅度盘测角，水平、垂直角度显示读数分辨率为 1″，测角精度达 2″。DJD_2 装有倾斜传感器，当仪器竖轴倾斜时，仪器会自动测出并显示其数值，同时显示对水平角和

垂直角的自动校正。仪器的自动补偿范围为±3′。

三、电子经纬仪的使用

DJD_2 电子经纬仪使用时，首先要在测站点上安置仪器，在目标点上安置反射棱镜，然后瞄准目标，最后在操作键盘上按测角键，显示屏上即显示角度值。对中、整平以及瞄准目标的操作方法与光学经纬仪一样，键盘操作方法见使用说明书，在此不再详述。

习　题

1. 何为水平角？试绘图说明用经纬仪测量水平角的原理。
2. 测站点与不同高度的两点连线所组成的夹角是否为水平角？为什么？
3. 经纬仪的安置工作包括哪些？有何作用？如何进行？
4. 如何操作仪器使某方向的水平度盘读数为0°00′00″？
5. 试述测回法和方向测回法观测水平角的外业步骤记录和内业计算方法。
6. 经纬仪有哪些主要轴线？各轴线间应满足哪些条件？
7. 在水平角的观测中，盘左、盘右照准同一目标时，是否要照准目标的同一高度？为什么？
8. 经纬仪主要由哪几部分组成？经纬仪上有哪些制动螺旋与微动螺旋？
9. 用 DJ_6 级经纬仪观测一目标，盘左的竖盘读数为81°45′24″，盘右的竖盘读数为278°15′12″，试算竖直角及指标差。

第四章　距离测量和直线定向

学习目标

理解距离的概念，掌握直线定线、钢尺一般量距、普通视距测量的观测、记录、计算及其精度要求；熟悉罗盘仪的构造，掌握测定直线磁方位角的方法；熟悉全站仪的构造和使用方法。

第一节　距离丈量

一、量距工具

（一）钢尺

在工程测量中，丈量两点之间的水平距离最常用的工具是钢尺。钢尺的长度有 20 m、30 m、50 m 等数种。根据钢尺零刻划位置的不同分为端点尺和刻线尺两种。端点尺是以尺的最外端作为尺的零点，如图 4-1（a）所示。刻线尺是以尺前端的一刻划线作为尺的零点，如图 4-1（b）所示。

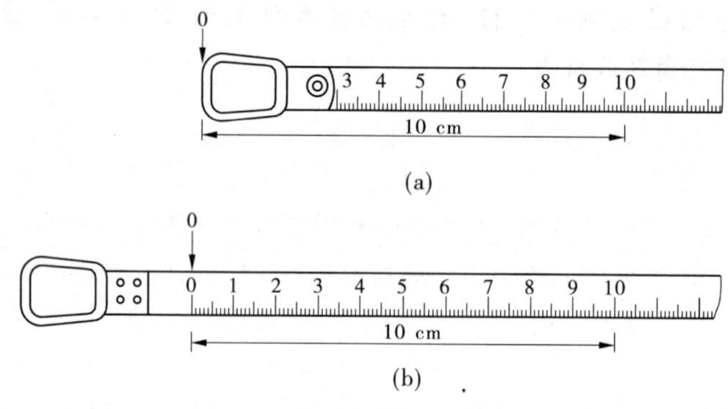

图 4-1

（二）其他辅助工具

钢尺量距中使用的辅助工具主要有标杆、测钎、垂球等。标杆（见图 4-2（a））长 2 ~ 3 m，杆上涂以 20 cm 间隔的红白漆，用来标定直线。测钎（见图 4-2（b））是用粗钢丝制成，长约 30 cm，一端磨尖，便于插入土中，主要用来标志尺段端点位置和计算整尺段数。垂球也称线锤，如图 4-2（c）所示，是倾斜地面量距的投点工具。如图 4-2（d）所示，弹簧秤用于对钢尺施加一定的拉力，温度计用于测定钢尺量距时的温度，以便对钢尺长度进行改正。

二、直线定线

当地面上两点间的距离大于钢尺的一个尺段时，需要在直线方向上标定若干分段点以便于钢尺分段丈量。直线定线的目的是使这些分段点在待量直线端点的连线上，其方法有

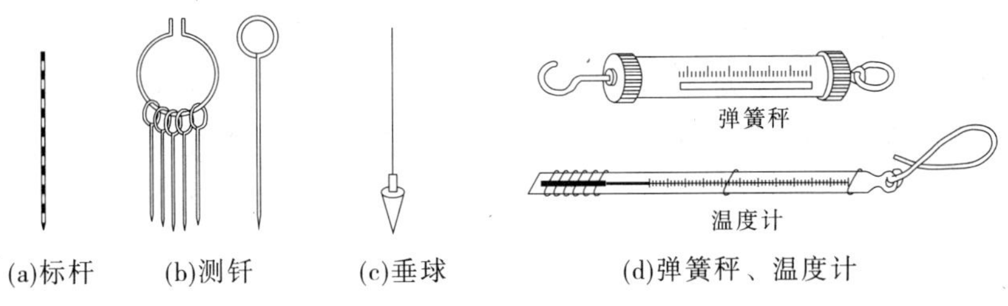

图 4-2　量距辅助工具

目测定线和经纬仪定线两种。

(一)目测定线

目测定线是适用于钢尺量距的一般方法。如图 4-3 所示,设 A、B 两点通视良好时,要在 A、B 两点的直线上标出分段点 1、2,先在 A、B 点上竖立标杆,甲站在 A 点标杆后约 1 m 处,指挥乙左右移动标杆,直到甲从在 A 点沿标杆的同一侧看到 A、2、B 三支标杆成一条线。同法可以定出直线上的其他点。两点间定线,一般应由远到近,即先定 1 点,再定 2 点。定线时,乙所持标杆应竖直。此外,为了不挡住甲的视线,乙应持标杆站立在直线方向的左侧或右侧。

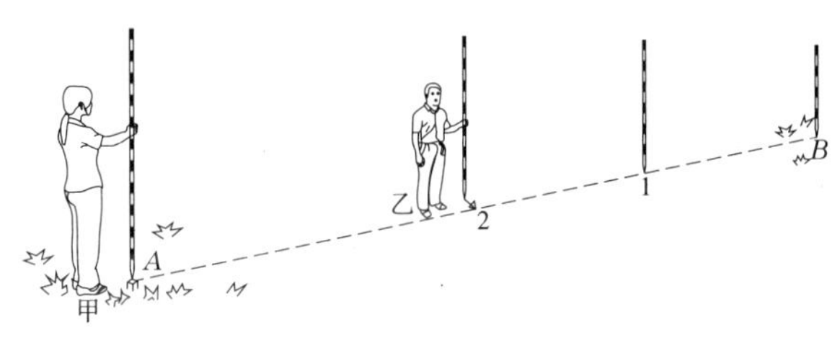

图 4-3　目测定线

(二)经纬仪定线

经纬仪定线适用于钢尺量距的精密方法。

如图 4-4 所示,在 A 点安置经纬仪,对中整平后照准 B 点,制动照准部,使望远镜向下俯视,用手势指挥另一人移动标杆直到与十字丝纵丝重合时,在标杆的位置插入测钎准确定出 1 点的位置。根据需要可按此方法依次定出 2 点、3 点、4 点等。

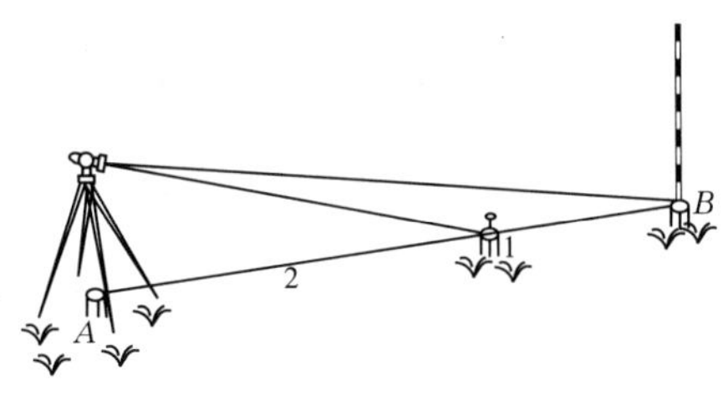

图 4-4　经纬仪定线

三、钢尺量距的一般方法

(一)平坦地面的量距

一般方法量距至少由 2 人进行,如图 4-5 所示,清除待量直线上的障碍物后,在直线两

端点 A、B 竖立标杆,后尺手持钢尺的零端点立于 A 点,前尺手持钢尺的末端和一组测钎沿 AB 方向前进,行至一个尺段处停下。后尺手用手势指挥前尺手将钢尺拉在 AB 直线上,后尺手将钢尺的零点对准 A 点,当两人同时把钢尺拉紧后,前尺手在钢尺末端的整尺段分划处竖直插下一根测钎得到 1 点,即量完一个尺段。前后尺手抬尺前进,当后尺手到达测钎或记号处时停住,再重复上述操作,量完第二尺段。后尺手拔起地上的测钎,依次前进,直到量完 AB 直线的最后一段。

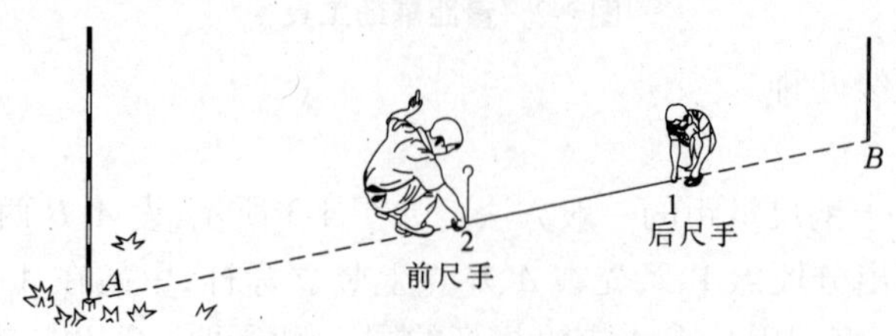

图 4-5　平坦地面的距离丈量

最后一段距离一般不会刚好是整尺段的长度,称为余长,则最后 A、B 两点间的水平距离为

$$D = nl + l' \tag{4-1}$$

式中　D——水平距离;

n——整尺段数;

l——整尺段长度;

l'——余长。

为防止出错并提高精度,一般要往、返各量一次,返测时要重新定线和测量。钢尺量距的精度常用相对误差 K 来衡量,即

$$K = \frac{|D_{往} - D_{返}|}{D_{平均}} = \frac{1}{\frac{D_{平均}}{|D_{往} - D_{返}|}} \tag{4-2}$$

式中　$D_{平均}$——往、返距离的平均值。

在平坦地区,钢尺量距的相对误差不应大于 1/3 000;量距困难地区,相对误差不应大于 1/1 000。如果满足这个要求,则取往测和返测的平均值作为该两点间的水平距离,即

$$D = D_{平均} = \frac{1}{2}(D_{往} + D_{返}) \tag{4-3}$$

(二)倾斜地面的距离丈量

1. 平量法

沿倾斜地面丈量距离,当地势起伏不大时,可将钢尺拉平丈量,如图 4-6 所示,平量法 AB 间距离为

$$D = \sum_{i=1}^{n} l_i \tag{4-4}$$

注意:为了得到校核,需要进行两次同方向丈量,不采用往返丈量。计算方法同平坦地

面，即按式(4-2)和式(4-3)计算。

2. 斜量法

如图4-7所示，如果地面上两点 A、B 间的坡度较均匀，可先用钢尺量出 AB 间的倾斜距离 L，再测量出 AB 高差 h，则 AB 两点间的水平距离 D 可由下式计算，即

$$D = \sqrt{L^2 - h^2} \tag{4-5}$$

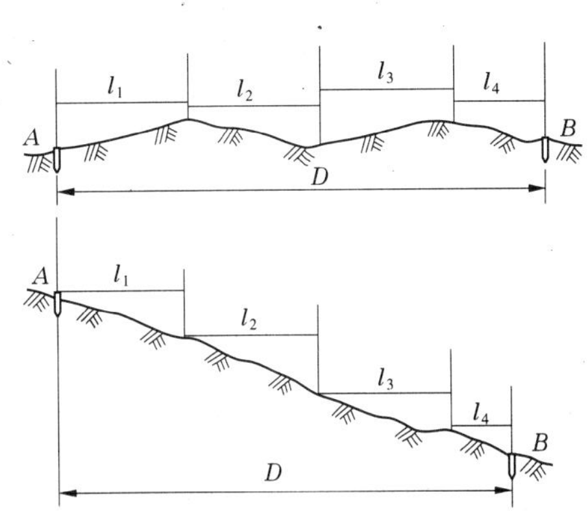

图4-6　平量法示意图

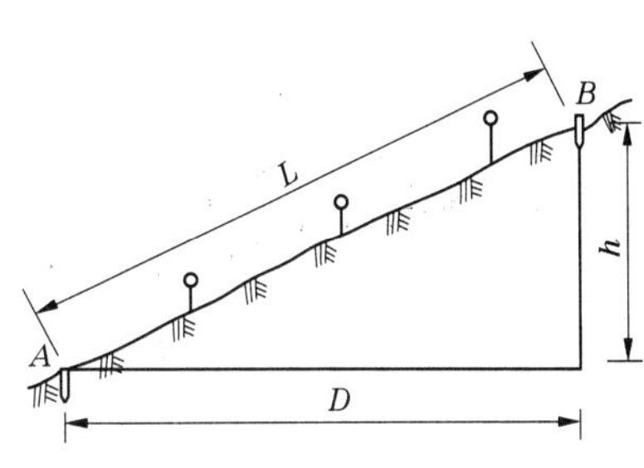

图4-7　斜量法示意图

四、钢尺量距的误差

(一)尺长误差

用未经检定的钢尺量距，则丈量结果含有尺长误差，这种误差具有系统积累性。即使钢尺经过检定，并在成果中进行了尺长改正，但是还会存在尺长的残余误差。

(二)温度变化误差

尽管在丈量结果中进行了温度改正，但距离中仍存在因温度影响而产生的误差，这是因为温度计通常测定的是空气的温度，而不是钢尺本身的温度。

(三)拉力误差

钢钢尺在丈量时的拉力不同而产生误差，故在精密量距中应使用弹簧秤来控制拉力。

(四)钢尺倾斜和垂曲误差

直接丈量水平距离时，如果钢尺不水平或中间下垂成曲线时，则会使所量的距离增长。因此，丈量时必须保持尺子水平。

(五)定线误差

定线时中间各点没有严格定在所量直线的方向上，所量距离不是直线而是折线，折线总是比直线长。当距离较长或量距精度较高时，可利用仪器定线。

(六)丈量误差

丈量误差包括钢尺刻划对点误差、测钎安置误差和读数误差等。所有这些误差都是偶然误差，其值可大可小，可正可负。在丈量结果中会抵消一部分，但不能全部抵消，故仍然是丈量工作的一项主要误差来源。因此，在操作时应认真仔细，配合默契。

第二节　视距测量

视距测量是根据几何光学和三角测量原理测距的一种方法。普通视距测量精度一般仅为1/300～1/200，但由于操作简便，不受地形起伏限制，可同时测定距离和高差，被广泛应用于测距精度要求不高的地形测量中。

一、普通视距测量的原理

经纬仪、水准仪等光学仪器的望远镜中都有与横丝平行、上下等距对称的两根短横丝，称为视距丝。利用视距丝配合标尺就可以进行视距测量。

（一）视线水平时的水平距离和高差公式

如图4-8所示，在A点安置经纬仪，在B点竖立视距尺，用望远镜照准视距尺，当望远镜视线水平时，视线与尺子垂直。上、下视距丝读数之差称为视距间隔或尺间隔，用l表示。

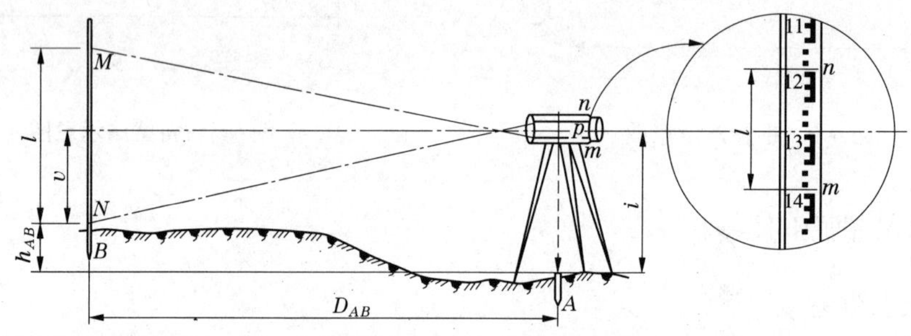

图4-8　视线水平时的视距测量

根据透镜成像原理，可得A、B两点间的水平距离公式，即

$$D_{AB} = Kl + C \tag{4-6}$$

式中　K——视距乘常数，通常$K=100$；

　　C——视距加常数。

对于内对光望远镜，其视距加常数C接近零，可以忽略不计，故水平距离公式变为

$$D_{AB} = Kl = 100l \tag{4-7}$$

相应的A、B两点间的高差公式为

$$h_{AB} = i - v \tag{4-8}$$

式中　i——仪器高，是桩顶到仪器水平轴的高度；

　　v——中丝在标尺上的读数。

（二）视线倾斜时的水平距离和高差公式

如图4-9所示，视准轴倾斜时，由于视线不垂直于视距尺，所以不能直接应用式（4-7）计算视距。由于φ角很小，约为34′，所以将$\angle MOM'$、$\angle NON'$视为直角，也即只要将视距尺绕与望远镜视线的交点O旋转如图4-9所示的α角后就能与视线垂直，并有

$$l' = l\cos\alpha \tag{4-9}$$

则望远镜旋转中心Q与视距尺旋转中心O的视距为

$$S = Kl' = Kl\cos\alpha \tag{4-10}$$

由此求得 A、B 两点间的水平距离公式为

$$D = S\cos\alpha = Kl\cos^2\alpha \tag{4-11}$$

相应的 A、B 两点间的高差公式为

$$h_{AB} = h' + i - v = S\sin\alpha + i - v = \frac{1}{2}Kl\sin2\alpha + i - v \tag{4-12}$$

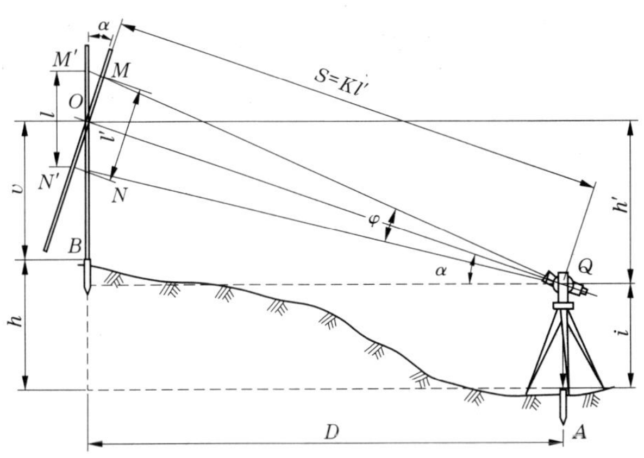

图 4-9 视准轴倾斜时的视距测量

二、视距测量的施测方法

(1)如图 4-9 所示,在 A 点安置经纬仪,量取仪器高 i,在 B 点竖立视距尺。

(2)用经纬仪的盘左(或盘右)位置,转动照准部瞄准 B 点视距尺,分别读取尺间隔 l 和中丝读数 v。

(3)转动竖盘指标水准管微动螺旋,使竖盘指标水准管气泡居中,读取竖盘读数,并计算竖直角 α。

(4)根据尺间隔 l、竖直角 α、仪器高 i 及中丝读数 v,按式(4-11)和式(4-12)计算水平距离 D 和高差 h。

【例 4-1】 如图 4-9 所示,经纬仪安置在 A 点,量得仪器高 $i = 1.52$ m,在 B 点竖立视距尺,在经纬仪的盘左位置,转动照准部瞄准 B 点视距尺,读得尺间隔 $l = 0.66$ m 和中丝读数 $v = 1.25$ m;读取竖盘读数 $L = 80°44'00''$。已知 A 点高程 $H_A = 102.15$ m,求 A、B 两点的水平距离和 B 点的高程 H_B。

解:竖直角 $\alpha = 90° - L = 9°16'00''$

A、B 两点的水平距离为

$$D_{AB} = Kl\cos^2\alpha = 100 \times 0.66 \times (\cos9°16'00'')^2 = 64.29(\text{m})$$

A、B 两点的高差为

$$\begin{aligned} h_{AB} &= \frac{1}{2}Kl\sin2\alpha + i - v \\ &= \frac{1}{2} \times 100 \times 0.66 \times \sin(2 \times 9°16'00'') + 1.52 - 1.25 \end{aligned}$$

$= 10.76(\mathrm{m})$

B 点的高程为

$$H_B = H_A + h_{AB} = 102.15 + 10.76 = 112.91(\mathrm{m})$$

三、视距测量的误差

(一)视距乘常数 K 的误差

仪器出厂时视距乘常数 $K=100$,但由于视距丝间隔有误差,视距尺有系统性刻划误差,以及仪器检定的各种因素影响,都会使 K 值不一定恰好等于 100。K 值的误差对视距测量的影响较大,不能用相应的观测方法予以消除。

(二)用视距丝读取尺间隔的误差

视距丝的读数是影响视距测量精度的重要因素,视距丝的读数误差与尺子最小分划的宽度、距离的远近、成像清晰情况有关。

(三)标尺倾斜误差

视距计算的公式是在视距尺严格垂直的条件下得到的。若视距尺发生倾斜,将给测量带来不可忽视的误差影响,因此测量时立尺要尽量竖直。在山区作业时,由于地表有坡度而给人以一种错觉,使视距尺不易竖直,因此应采用带有水准器装置的视距尺。

(四)大气折光的影响

大气密度分布是不均匀的,特别在晴天接近地面部分密度变化更大,使视线弯曲,给视距测量带来误差。

(五)空气对流使视距尺的成像不稳定

空气对流的现象在晴天、视线通过水面上空和视线离地表太近时较为突出,成像不稳定造成读数误差增大,对视距精度影响很大。

第三节　电磁波测距

电磁波测距是用电磁波(光波或微波)作为载波传输测距信号来测量距离的。与传统测距方法相比,它具有精度高、测程远、作业快、几乎不受地形条件限制等优点。

电磁波测距仪按其所用的载波可分为:①用微波作为载波的微波测距仪;②用激光作为载波的激光测距仪;③用红外光作为载波的红外测距仪。后两者统称为光电测距仪。微波测距仪与激光测距仪多用于长距离测距,测程可达数十千米,一般用于大地测量。光电测距仪属于中、短程测距仪,一般用于小地区控制测量、地形测量、房产测量等。本节主要介绍光电测距仪。

一、光电测距原理

光电测距是通过测量光波在待测距离上往、返一次所经过的时间 t,间接地确定两点间的距离。如图 4-10 所示,测距仪安置在 A 点,反射棱角安置在 B 点,测距仪发射的光波经反射棱镜反射回来后被测距仪所接收。测量出光波在 A、B 两点间往返传播的时间 t,则距离 D 为

$$D = \frac{1}{2}ct \tag{4-13}$$

式中　c——光波在空气中的传播速度。

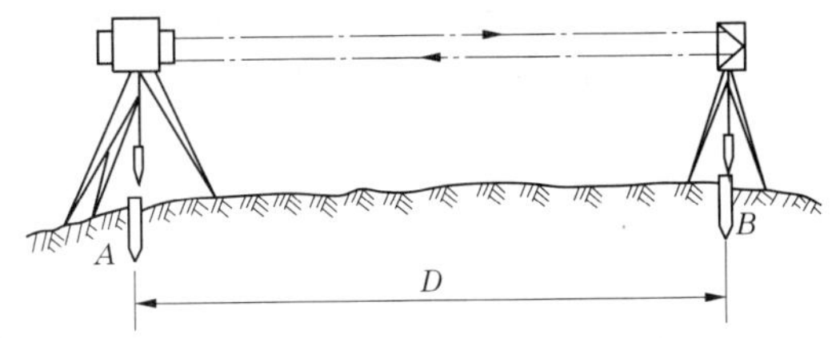

图 4-10　光电测距原理

光电测距仪按照 t 的测定方法不同，可分为脉冲法（直接测定时间）和相位法（间接测定时间）两种。由于脉冲宽度和测距仪计时分辨率的限制，脉冲法测距的精度较低，因此一般精密测距仪都采用相位法间接测定时间。

相位法测距是通过测量调制光波在待测距离上往返传播所产生的相位差 φ 代替测定时间 t，来解算距离 D。将调制光的往程和返程展开，得到如图 4-11 所示的波形。设光波的波长为 λ，如果整个过程光传播的整波长数为 N，最后一段不足整波长，其相位差为 $\Delta\varphi$（数值小于 2π），对应的整波长数为$\frac{\Delta\varphi}{2\pi}$，可见图中 AB 间的距离为全程的一半，即

$$D = \frac{1}{2}\lambda\left(N + \frac{\Delta\varphi}{2\pi}\right) \tag{4-14}$$

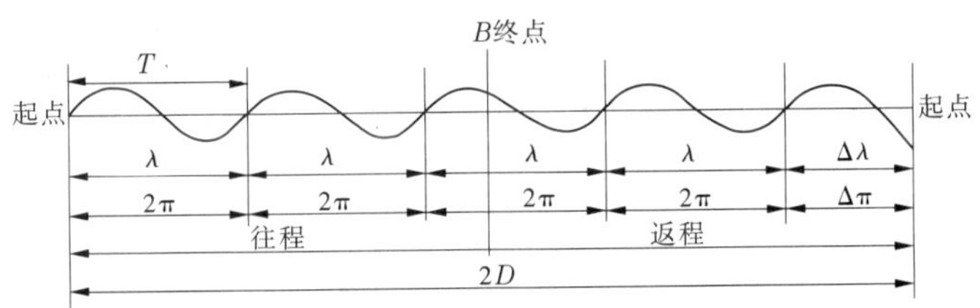

图 4-11　相位法测距原理

相位式光电测距仪只能测出不足 2π 的相位差 $\Delta\varphi$，测不出整波长数 N，因此只能测量小于波长的距离。当 $N=0$ 时，式(4-14)为

$$D = \frac{\lambda}{2}\frac{\Delta\varphi}{2\pi} \tag{4-15}$$

为了扩大测程，应选择波长 λ 比较大的光尺，但光电测距仪的测相误差约为$\frac{1}{1\ 000}$，光尺越长，误差越大。为了解决扩大测程和提高精度的矛盾，短程光电测距仪通常采用两个调制频率，即两种光尺。通常长光尺（称为粗尺）的调制频率为 150 kHz，波长为 2 000 m，用于测定百米、十米和米；短光尺（称为精尺）的调制频率为 15 MHz，波长为 20 m，用于测定米、分米、厘米和毫米。

二、测程及测距仪的精度

光电测距仪按测程远近可分为短程光电测距仪（3 km 以内）、中程光电测距仪（3 ~ 15 km）和远程光电测距仪（大于 15 km）。按精度划分为 Ⅰ 级（$|m_D| \leqslant 5$ mm）、Ⅱ 级（5 mm <

$|m_D| \leqslant 10$ mm)和Ⅲ级(10 mm < $|m_D| \leqslant 20$ mm)测距仪,其中$|m_D|$为1 km的测距中误差。

光电测距仪的精度是仪器的重要技术指标之一。光电测距仪的标称精度公式为

$$m_D = \pm(a + bD) \tag{4-16}$$

式中 a——固定误差,mm;

b——比例误差(与距离D成正比),$\frac{\text{mm}}{\text{km}}$,又可写为ppm,即1 ppm = $\frac{1\ \text{mm}}{\text{km}}$,也即测量1 km的距离有1 mm的比例误差;

D——距离,km。

故式(4-16)可写成

$$m_D = \pm(a + b\text{ppm} \times D) \tag{4-17}$$

三、光电测距仪及其使用方法

光电测距仪包括主机、反射棱镜和电池三部分。以常州大地测距仪厂生产的D2000系列之一——D2020型红外光电测距仪为例,主要介绍光电测距仪的使用方法。

(一)D2020型红外光电测距仪的结构

D2020型红外光电测距仪的结构见图4-12,该测距仪主机可通过连接器安置在普通光学经纬仪或电子经纬仪上,连接后如图4-13所示。利用光轴调节螺旋,可使测距仪主机的光轴与经纬仪视准轴位于同一竖直面内。如图4-14所示,测距仪水平轴到经纬仪水平轴的高度与觇牌中心到反射棱镜的高度相同,因而经纬仪瞄准觇牌中心的视线与测距仪瞄准反射棱镜中心的视线能保持平行。

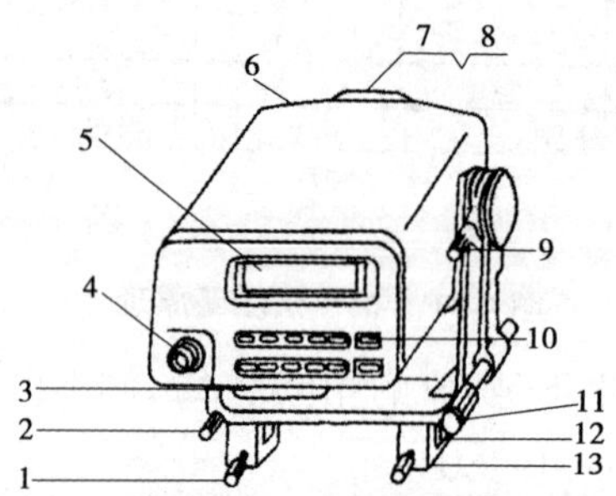

1—座架固定手轮;2—照准轴水平调整手轮;3—电池;4—望远镜目镜;5—显示器;6—RS-232接口;7—物镜;8—物镜罩;9—俯仰固定手轮;10—键盘;11—俯仰调整手轮;12—间距调整螺旋;13—座架

图4-12 D2020型红外光电测距仪

(二)D2020型红外光电测距仪主要技术指标和功能

1.技术指标

最大测程:单棱镜1.8 km,三棱镜2.5 km。

测距精度:$\pm(5\text{mm} + 3 \times 10^{-6} D)$。

最大显示距离:9 999.999 m。

工作温度:-20 ~ +50 ℃。

测量时间:跟踪测量0.8 s,连续测量3 s。

功耗:3.6 W。

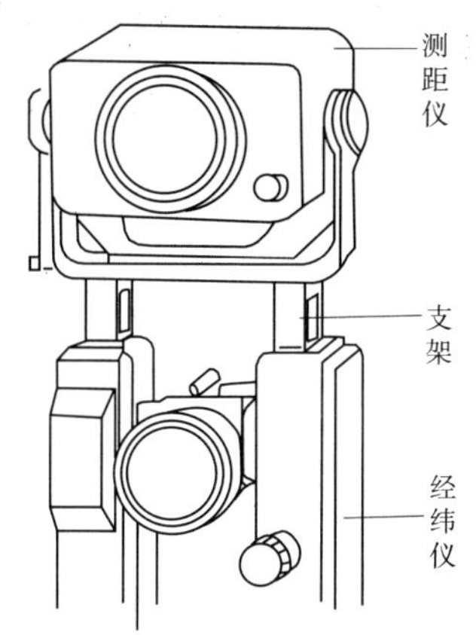

图4-13　光电测距仪与经纬仪的连接

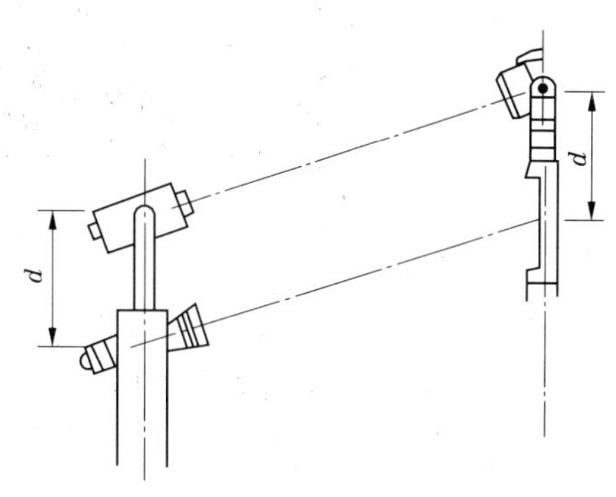

图4-14　视线平行示意图

2. 主要功能

具有单次测量、连续测量、跟踪测量、预置测量和平均测量5种测量方法；输入温度、气压和棱镜常数，测距仪可自动对结果进行改正。

输入竖直角则可自动计算出水平距离和高差。

通过距离预置功能输入已知水平距离进行定线放样。

输入测站坐标和高程，可自动计算观测点的坐标和高程。

（三）红外光电测距仪的使用

1. 安置仪器

先在测站上安置好经纬仪，将测距仪主机安装在经纬仪支架上，连接器固定螺丝锁紧，将电池插入主机底部，扣紧。将经纬仪对中，整平，在目标点安置反射棱镜，对中，整平，并使镜面朝向主机。

2. 观测竖直角、气温和气压

目的是对测距仪测量出的斜距进行倾斜改正、温度改正和气压改正，以得到正确的水平距离。用经纬仪十字丝的水平丝照准觇牌中心，测出竖直角 α。同时，观测并记录温度和气压计上的气压值。

3. 测距准备

按电源开关键PWR开机，主机自检并显示原设定的温度、气压和棱镜常数值，自检通过后将显示“Good”。若修正原设定值，可按TPC键后输入温度、气压或棱镜常数值。一般情况下，尽量使用同一类反光镜，棱镜常数不变，而温度、气压每次观测均可能不同，需要重新设定。

4. 距离测量

调节测距仪主机水平调整手轮（或经纬仪水平微动螺旋）和主机俯仰微动螺旋，使测距仪望远镜精确瞄准棱镜中心。在显示“Good”的状态下，可根据蜂鸣器声音来判断瞄准的程度，信号越强，声音越大，上下左右微动测距仪，使蜂鸣器的声音达到最大，便完成了精确瞄准，测距仪显示器上显示“ * ”号。

精确瞄准完成后，按MSR键，主机将测定并显示经温度、气压和棱镜常数改正后的斜距。利用测距仪可直接将斜距换算为水平距离，按V/H键后输入竖直角数值，再按SHV键显示水平距离。连续按 SHV 键可依次显示斜距、水平距离和高差的数值。

(四)光电测距仪使用注意事项

(1)严禁将照准头对准太阳或其他强光源,以免损坏仪器光电器件,阳光下作业应打伞。

(2)仪器应在通视良好、大气较稳定的条件下使用,测线应离地面障碍物 1.3 m 以上,避免通过发热体和较宽水面的上空。

(3)仪器视线两侧及反光镜后面不能有其他强光源或反光镜等背景干扰,并尽量避免逆光观测。

(4)注意电源接线,观测时要经常检查电源电压是否稳定,电压不足应及时充电,观测完毕要注意关机,不可带电迁站。

(5)要经常保持仪器清洁和干燥,使用和运输过程中要注意防潮防震。

第四节　电子全站仪

随着光电测距和电子计算机技术的发展,20 世纪 60 年代末出现了把电子测距、电子测角和微处理机结合成一个整体,能自动记录、存储并具备某些固定计算程序的电子速测仪。因该仪器在一个测站点能快速进行三维坐标测量、定位和自动数据采集、处理和存储等工作,较完善地实现了测量和数据处理过程的电子化和一体化,所以称为“全站型电子速测仪”,通常又称为“电子全站仪”或简称“全站仪”。

一、全站仪的结构和特性

(一)全站仪的结构

全站仪主要由电子测角、光电测距和数据微处理系统组成。按结构形式,全站仪可分为组合式和整体式两种类型。组合式全站仪是将电子经纬仪、红外测距仪和微处理器通过一定的连接器构成一个组合体。这种仪器的优点是能由系统的现有构件组成,还可通过不同的构件进行灵活多样的组合。当个别构件损坏时,可以用其他构件代替,具有很强的灵活性。这种组合式的速测仪在我国 20 世纪 80 年代末和 90 年代在一些测绘单位使用比较普遍,现在基本上被淘汰。

整体式全站仪是在一个仪器外壳内包含有电子经纬仪、红外测距仪和电子微处理器。这种仪器的优点是电子经纬仪和红外测距仪使用共同的光学望远镜,角度测量和距离测量只需瞄准一次,测量结果能自动显示并能与外围设备双向通信,其优点是体积小、结构紧凑、操作方便、精度高。

(二)全站仪的特性

目前,使用的全站仪一般都具备如下的一些功能和特性。

1. 自检与改正功能

仪器误差对测角精度的影响,主要是因仪器的三轴之间关系不正确造成的。在光学经纬仪中主要是通过对三轴之间关系的检验校正,减少仪器误差对测角精度的影响。在全站仪中则主要是通过所谓“自动补偿”实现的。最新的全站仪已实现了“三轴”补偿功能(补偿器的有效工作范围一般为 ±3′),即全站仪中安装的补偿器,能自动检测或改正由于仪器垂直轴倾斜而引起的测角误差，通过仪器视准轴误差和横轴误差的检测结果计算出误差值，必要时由仪器内置程序对所观测的角度加以改正，从而使观测得到的结果是在正确的轴系关系条件下的观测结果。因此，仅就这点来说，全站仪工作的稳定性和精度可靠性要高于光学经纬仪。

2. 大容量内存

现在生产的全站仪都配置了内部存储器，而且容量越来越大，从以前只存储几百个点的坐标数据或测量数据，发展到现在储存上万个点的坐标数据或观测数据，有的全站仪内存已经达到了数十兆。

3. 双向传输功能

全站仪与计算机之间的通信，不仅可以将全站仪内存中的数据文件传送到计算机，还可以将计算机中的坐标数据文件和编码库数据或程序传送到全站仪的内存中，或由计算机实时控制全站仪的工作状态，也可以对全站仪内的软件进行升级，拓展其功能。

4. 程序化

程序化是指在全站仪的内存中存储了一些常用的测量作业程序，更好地满足专业测量的要求。全站仪除具有基本的测量功能，如角度测量、距离测量、坐标测量外，还具有特殊的测量程序，如放样测量、对边测量、悬高测量、后方交会、面积测量、偏心测量等。内置程序能够实时提供观测过程并计算出最终结果。观测者只要能够按仪器中的设定进行观测，即可以现场给出结果，通过程序将内业计算工作直接在外业完成。

5. 操作方便

全站仪的发展使得它操作更加方便。现在大多数全站仪都采用了汉化的中文界面，显示屏更大，字体更清晰、美观；操作键采用软键和数字键盘相结合的方式，按键方便，易学易用。

6. 智能化

现今推出了许多智能型全站仪，如 Leica 公司的带目标自动识别、伺服马达驱动与镜站遥控功能的 TPS 系列和 TCA 系列；南方公司推出的 Windows CE 操作系统、带图形显示、下拉菜单的全中文智能型全站仪。这些仪器的应用，极大地提高了测量自动化的程度，提高了作业效率。

二、全站仪的基本使用方法

下面以国产南方 NTS－352 全站仪为例，介绍全站仪的使用方法。

(一)南方 NTS－352 全站仪简介

图 4-15 为南方 NTS－352 全站仪外形，有两面操作按键及显示窗。

仪器的主要性能指标如下：

测角精度：$\pm 2''$；测距精度：$\pm(3\ \text{mm}+2\times10^{-6}D)$；

测程：1.8 km/一块棱镜，2.6 km/三棱镜组。

仪器具有充足的内存空间，能存储坐标数据 8 000 个点，可同时存储测量数据(原始数据)和坐标数据各 3 000 个点。

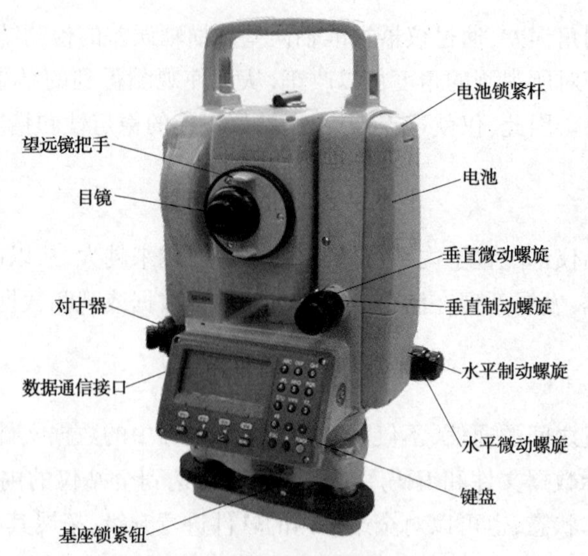

图 4-15　南方 NTS－352 全站仪

为了便于观测，仪器双面都有显示窗，见图 4-16。

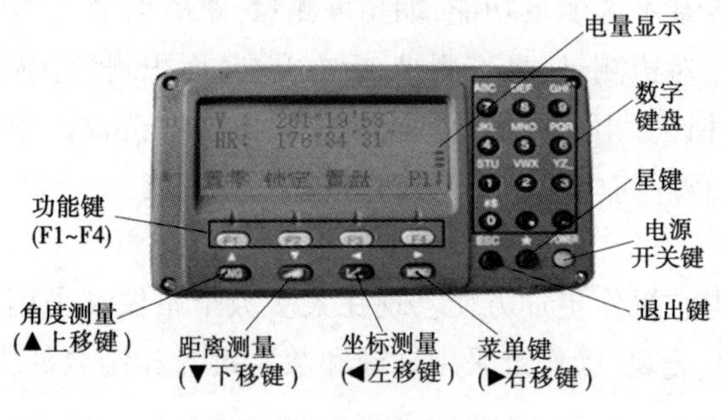

图 4-16　全站仪显示窗

显示窗采用点阵式液晶显示，可显示 4 行，每行 20 个字符。通常前三行显示测量数据，最后一行是测量模式功能键，其他键见图示说明，显示符号的意义见表 4-1。

表 4-1　南方 NTS－352 全站仪显示符号的意义

显示符号	内容	显示符号	内容
V%	垂直角（坡度显示）	E	东向坐标
HR	水平角（右角）	Z	高程
HL	水平角（左角）	*	EDM（电子测距）正在进行
HD	水平距离	m	以米为单位
VD	高差	ft	以英尺为单位
SD	倾斜	fi	以英尺与英寸为单位
N	北向坐标		

(二)全站仪使用的注意事项

全站仪是一种较精密的仪器,使用时要特别注意以下事项:

(1)日光下测量应避免将物镜直接瞄准太阳。若在太阳下作业,应给仪器打伞。

(2)当仪器不使用时,应将其装入箱内,置于干燥处,注意防震、防尘和防潮。

(3)当仪器安装至三脚架或拆卸时,要一只手先握住仪器,以防仪器跌落。

(4)迁站时,务必将仪器从三脚架上取下。

(5)外露光学元件需要清洁时,应用脱脂棉或镜头纸轻轻擦净,切不可用其他物品擦拭。

(6)仪器使用完毕后,用绒布或毛刷清除仪器表面灰尘。仪器被雨水淋湿后,切勿通电开机,应用干净软布擦干并在通风处放一段时间。

(7)作业前应仔细全面检查仪器,确信仪器各项指标、功能、电源、初始设置和改正参数均符合要求时再进行作业。

(8)即使发现仪器功能异常,非专业维修人员也不可擅自拆开仪器,以免发生不必要的损坏。

(9)每次取下电池盒时,都必须先关掉仪器电源,否则仪器易损坏。在进行测量的过程中,千万不能不关机拔下电池,否则测量数据将会丢失。电池充电应用专用充电器。

(三)测量前的准备

将仪器安装在三脚架上,精确整平和对中,以保证测量成果的精度。然后打开电源开关(POWER 键),确认棱镜常数值(PSM)和大气改正值(PPM),并确认显示窗中有足够的电池电量。“▬”表示电池电量,有三个“▬”表示电池电量充足,有一个“▬”表示电池电量不足,但还可以测量。当“▬”出现闪烁或显示“电池电量不足”(电池用完)时,应及时更换电池或对电池进行充电。

(四)工作模式设置

按 F4 键的同时,打开电源,仪器进入作业模式状态,可进行单位设置、模式设置和其他设置。具体内容见表 4-2。

表 4-2 工作模式设置

菜单	项目	选择项	内容
单位设置	英尺	F1:美国英尺 F2:国际英尺	选择 m/f 转换系数 美国英尺:1 m = 3.280 333 333 333 3 ft 国际英尺:1 m = 3.280 839 895 013 123 ft
	角度	度(360°) 哥恩(400 G) 密位(6 400 M)	选择测角单位 DEG/GON/MIL(度/哥恩/密位)
	距离	m / ft / ft. in	选择测距单位:m / ft / ft + in (米/英尺/英尺. 英寸)
	温度气压	温度:℃/ ℉ 气压:hPa /mmHg/inHg	选择温度单位:℃/ ℉ 选择气压单位:hPa /mmHg/inHg

续表 4-2

菜单	项目	选择项	内容
模式设置	开机模式	测角/测距	选择开机后进入测角模式或测距模式
	精测/跟踪	精测 / 跟踪	选择开机后的测距模式,精测/跟踪
	HD 和 VD /SD	平距和高差/斜距	说明开机后的数据项显示顺序,平距和高差或斜距
	垂直零/ 水平零	垂直零/ 水平零	选择垂直角读数从天顶方向为零基准或水平方向为零基准计数
	N 次测量/复测	*N* 次测量/复测	选择开机后测距模式,*N* 次/重复测量
	测量次数	0 ~ 99	设置测距次数,若设置为 1 次,即为单次测量
	测距时间	1 ~ 99	设置测距完成后到测距功能中断的时间可用此功能
	格网因子	使用 / 不使用	使用或不使用格网因子
	NEZ/ENZ	ENZ / NEZ	坐标显示顺序为 E/N/Z 或 N/E/Z
其他设置	水平角蜂鸣声	开/关	说明每当水平角过 90°时是否要发出蜂鸣声
	测距蜂鸣	开/关	当有回光信号时是否蜂鸣
	两差改正	0.14/0.20/关	大气折光和曲率改正的设置

(五)角度测量

全站仪的测角是由仪器内集成的电子经纬仪完成的。电子经纬仪的测角与光学经纬仪类似,主要区别在于电子经纬仪采用光电扫描度盘自动计数,自动处理数据,自动显示、储存及输出数据,并且角度测量的三轴误差(视准轴、水平轴和垂直轴)由仪器自动进行改正。

目前,电子经纬仪的测角系统主要有三类,即绝对式编码度盘测角、增量式光栅度盘测角以及动态式测角。南方 NTS－352 全站仪采用的是增量式光栅度盘。

全站仪开机后,就进入角度测量模式,或者按 ANG 键进入角度模式。

1. 水平角(右角)和竖直角测量

如图 4-17 所示,欲测定 *A*、*B* 方向的水平夹角 β,将全站仪安置在 *O* 点上,先照准第一个目标 *A*,按 F1 (置零)键和 F3 (是)键设置目标 *A* 的水平角为 0°00′00″,然后照准第二个目标 *B*,屏幕直接显示目标 *B* 的水平角 HR 和垂直角 V。

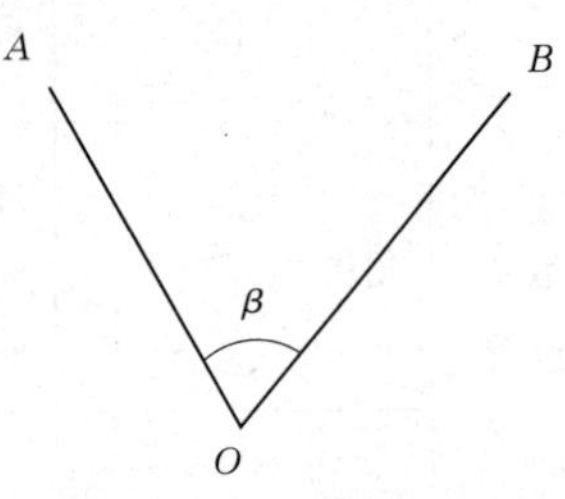

图 4-17　水平角测量

2. 水平角(右角/左角)测量模式的转换

确认处于角度测量模式,按 F4 (↓)键两次转到第 3 页功能,按 F2 (R/L)键,则右角模式(HR)切换到左角模式(HL)。每次按 F2 (R/L)键,HR/HL 两种模式交替切换。通常使用右角模式观测。

3. 水平角读数的设置

水平角读数设置有两种方法：

(1)通过锁定角度值进行设置。确认处于角度测量模式，用水平微动螺旋转到所需的水平角，按[F2](锁定)键，这时转动照准部，水平读数不变；照准目标，按[F3](是)键，则完成水平角设置。

(2)通过键盘输入进行设置。确认处于角度测量模式，照准目标后按[F3](置盘)键，通过键盘输入所要求的水平角读数。

(六)距离测量

目前，全站仪内置的测距仪大都采用相位式红外测距仪。距离测量可设为单次测量和 *N* 次测量。一般设为单次测量，以节约用电。距离测量有三种测量模式，即精测模式、粗测模式、跟踪模式。一般情况下用精测模式观测，最小显示单位为 1 mm，测量时间约 2.5 s。粗测模式最小显示单位为 10 mm，测量时间约 0.7 s。跟踪模式用于观测移动目标，最小显示单位为 10 mm，测量时间约 0.3 s。

在距离测量前应进行大气改正的设置和棱镜常数的设置，然后才能进行距离测量。由于仪器是利用红外光测距，光速会随着大气的温度和压力而改变，因此必须进行大气改正。仪器一旦设置了大气改正值，即可自动对测距结果实施大气改正。仪器设计是在温度 20 ℃，标准大气压 1 013hPa 时气象改正值为 0，其他情况下，可以输入温度、气压值由仪器自动计算，也可以根据公式直接计算出大气改正值(ppm)进行设置。

测距时，应根据使用的棱镜型号进行棱镜常数设置。仪器还可以对大气折光和地球曲率的影响进行自动改正。南方全站仪大气折光系数 K 有三种可供选择，即 $K=0.14$，$K=0.2$ 或不进行两差改正，相关设置在“工作模式设置”中进行。

距离测量的具体步骤：

(1)首先确认处于测角模式，按◢键进入距离测量模式。

(2)设置温度和大气压。预先测得测站周围的温度和大气压，按[F3](S/A)键，进入设置，再按[F3](T－P)键，输入温度和大气压；也可以按[F2](ppm)键，直接输入大气改正值。

(3)设置棱镜常数。南方全站仪的棱镜常数值为 －30 mm。在距离测量或坐标测量模式下按[F3](S/A)键进入设置，按[F1](棱镜)键输入棱镜常数值。

(4)照准棱镜中心后按◢键，距离测量开始，显示测量的水平距离(HD)；再次按◢键，显示变为水平角(HR)、垂直角(V)和斜距(SD)。

三、全站仪的程序测量

全站仪的测量功能可分为基本测量功能和程序测量功能。基本测量功能的电子测角、电子测距已经在上一节进行了介绍。程序测量功能包括坐标测量、放样测量、悬高测量、对边测量、偏心测量、后方交会测量、面积测量等。在这里，只着重介绍坐标测量、放样测量和数据采集。应特别需要注意的是，只要开机，电子测角系统即开始工作，并随仪器望远镜标准目标的变化实时显示观测数据，其他测量功能只是测距、测角及数据处理，测量结果为计算结果，并且只是半个测回的测量结果。

(一)坐标测量

坐标测量是根据已知点的坐标、已知边的坐标方位角,计算未知点坐标的一种方法。全站仪坐标测量原理是用极坐标法直接测定待定点坐标的,其实质就是在已知测站点,同时采集角度和距离,经微处理器实时进行数据处理,由显示器输出测量结果。实际测量时,需要输入仪器高和棱镜高,以及测站点的坐标,并进行定向后,全站仪可直接测定未知点的坐标。

具体操作步骤如下:

(1)在坐标测量模式下,按F4(↓)键,转到第2页功能,按F3(测站)键输入测站点点号和坐标;

(2)按F2(仪高)键,输入仪器高,按F1(镜高)键,输入棱镜高。

(3)通过翻页找到"输入后视点"对应的按键进入,输入后视点的坐标后照准后视点,完成全站仪的定向。

(4)照准立于碎步点的棱镜,按⊡键,开始测量,显示碎步点坐标。

一定要注意,要先设置测站点坐标、仪器高、棱镜高及后视方位角后,才能测定坐标。

(二)数据采集

南方NTS-352全站仪可将测量数据存储在内存中,内存划分为测量数据文件和坐标数据文件。被采集的数据存储在测量数据文件中。在未使用内存于放样模式的情况下,最多可存储3 440个点。

1.数据采集操作步骤

(1)选择数据采集文件,使其所采集数据存储在该文件中。

(2)选择坐标数据文件。可进行测站坐标数据及后视坐标数据的调用。(当无需调用已知点坐标数据时,可省略此步骤)

(3)设置测站点,包括仪器高和测站点点号及坐标。

(4)设置后视点,通过测量后视点进行定向,确定方位角。

(5)设置待测点的棱镜高,开始采集,存储数据。

2.数据采集操作过程

1)数据采集文件的选择

首先必须选定一个数据采集文件,在启动数据采集模式之后即可出现文件选择显示屏,见图4-18,由此可选定一个文件。

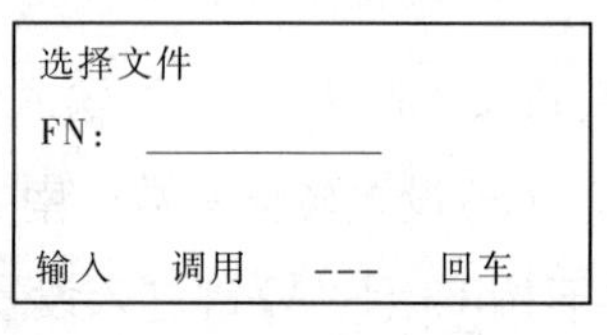

图4-18　选择文件

2)坐标文件的选择(供数据采集用)

若需调用坐标数据文件中的坐标作为测站点或后视点坐标,则预先应由数据采集菜单的第2页选择一个坐标文件。

3)输入测站点和后视点(定向点)数据

在数据采集模式下输入或改变测站点和定向角数值。

测站点坐标可按如下两种方法设定:

(1)利用内存中的坐标数据来设定。

(2)直接由键盘输入。

后视点定向角可按如下三种方法设定:

(1)利用内存中的坐标数据来设定。

(2)直接键入后视点坐标。

(3)直接键入设置的定向角。

注意:方位角的设置需要通过测量来确定。

4)进行待测点的测量,并存储数据

(1)由数据采集菜单第1页,按F3(测量)键,进入待测点测量。

(2)按F1(输入)键,输入待测点点号后,按F4确认。

(3)按同样方法输入棱镜高,按F3(测量)键。

(4)照准目标点,按F1 ~ F3中的一个键,例如按F2(斜距)键,开始测量,或者按F3(坐标)键,开始测量。测量结束,数据被存储,显示屏变换到下一个镜点;输入下一个镜点数据,如棱镜高,并照准该点,按F4(同前)键,仪器将按照上一个镜点的测量方式进行测量,测量数据被存储。

按同样方式继续测量,按ESC键即可结束数据采集模式。

(三)放样测量

放样测量就是根据已有的控制点或地物点,按工程设计要求,将建(构)筑物的特征点在实地标定出来。因此,首先要确定特征点或原有建筑物之间的角度、距离和高程关系,这些位置关系称为放样数据,然后利用测量仪器,根据放样数据将特征点测设到实地。放样的基本工作包括角度和距离(斜距、平距)放样、平面位置和高程放样等多种形式。在放样过程中,通过对照准目标点的角度、距离、坐标测量,仪器将显示输入放样值与实测值的差值以指导放样。显示的差值由如下公式计算:

斜距差值 = 斜距实测值 - 斜距放样值

平距差值 = 平距实测值 - 平距放样值

高程差值 = 高程实测值 - 高程放样值

角度差值 = 角度实测值 - 角度放样值

南方全站仪的放样功能包括距离放样和坐标放样。

1.距离放样

该功能可显示出测量的距离与输入的放样距离之差,即测量距离 - 放样距离 = 显示值。放样时可选择平距(HD)、高差(VD)和斜距(SD)中的任意一种放样模式。

在距离测量模式下按F4(↓)键,进入第2页功能,按F2(放样)键,显示出上次设置的数据。通过按F1 ~ F3键选择测量模式:F1为平距,F2为高差,F3为斜距。然后输入放样距离,照准目标(棱镜)测量开始,屏幕即显示出测量距离与放样距离之差。移动目标棱镜,直至距离差等于0。

2.坐标放样

在放样的过程中,有以下几步:

(1)选择数据采集文件,使其所采集的数据存储在该文件中。

(2)选择坐标数据文件。可进行测站坐标数据及后视坐标数据的调用。

设置测站点,输入测站点的点号、坐标和仪器高。设置测站点的方法有数据采集中所述的两种方法。

(3)设置后视点,确定方位角。

后视点设置有数据采集中所述的三种方法可供选用。

(4)输入所需的放样坐标,开始放样。

实施放样有两种方法可供选择:

①通过点号调用内存中的坐标值。

②直接键入坐标值。

具体坐标放样过程如下:

①由放样菜单第 1 页按 F3 (放样)键,选择放样功能,然后按 F1 (输入)键,输入测站点点号,按 F4 (ENT)键。按同样方法输入棱镜高,当放样点设定后,仪器就进行放样元素的计算:HR——放样点的水平角计算值,HD——仪器到放样点的水平距离计算值。

②照准棱镜,按 F1 角度键,这时屏幕显示:

点号:放样点,HR:实际测量的水平角。

dHR:对准放样点仪器应转动的水平角, dHR = 实际水平角 - 计算的水平角。

根据显示的 dHR 值,转动仪器,当 dHR = 0°00′00″时,即表明放样方向正确。

③按 F1 (距离)键,屏幕显示:

HD——实测的水平距离,dHD——对准放样点尚差的水平距离,dZ = 实测高差 - 计算高差。

保持方向不变,前后移动棱镜,按 F1 (模式)键进行精测,当显示值 dHD 为 0 时,则放样点的距离测设已经完成。

当十字丝对准棱镜中心,并且 dHR 和 dHD 均为 0 时,则放样点的平面位置测设完成。

④按 F3 (坐标)键,即显示坐标值,按 F4 (继续)键,进入下一个放样点的测设。

四、全站仪的存储管理模式与数据通信

(一)全站仪的存储管理模式

南方 NTS - 352 全站仪除可以进行上述测量工作外,还可以进行数据的存储、管理及数据通信等工作。在存储管理模式下可使用下列内存项目。

(1)文件状态:显示已存储的测量数据文件和坐标数据文件总数及数据个数,显示剩余内存空间。

(2)查找:查阅记录数据,即可查阅测量数据、坐标数据和编码库。共有三种查阅方式:查阅第一个数据、查阅最后一个数据、按点号或登记号查找数据。在查阅模式下,点名、标识符、编码、仪高和镜高可以被修改,但观测值不可以修改。

(3)文件维护:在此模式下,可以删除文件、编辑文件名和查找文件中的数据。

(4)输入坐标:将控制点或放样点的坐标数据输入并存入坐标数据文件。

(5)删除坐标:删除坐标数据文件中的坐标数据。

(6)输入编码:将编码数据输入并存入编码库文件。

(7)数据传送:可以直接将内存中的测量数据、坐标数据或编码库数据发送到计算机,

也可以从计算机将坐标数据或编码库数据直接装入仪器内存,还可进行通信参数的设置。

(8)初始化:用于内存初始化,可以对所有测量数据和坐标数据文件初始化,对编码库数据初始化及对文件数据和编码数据初始化,但测站点坐标、仪器高和棱镜高不会被初始化。

(二)数据通信

所谓数据通信,是指计算机与计算机之间,或计算机与数据终端(如全站仪)之间经通信线路而进行的信息交流与传送的通信方式。

在进行数据通信时,首先要检查通信电缆连接是否正确,其次要特别注意计算机与全站仪的通信参数设置一定要一致,否则将无法进行数据传输。另外,每次野外工作之后要注意及时传送数据到计算机,可以保证仪器有足够内存,同时减少了数据丢失的可能性。

1. 通信参数的设置

由 menu 主菜单翻到第 3 页,按 F3 (存储管理)键;在存储管理模式下翻到第 2 页,按 F1 (数据传输);在数据传输模式下,按 F3 (通信参数)。

在通信参数模式下,按 F1 (波特率)设置波特率;按 F2 (通信协议)设置通信协议;按 F3 (字符校验)设置字符校验。

表 4-3 是部分全站仪的通信参数。

表 4-3　部分全站仪的通信参数

仪器名称	波特率	奇偶性	字长	停止位
南方公司	1 200	N	8	1
宾得	1 200	N	8	1
徕卡	2 400	E	8	1
索尼	1 200	N	8	1
托普康	1 200	E	8	1
尼康	4 800	N	8	1

2. 数据传输

由 menu 主菜单翻到第 3 页,按 F3 (存储管理)键;在存储管理模式下翻到第 2 页,按 F1 (数据传输);在数据传输模式下,按 F1 (发送数据),屏幕即显示如图 4-19 所示内容。

可按 F1 ~ F3 中的一个键,如 F1 发送数据,屏幕即显示如图 4-20 所示内容。

数据传输
F1: 发送数据
F2: 接收数据
F3: 通信参数

图 4-19　数据传输

发送数据
F1: 测量数据
F2: 坐标数据
F3: 编码数据

图 4-20　发送数据

选择发送数据类型,并输入待发送的文件名,即可发送数据。

第五节 直线定向

要确定地面点间的相对位置，除需测量两点间的水平距离外，还需确定两点间的方位关系，即确定两点连线与标准方向的关系，称为直线定向。

一、标准方向

（一）真子午线方向

地表上任一点 P 与地球旋转轴所组成的平面与地球表面的交线称为 P 点的真子午线，真子午线在 P 点的切线方向称为 P 点的真子午线方向。真子午线方向可以用天文测量方法或者陀螺经纬仪来测定。

（二）磁子午线方向

地表上任一点 P 与地球磁场南北极连线所组成的平面与地球表面的交线称为 P 点的磁子午线，磁子午线在 P 点的切线方向称为 P 点的磁子午线方向。磁子午线方向可以用罗盘仪来测定。

由于地球的两磁极与地球的南北极不重合，所以磁子午线方向与真子午线方向之间存在一个 δ 角，称为磁偏角。磁子午线北端在真子午线以东为东偏，δ 为"+"；以西为西偏，δ 为"−"，如图 4-21 所示。

（三）坐标纵轴方向

过地表任一点 P 且与其所在的高斯平面直角坐标系或者假定坐标系的坐标纵轴平行的直线称为 P 点的坐标纵轴方向。坐标纵轴方向是工程测量中最常用的一条标准方向。

二、直线方向的表示方法

确定直线与标准方向之间的关系，以方位角或象限角来表示。

（一）方位角

由标准方向的北端起，顺时针方向量到某直线的水平夹角，称为该直线的方位角，角值为 $\alpha(0° \leqslant \alpha < 360°)$。既然标准方向有真子午线方向、磁子午线方向和坐标纵轴方向，其方位角相应的也有真方位角、磁方位角和坐标方位角之分。其中真方位角用 $A_{真}$ 表示，磁方位角用 $A_{磁}$ 表示，坐标方位角通常用 α 表示。

直线 AB 的坐标方位角用 α_{AB} 表示，直线 BA 的坐标方位角用 α_{BA} 表示，又称为直线 AB 的反坐标方位角。从图 4-22 中可以看出，正、反坐标方位角有如下关系

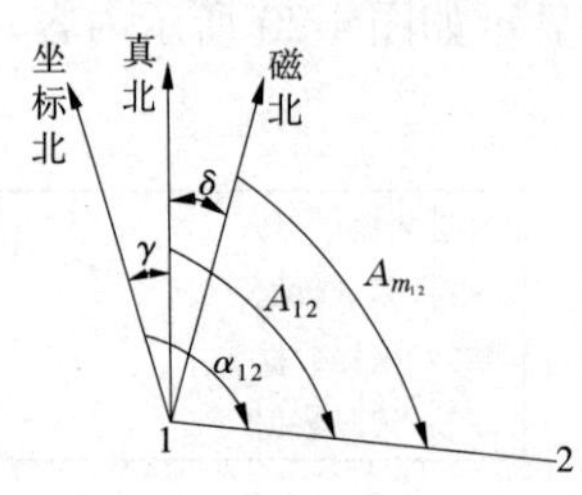

图 4-21 三北方向之间的关系

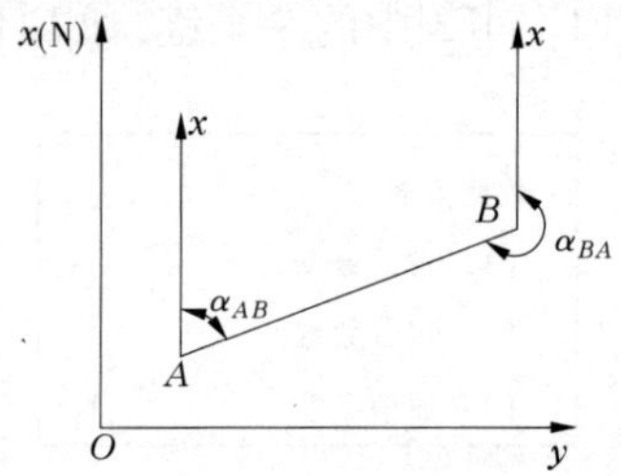

图 4-22 正、反坐标方位角

$$\alpha_{AB} = \alpha_{BA} \pm 180^{\circ} \quad (4\text{-}18)$$

（二）真方位角、磁方位角、坐标方位角之间的关系

由图 4-21 可知

$$A_{真} = A_{磁} + \delta \quad (4\text{-}19)$$

$$A_{真} = \alpha_{AB} + \gamma \quad (4\text{-}20)$$

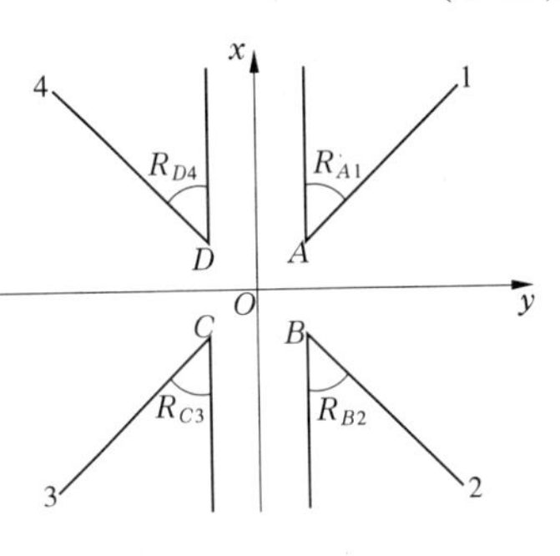

图 4-23　象限角

（三）象限角

在实际工作中，有时用锐角计算直线的方位较方便，因此引进象限角。由坐标纵轴的北端或南端起，顺时针或逆时针转至某直线所成的锐角称为象限角，通常用 R 表示，角值为 $R(0^{\circ} \leqslant R \leqslant 90^{\circ})$。

表示象限角时必须注意前面应加上方向。如图 4-23 所示，直线 $A1$、$B2$、$C3$、$D4$ 的象限角分别为北东 R_{A1}、南东 R_{B2}、南西 R_{C3}、北西 R_{D4}。

（四）坐标方位角与象限角的换算

坐标方位角和象限角都能描述直线的方向，两者有一一对应的关系。表 4-4 说明了坐标方位角和象限角的换算关系。

表 4-4　坐标方位角和象限角的换算关系

直线所在象限	坐标方位角换算象限角	象限角换算坐标方位角
Ⅰ（北东）	$R = \alpha$	$\alpha = R$
Ⅱ（南东）	$R = 180^{\circ} - \alpha$	$\alpha = 180^{\circ} - R$
Ⅲ（南西）	$R = \alpha - 180^{\circ}$	$\alpha = R + 180^{\circ}$
Ⅳ（北西）	$R = 360^{\circ} - \alpha$	$\alpha = 360^{\circ} - R$

三、罗盘仪的构造和使用

（一）罗盘仪的构造

如图 4-24 所示，罗盘仪是测量直线磁方位角的仪器。仪器构造简单，使用方便，但精度不高，外界环境对仪器的影响较大，如钢铁建筑和高压电线都会影响其精度。当测区内没有国家控制点可用，需要在小范围内建立假定坐标系的平面控制网时，可用罗盘仪测量磁方位角，作为该控制网起始边的坐标方位角。

罗盘仪的主要部件有磁针、刻度盘、望远镜和基座，如图 4-24 所示。

1. 磁针

磁针用人造磁铁制成，磁针在度盘中心的顶针尖上可自由转动。为了减轻顶针尖的磨损，在不用时，可用位于底部的固定螺旋升高杠杆，将磁针固定在玻璃盖上。

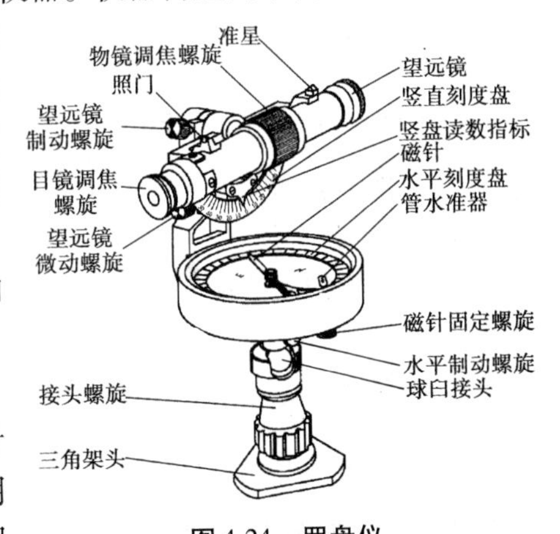

图 4-24　罗盘仪

2. 度盘

度盘是用钢或铝制成的圆环,随望远镜一起转动,每隔 10°有一注记,按逆时针方向从 0°注记到 360°,最小分划为 1°或 30′。刻度盘内装有一个圆水准器或者两个相互垂直的管水准器,用手控制气泡居中,使罗盘仪水平。

3. 望远镜

与经纬仪望远镜结构基本相似,也有物镜对光螺旋、目镜对光螺旋和十字丝分划板等,其望远镜的视准轴与刻度盘的 0°分划线共面。

4. 基座

采用球臼结构,松开球臼接头螺旋,可摆动刻度盘,使水准气泡居中,表盘处于水平位置,然后拧紧接头螺旋。

(二)用罗盘仪测定直线磁方位角的方法

如图 4-25(a)所示,欲测直线 *AB* 的磁方位角,将罗盘仪安置在直线起点 *A*,用垂球对中,使度盘中心与 *A* 点处于同一铅垂线上;松开球臼接头螺旋,用手前、后、左、右转动刻度盘,使水准器气泡居中,拧紧球臼接头螺旋,此时仪器处于对中和整平状态。松开磁针固定螺旋,让它自由转动,然后转动罗盘,用望远镜照准 *B* 点标志,待磁针静止后,按磁针北端(一般为黑色一端)所指的度盘分划值读数,即为直线 *AB* 的磁方位角角值,如图 4-25(b)所示。

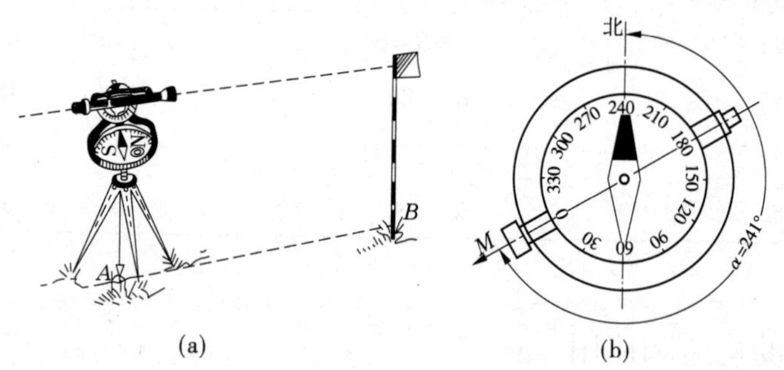

图 4-25　罗盘仪测定直线磁方位角

使用时,要避开高压电线并避免铁质物体接近罗盘,在测量结束后,要旋紧磁针固定螺旋将磁针固定。

四、坐标方位角的推算

实际工作中并不需要直接测定每条直线的坐标方位角,而是通过与已知坐标方位角的直线连测后,实测出各直线的坐标方位角再推算线路左侧的夹角称为左角(可用 $\beta_{左}$ 表示),或实测线路右侧的夹角称为右角(可用 $\beta_{右}$ 表示),来推算出各直线的坐标方位角(如图 4-26 所示)。

如图 4-26 所示,相邻的前后直线有如下关系:

$$\alpha_{前} = \alpha_{后} + \beta_{左} - 180° \tag{4-21}$$

或

$$\alpha_{前} = \alpha_{后} + 180° - \beta_{右} \tag{4-22}$$

【例 4-2】　如图 4-27 所示,已知 12 边的方位角 $\alpha_{12} = 101°30'$,在 2 点测得夹角 $\beta_2 = 142°20'$,在 3 点测得夹角 $\beta_3 = 145°10'$,求 α_{23}、α_{34}和 α_{43}。

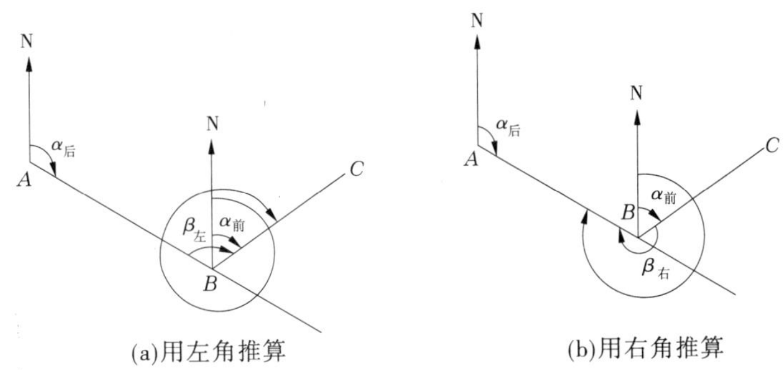

图 4-26　坐标方位角的推算

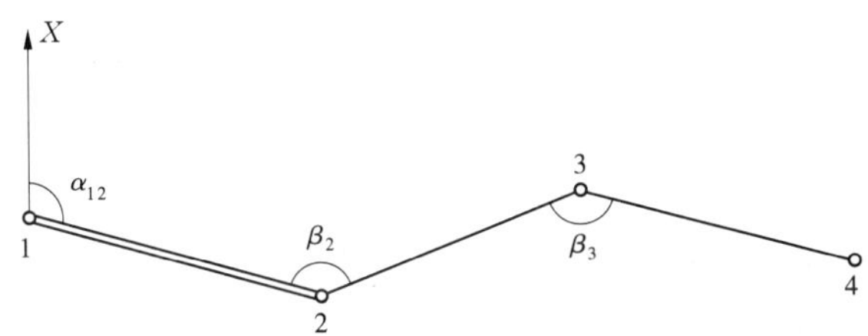

图 4-27　坐标方位角的推算

解:由题意可知,α_{12}、α_{23}和 α_{34}是同一方向的方位角,所以可以直接运用推算公式计算;而 α_{43}是 α_{34}的反方位角,所以可用正、反方位角的关系来计算;再由图 4-27 知,按 1、2、3、4 的推算方向,β_2 为左角,而 β_3 为右角。

(1)根据式(4-21),23 边方位角为

$$\alpha_{23} = \alpha_{12} + \beta_2 - 180° = 101°30' - 180° + 142°20' = 63°50'$$

(2)根据式(4-22),34 边方位角为:

$$\alpha_{34} = \alpha_{23} + 180° - \beta_3 = 63°50' + 180° - 145°10' = 98°40'$$

(3)根据正反坐标方位角的关系,则

$$\alpha_{43} = \alpha_{34} \pm 180° = 98°40' + 180° = 278°40'$$

习　题

1. 丈量两段距离,其中一段往测为 182. 135 m,返测为 182. 101 m;另一段往测为 280. 212 m,返测为 280. 246 m,试问哪段精度高?

2. 视距测量的精度主要受哪些因素的影响? 观测中应特别注意哪些问题?

3. 表 4-5 为在测站点 O 上进行视距测量时,所得的观测值,O 点处的仪器高为 1. 500 m,计算测站点至各观测点的水平距离和高差填入表中。

4. 相位法光电测距的原理是什么? 光电测距时应注意哪些问题?

5. 南方 NTS − 352 全站仪如何进行水平角的设置?

6. 南方 NTS − 352 全站仪如何进行距离测量?

表 4-5

测站点	观测点	上丝读数 (m)	下丝读数 (m)	中丝读数 (m)	竖直角 (° ′ ″)	水平距离 (m)	高差 (m)
O	A	1.766	0.989	1.378	21 09 18		
	B	2.215	0.977	1.596	−7 35 20		

7. 南方 NTS－352 全站仪如何进行坐标测量？

8. 南方 NTS－352 全站仪如何进行数据采集？

9. 南方 NTS－352 全站仪如何进行坐标放样？

10. 何谓方位角、象限角，二者之间是什么关系？

11. 举例说明什么是正、反坐标方位角，二者是什么关系？

12. 如果一条直线 AB 的坐标方位角 $\alpha_{AB}=250°30'45''$，求 α_{BA}、R_{AB} 和 R_{BA}。

13. 已知四边形 1234，按逆时针编号，其内角分别为 $\beta_1=92°30'$，$\beta_2=105°18'$，$\beta_3=76°32'$，$\beta_4=86°20'$，现已知 $\alpha_{12}=130°15'$，求其他各边的方位角，并化为象限角。

第五章 小区域控制测量

学习目标

理解图根控制测量的概念，重点掌握经纬仪导线测量的内、外业工作，四等水准测量的方法步骤，了解前方交会、测角交会、距离交会和三角高程测量。

第一节 控制测量概述

在园林工程中，需要一定比例尺的地形图和其他测绘资料，工程施工中也需要进行施工测量。为了防止误差的累积和传播，保证测图和施工精度与进度，园林测量工作必须遵循测量工作的原则。在进行园林要素测量或园林地形图测绘之前，首先要进行整体的控制测量，即在整个测区范围内测定一定数量的起控制作用的点的精确位置，以统一全测区的测量工作。控制测量分为平面控制测量和高程控制测量。测定控制点平面位置的工作，称为平面控制测量；测量控制点高程的工作，称为高程控制测量。

在全国范围内按统一的方案建立的控制网，称为国家控制网。它是采用精密的测量仪器和方法，依照国家统一的相应的测量规范施测，依其精度可分为一、二、三、四等四个等级。按照由高级到低级逐级加密的原则建立。

在城市范围内，在国家控制网的基础上，为满足城市建设工程的需要而建立的控制网称为城市控制网。为大中型工程建设而建立的控制网称为工程控制网。为满足不同目的的要求，城市控制网和工程控制网也可分级建立。

面积一般在 15 km^2 以下的小范围内建立的控制网称为小区域控制网；直接以测图为目的建立的小区域控制网称为图根控制网。图根控制网应尽可能与附近的国家或城市控制网联测。

一、平面控制测量

建立平面控制网的方法有导线测量、GPS 控制测量和三角测量等。

（一）导线测量

导线测量是将选定的控制点连成一条折线，依次观测各转折角和各边长，然后根据起始点坐标和起始边方位角，推算各导线点的坐标。它的优点是导线测量灵活方便、测算简单，在工程测量中应用广泛。随着光电测距仪和全站仪的应用，量距有更高的精度、速度，也更为方便。

（二）GPS 控制测量

GPS 控制测量是利用多台接收机同时接收多颗定位卫星信号，确定地面点三维坐标的方法。GPS 定位技术以其精度高、速度快、全天候、操作简单而著称，目前已广泛应用于大地控制测量和大部分工程控制测量。

（三）三角测量

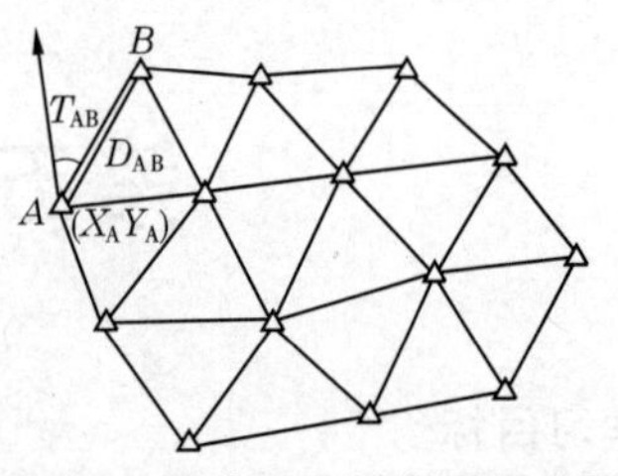

图 5-1　国家平面控制网示意图

三角测量是按要求在地面上选择一系列具有控制作用的点，组成相互联结的三角形，用精密仪器观测所有三角形中的内角，并精确测定起始边的边长和方位角，按三角形的边角关系逐一推算其余边长和方位，最后解算出各控制点的坐标，如图 5-1 所示。

二、高程控制测量

高程控制测量的主要形式是水准测量。此外，也可采用三角高程测量和 GPS 拟合高程测量。城市和工程水准测量精度等级的划分，依次为二、三、四等以及直接用于图根测量的水准测量。在一般情况下，对于小区域高程控制测量可以以国家和城市等级水准点为基础，建立四等水准网或水准路线，用图根水准测量或三角高程测量的方法测定图根点的高程。各等级水准测量主要技术指标见表 5-1。

表 5-1　各等级水准测量的主要技术指标

等级	每千米高差中数中误差(mm)		附合导线长度(km)	测段往、返测高差不符值(mm)	附合导线或环线闭合差(mm)
	偶然中误差	全中误差			
二等	不超过 ±1	不超过 ±2	400	不超过 $\pm 4\sqrt{R}$	不超过 $\pm 4\sqrt{L}$
三等	不超过 ±3	不超过 ±6	45	不超过 $\pm 12\sqrt{R}$	不超过 $\pm 12\sqrt{L}$
四等	不超过 ±5	不超过 ±10	15	不超过 $\pm 20\sqrt{R}$	不超过 $\pm 20\sqrt{L}$
图根	不超过 ±10	不超过 ±20	8		不超过 $\pm 40\sqrt{L}$

注：R 为测段长度，L 为附合导线或环线的长度，均以 km 为单位。

第二节　导线测量

一、导线测量的布设形式

将地面上相邻控制点用直线连接而形成的折线，称为导线，这些控制点称为导线点，每条直线称为导线边，相邻导线边之间的水平角称为转折角，通过观测导线边的边长和转折角，根据起算数据可计算出各导线点的平面坐标。

用经纬仪测量导线的转折角，用钢尺丈量导线边长的导线，称为经纬仪导线；若用光电测距仪测定导线边长，则称为电磁波测距导线。在小地区施测大比例尺地形图时，平面控制测量常采用导线测量，特别是在建筑物密集的建筑区和平坦而通视条件较差的隐蔽区，布设导线最为适宜。

（一）导线布设形式

根据测区的不同情况和要求，导线可以布设成闭合导线、附合导线和支导线。

1. 闭合导线

是指从一点出发，最后仍回到该点的导线，组成一闭合多边形，称为闭合导线。闭合导线多用在面积较宽阔的独立地区作测图控制。它主要有以下三种形式：

（1）具有两个已知点的闭合导线，如图 5-2 所示。

(2)具有一个已知点的闭合导线,如图 5-3 所示。

(3)无已知点的闭合导线,如图 5-4 所示。

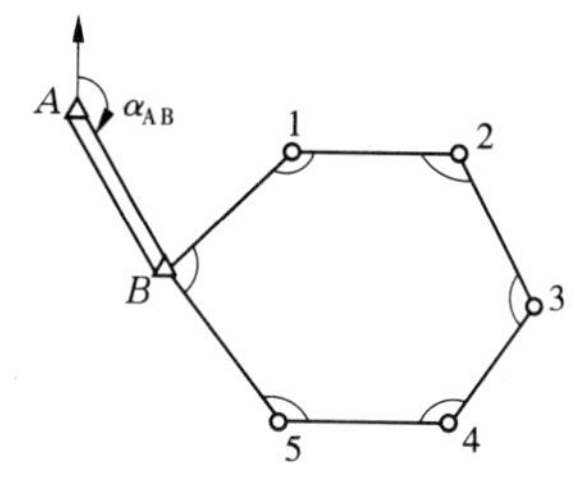

图 5-2 具有两个已知点的闭合导线

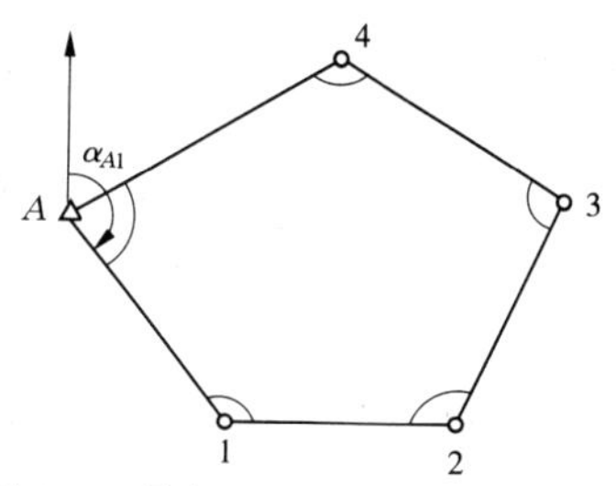

图 5-3 具有一个已知点的闭合导线

2. 附合导线

附合导线是指从一已知点出发,最后附合到另一已知点上。附合导线多用在带状地区作测图控制。此外,也广泛用于公路、铁路、水利等工程的勘测与施工中。它主要有以下三种形式。

(1)具有两个连接角的附合导线,如图 5-5 所示。

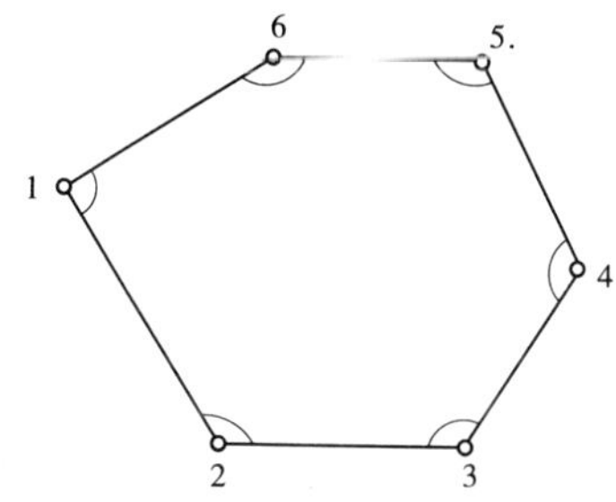

图 5-4 无已知点的闭合导线

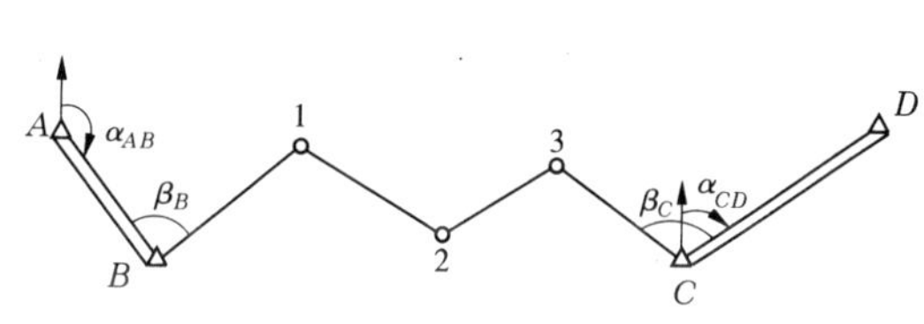

图 5-5 具有两个连接角的附合导线

(2)具有一个连接角的附合导线,如图 5-6 所示。

(3)无连接角的附合导线,如图 5-7 所示。

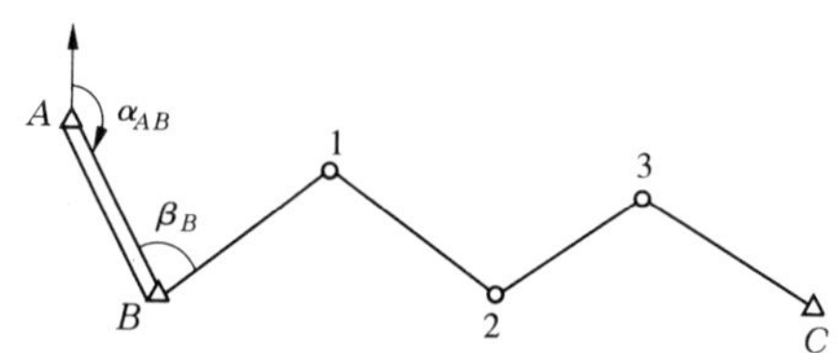

图 5-6 具有一个连接角的附合导线

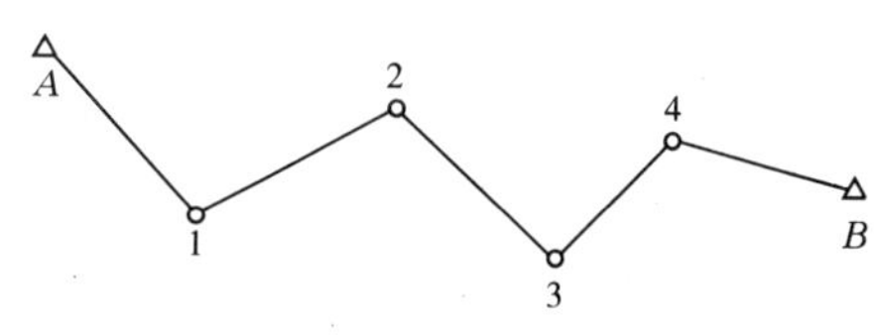

图 5-7 无连接角的附合导线

3. 支导线

支导线是指从一控制点出发,既不闭合也不附合于已知控制点上(如图 5-8 所示)。支导线没有校核条件,差错不易发现,故支导线的点数不宜超过两个,一般仅作补点使用。

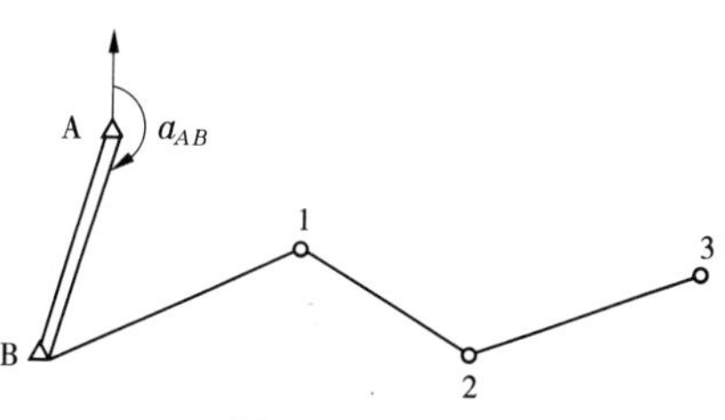

图 5-8 支导线

(二)导线等级

在局部地区的地形测量和一般工程测量中,根据测区范围及精度要求,导线测量分为一级导线、二级导线、三级导线和图根导线四个等级。

它们可作为国家四等控制点或国家 E 级 GPS 点的加密，也可以作为独立地区的首级控制。表 5-2 为各级导线测量的主要技术指标。

表 5-2　各级导线测量的主要技术指标

等级	导线长度（km）	平均边长（km）	测角中误差（″）	测回数		角度闭合差（″）	相对闭合差
				DJ_6	DJ_2		
一级	4	0.5	5	4	2	$\pm 10\sqrt{n}$	1/15 000
二级	2.4	0.25	8	3	1	$\pm 16\sqrt{n}$	1/10 000
三级	1.2	0.1	12	2	1	$\pm 24\sqrt{n}$	1/5 000
图根	≤1.0 *M*	≤1.5 测图最大视距	20	1	—	$\pm 40\sqrt{n}$（首级） $\pm 60\sqrt{n}$（一般）	1/2 000

注：表中 n 为测站数；M 为测图比例尺的分母。

二、导线测量的外业工作

导线测量的外业工作包括踏勘选点、建立标志、量边、测角和联测。

（一）踏勘选点及建立标志

选点时应满足下列要求：

（1）相邻点间必须通视良好，地势较平坦，便于测角和量距。

（2）点位应选在土质坚实处，便于保存标志和安置仪器。

（3）视野开阔，便于测图或放样。

（4）导线各边的长度应大致相等，除特殊条件外，导线边长一般为 50～350 m，平均边长符合规范的规定。

（5）导线点应有足够的密度，分布较均匀，便于控制整个测区。

确定导线点位置后，应在地上打入木桩，桩顶钉一小钉作为导线点的标志。若导线点需长期保存，可埋设水泥桩或石桩，桩顶刻凿十字或嵌入锯有十字的钢筋作标志。导线点应按顺序编号，为便于寻找，可根据导线点与周围地物的相对关系绘制导线点点位略图。

（二）量边

（1）导线边长一般用检定过的钢尺进行往返丈量。丈量的相对误差不应超过规定。当满足要求时，取其平均值作为丈量的结果。

（2）电磁波测距仪（或全站仪）测定导线边长的中误差一般为 ±1 cm。

（3）如果导线边遇障碍，不能直接丈量，可采用电磁波测距仪（全站仪）测定。无电磁波测距仪时，可采用间接方法测定。如图 5-9 所示，AB 是跨越河流的导线边，在河岸边选定与 A、B 两点通视且便于丈量与 B 点距离的 P_1、P_2 两点，组成两个三角形 AP_1B 和 AP_2B。丈量 BP_1 和 BP_2 的边长，观测 α_1、β_1 和 α_2、β_2，则导线的长度为：

$$\left.\begin{aligned} AB &= \frac{BP_1}{\sin\alpha_1}\sin(\alpha_1+\beta_1) \\ AB &= \frac{BP_2}{\sin\alpha_2}\sin(\alpha_2+\beta_2) \end{aligned}\right\} \tag{5-1}$$

两次求得 AB 的长度，其相对误差如果不超过规定的限差，取平均值作为结果。选定 P_1、P_2 两点时，应注意 BP_1、BP_2 量距方便，三角形各内角不小于 30°和不大于 150°。

（三）测角

（1）测角即测定导线两相邻边构成的转折角。转折角一般用 β 表示，导线的转折角有左、右之分，在导线前进方向左侧的称为左角，而右侧的称为右角（如图 5-10 所示）。

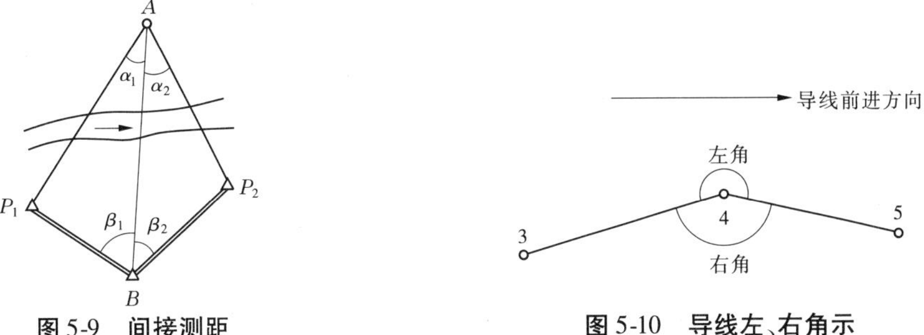

图 5-9　间接测距　　　　图 5-10　导线左、右角示

（2）附合导线应统一观测左角或右角（在公路测量中，一般是观测右角）；对于闭合导线，则观测内角（当采用顺时针方向编号时，闭合导线的右角即为内角；逆时针方向编号时，则左角为内角。）

（3）导线的转折角通常采用测回法进行观测。

（4）当测角精度要求较高，而导线边长比较短时，为了减小对中误差和目标偏心误差，可采用三联脚架法作业。

（四）联测

若所布设的导线附近有高级控制点，应与之联系起来，如图 5-11 所示，A、B、C、D 为已知高级控制点，1、2、3、4、5 为选定的导线点，导线联测必须观测连接角 β_1、β_2 和连接边 D_{B1}，起到传递坐标方位角和坐标的作用。若附近无高级控制点，可用罗盘仪观测导线起始边的磁方位角，并假定起始点的坐标作为起算数据。

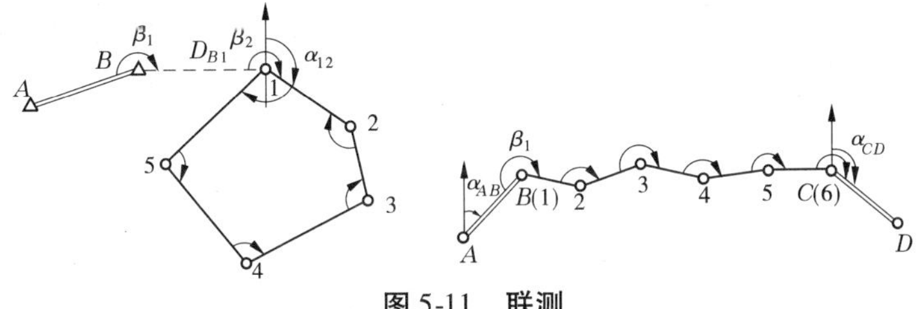

图 5-11　联测

三、导线测量的内业计算

为了确保测图精度，内业计算前应全面认真检查导线测量的外业记录，检查有无记错、遗漏或算错，是否符合精度要求，在确认外业工作成果合格后，绘出导线略图，在图上标注点号、转折角观测值、边长和已知数据，如图 5-12 所示。

闭合导线坐标计算有表算、程序计算，计算时还应绘制导线略图。

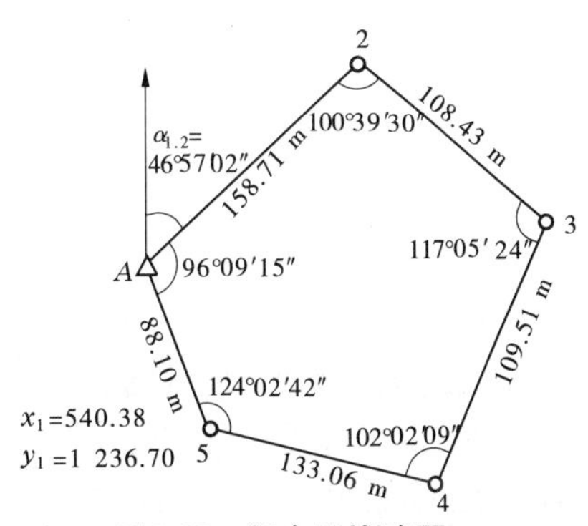

图 5-12　闭合导线略图

(一)坐标计算的基本公式

1. 坐标方位角的推算公式

由前面的内容可知,用右角推算方位角的一般公式为

$$\alpha_{前} = \alpha_{后} + 180° - \beta_{右}$$

左角推算方位角的一般公式为

$$\alpha_{前} = \alpha_{后} + \beta_{左} - 180°$$

2. 根据已知点坐标、已知边长和坐标方位角计算未知点坐标

设 A 为已知点,坐标为(x_A, y_A),边长为 D_{AB},坐标方位角为 α_{AB}。

B 为未知点,求 B 点的坐标(x_B, y_B),称为坐标正算。

计算纵、横坐标增量 Δx_{AB} 和 Δy_{AB}

$$\left.\begin{aligned}\Delta x_{AB} &= D_{AB}\cos\alpha_{AB}\\ \Delta y_{AB} &= D_{AB}\sin\alpha_{AB}\end{aligned}\right\}$$

B 点的坐标(x_B, y_B)为

$$\left.\begin{aligned}x_B &= x_A + D_{AB}\cos\alpha_{AB}\\ y_B &= y_A + D_{AB}\sin\alpha_{AB}\end{aligned}\right\}$$

3. 由两个已知点的坐标反算坐标方位角和边长

导线边的坐标方位角可根据两端点的已知坐标反算,这种计算称为坐标反算。

(1)由两交点 $JD_i(x_i, y_i)$、$JD_{i+1}(x_{i+1}, y_{i+1})$ 坐标计算间距

$$L = \sqrt{(x_{i+1} - x_i)^2 + (y_{i+1} - y_i)^2} = \sqrt{\Delta x^2 + \Delta y^2}$$

(2)导线各边的象限角计算:由坐标增量可计算象限角值并判别所属象限。象限角是指子午线北端或南端与直线所夹的锐角,常用 R 表示,在 0°~90°范围内变化。

$$R = \arctan\frac{\Delta y}{\Delta x}$$

(3)导线各边方位角计算。方位角是由子午线北端顺时针方向量测到某一边上的夹角,角值在 0~360°范围,常用 θ 表示。方位角可由象限角推算出来。

【例 5-1】 已知交点坐标:JD_0(4 282.590,6 617.690)、JD_1(3 825.590,6 823.010)、JD_2(3 365.160,7 786.670),试计算导线各边方位角。

解:

(1)坐标增量:$\Delta x_1 = -457.000$,$\Delta y_1 = 205.320$;$\Delta x_2 = -460.430$,$\Delta y_2 = 963.660$

(2)计算间距:$L_1 = \sqrt{\Delta x_1^2 + \Delta y_1^2} = 501.004$,$L_2 = \sqrt{\Delta x_2^2 + \Delta y_2^2} = 1\ 068.006$

(3)计算象限角、方位角:

$R_1 = \arctan\dfrac{\Delta y_1}{\Delta x_1} = 24°11'36''$ 第Ⅱ象限

$R_2 = \arctan\dfrac{\Delta y_2}{\Delta x_2} = 64°27'43''$ 第Ⅱ象限;

则 $\theta_1 = 180° - R_1 = 155°48'24''$,$\theta_2 = 180° - R_2 = 115°32'17''$。

(二)闭合导线坐标计算

现以闭合五边形导线(如图 5-12 所示)为例,计算前,首先将导线略图中的点号、转折角观测值、起始边方位角及边长的数据填入“闭合导线坐标计算表”第 1、2、5、6 栏中,如表 5-3,然后按以下步骤进行计算。

表 5-3　闭合导线坐标计算

点号	转折角 观测值 (° ′ ″)	转折角 改正数 (″)	转折角 改正后值 (° ′ ″)	方位角 α (° ′ ″)	边长 D (m)	纵坐标增量 Δx 计算值 (m)	纵坐标增量 Δx 改正数 (mm)	纵坐标增量 Δx 改正后的值 (m)	横坐标增量 Δy 计算值 (m)	横坐标增量 Δy 改正数 (mm)	横坐标增量 Δy 改正后的值 (m)	纵坐标 x(m)	横坐标 y(m)
1	2	3	4	5	6	7	8	9	10	11	12	13	14
1												540.38	1 236.70
				46 57 02	158.71	+108.34	+2	+108.36	+115.98	−2	+115.96		
2	100 39 30	+12	100 39 42									648.74	1 352.66
				126 17 20	108.43	−64.18	+1	−64.17	+87.40	−2	+87.38		
3	117 05 24	+12	117 05 36									584.57	1 440.04
				189 11 44	109.51	−108.10	+2	−108.08	−17.50	−2	−17.52		
4	102 02 09	+12	102 02 21									476.49	1 422.52
				267 00 23	133.06	−6.60	+2	−6.58	−132.90	−2	−132.92		
5	124 02 42	+12	124 02 54									469.91	1 289.60
				323 06 29	88.10	+70.46	+1	+70.47	−52.89	−1	−52.90		
1	96 09 15	+12	96 09 27									540.38	1 236.70
				46 57 02									
2													
Σ	539 59 00	+60	540 00 00		597.81	−0.08	+8	0.00	+0.09	−9	0.00		

辅助计算：

$\sum\beta_{理} = (5-2)\times180° = 540°$　　$f_D = \sqrt{f_x^2 + f_y^2} = 0.12$ m

$f_\beta = \sum\beta_{测} - \sum\beta_{理} = -60''$　　$K = f_D / \sum D = 1/4\ 982$

$f_{\beta容} = \pm 60''\sqrt{n} = \pm 134''$　　$K_{容} = 1/2\ 000$

$|f_\beta| < |f_{\beta容}|$，说明符合要求　　$K < K_{容}$，说明符合要求

$f_x = \sum\Delta x_{计} = -0.08$ m

$f_y = \sum\Delta y_{计} = +0.09$ m

略图见图 5-12

1. 角度闭合差的计算与调整

1)检核

闭合导线组成一个闭合多边形,从平面几何学可知,n 边形闭合导线(n 个内角)角度闭合差

$$f_\beta = \sum \beta_{测} - \sum \beta_{理} = \sum \beta_{测} - (n-2) \times 180° \tag{5-2}$$

角度闭合差 f_β 的大小说明测角精度。使用 DJ_6 级光学经纬仪,图根导线闭合差的容许值为

$$f_{\beta容} = \pm 40'' \sqrt{n} \tag{5-3}$$

式中 n——转折角(内角)的个数。

若 $f_\beta \leqslant f_{\beta容}$,则可进行角度闭合差的调整,否则应分析情况进行重测。

2)调整

将 f_β 以相反的符号平均分配到各观测角中,即各角的改正数为

$$v_\beta = -f_\beta / n \tag{5-4}$$

校核

$$\sum v_{\beta i} = -f_\beta \tag{5-5}$$

则改正后角值($\beta_{i改}$)等于观测值加上改正数,即

$$\beta_{i改} = \beta_i + v_{\beta i} \tag{5-6}$$

校核

$$\sum \beta_{i改} = \sum \beta_{理} \tag{5-7}$$

以上计算在表 5-3 的第 2、3、4 栏及表下方进行。

2. 坐标方位角的计算

根据已知的起始边坐标方位角和改正后的转折角,逐次推算每一条边的坐标方位角。

如图 5-13 所示,已知 1—2 边的坐标方位角 $\alpha_{12已知}$ 和各个改正后的内角 $\beta_{i改}$($i=1、2、\cdots、5$)。

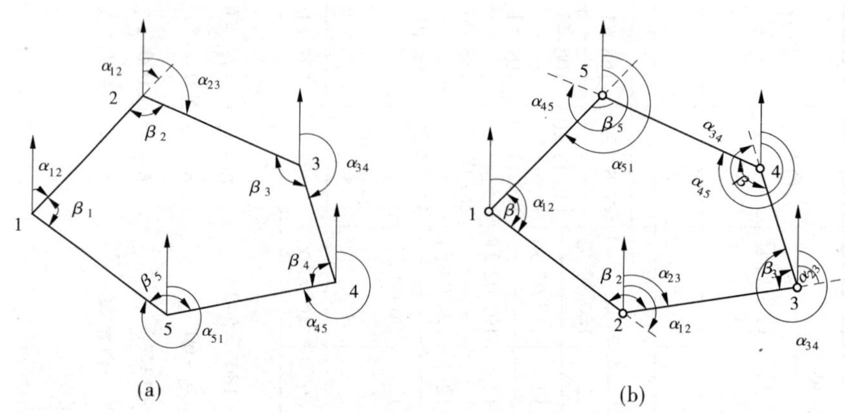

图 5-13 推算导线各边方位角

图 5-13(a)中,导线点是按顺时针编号的,其内角为右角,可以看出

$$\alpha_{23} = \alpha_{12已知} - (180° - \beta_{2改})$$

同理可得

$$\alpha_{34} = \alpha_{23} - (180° - \beta_{3改})$$

$$\alpha_{45} = \alpha_{34} - (180° - \beta_{4改})$$

$$\vdots$$

$$\alpha_{12} = \alpha_{51} - (180° - \beta_{1改})$$

校核 $$\alpha_{12} = \alpha_{12已知}$$

由此可以归纳出按后面一边的已知方位角 $\alpha_{后}$ 和导线右角 $\beta_{右}$，推算前进方向一边的方位角 $\alpha_{前}$ 的一般公式

$$\alpha_{前} = \alpha_{后} + 180° - \beta_{右} \tag{5-8}$$

图 5-13(b)中，导线点是按逆时针编号的，其内角为左角，可以看出

$$\alpha_{23} = \alpha_{12已知} - (180° - \beta_{2改})$$

同理可得

$$\alpha_{34} = \alpha_{23} - (180° - \beta_{3改})$$

$$\alpha_{45} = \alpha_{34} - (180° - \beta_{4改})$$

$$\vdots$$

$$\alpha_{12} = \alpha_{51} - (180° - \beta_{1改})$$

校核 $$\alpha_{12} = \alpha_{12已知}$$

由此，可归纳出按后面一边的已知方位角 $\alpha_{后}$ 和导线左角 $\beta_{左}$，推算前进方向一边的方位角 $\alpha_{前}$ 的一般公式

$$\alpha_{前} = \alpha_{后} - 180° + \beta_{左} \tag{5-9}$$

因为方位角的取值范围是 0°～360°，因此若使用式(5-8)或式(5-9)推算出来的 $\alpha_{前} > 360°$或 $\alpha_{前} < 0°$，则应减去 360°或加上 360°。

导线坐标方位角的计算在表 5-3 的第 5 栏中进行。

3. 坐标增量的计算

坐标增量是指导线边的终点和始点的坐标差，以 Δx 和 Δy 分别表示纵坐标增量和横坐标增量。从图 5-14 中可知，当知道导线的长度 D 和坐标方位角 α 后，可按下面公式计算坐标增量，称为坐标正算，即

$$\left.\begin{aligned}\Delta x &= D\cos\alpha \\ \Delta y &= D\sin\alpha\end{aligned}\right\} \tag{5-10}$$

式中，坐标增量的正、负号与坐标方位角的余弦、正弦函数值的符号相一致。

根据两已知点的坐标计算两点间的坐标方位角和距离，称为坐标反算。如图 5-15 所示，A、B 为已知点，其坐标分别为(x_A, y_A)和(x_B, y_B)，则

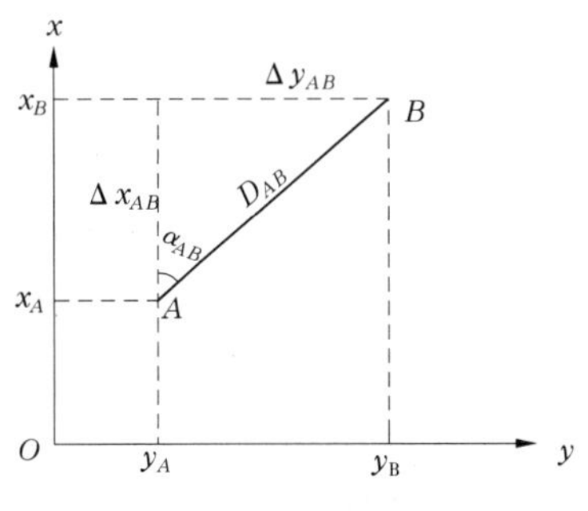

图 5-14 坐标正算

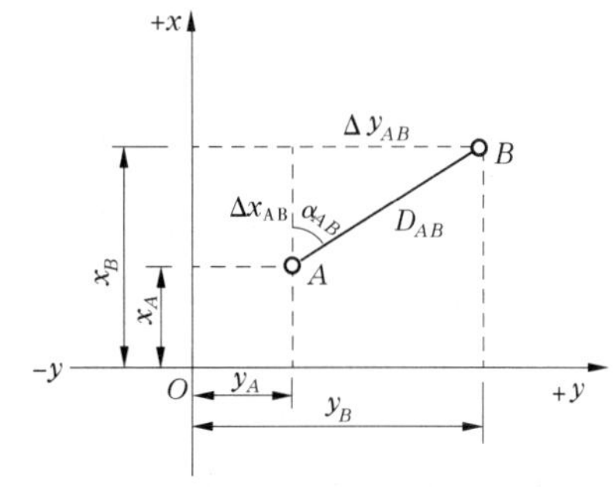

图 5-15 坐标反算

$$\Delta x_{AB} = x_B - x_A, \Delta y_{AB} = y_B - y_A, \tan\alpha_{AB} = \frac{\Delta y_{AB}}{\Delta x_{AB}}$$

故
$$\alpha_{AB} = \arctan \frac{\Delta y_{AB}}{\Delta x_{AB}} \tag{5-11}$$
因 Δx_{AB}、Δy_{AB} 有正、负号，因此在计算时应注意其所在的象限。

利用勾股定理可求出两点间的距离，即
$$D_{AB} = \sqrt{\Delta x_{AB}^2 + \Delta y_{AB}^2} \tag{5-12}$$
坐标增量具体的计算在表 5-3 中第 7、10 栏中进行。

4. 坐标增量闭合差的计算与调整

闭合导线各边纵、横坐标增量的代数和的理论值分别等于零，如图 5-16(a) 所示，即
$$\left.\begin{aligned} \sum \Delta y_{理} = 0 \\ \sum \Delta x_{理} = 0 \end{aligned}\right\} \tag{5-13}$$

由于测量的导线边长存在误差，坐标方位角虽然由改正后的转折角推算得到，但转折角的改正不可能完全消除误差，所以坐标方位角中仍存在误差，从而导致坐标增量带有误差，因此坐标增量的计算值之和 $\sum \Delta x_{计}$ 和 $\sum \Delta y_{计}$ 一般不等于零，这就是坐标增量闭合差，如图 5-16(b) 所示。纵、横坐标增量闭合差分别以 f_x 和 f_y 表示，即
$$\left.\begin{aligned} f_x = \sum \Delta x_{计} \\ f_y = \sum \Delta y_{计} \end{aligned}\right\} \tag{5-14}$$

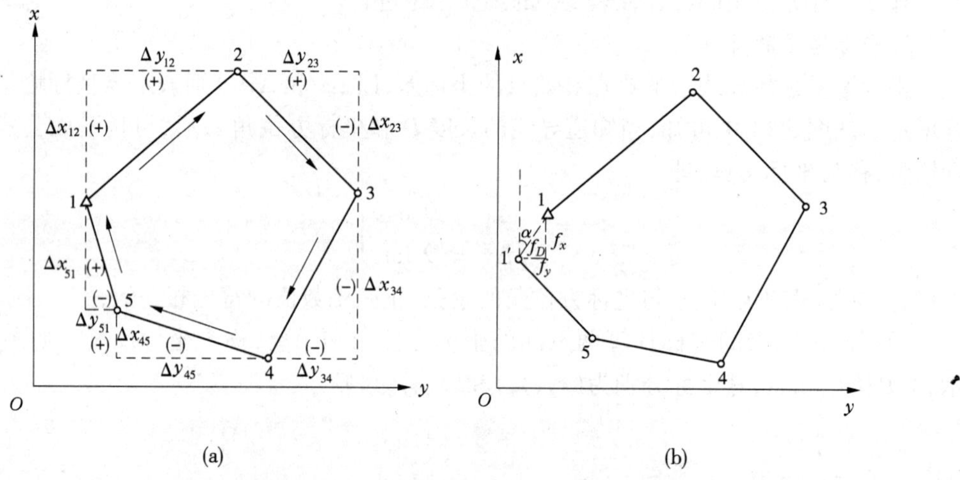

图 5-16　闭合导线增量及闭合差

由于纵、横坐标闭合差的存在，根据计算结果绘制出来的闭合导线图形不能闭合，如图 5-16(b) 所示，1′与 1 点不重合，线段 1′1 叫做导线全长闭合差，以 f_D 表示。由图 5-16 可知
$$f_D = \sqrt{f_x^2 + f_y^2} \tag{5-15}$$
导线全长闭合差的大小与导线长度成正比。因此，导线测量的精度是用导线全长相对闭合差 K(即导线全长闭合差 f_D 与导线全长 $\sum D$ 的比值) 来衡量的，即
$$K = \frac{f_D}{\sum D} = \frac{1}{\sum D / f_D} \tag{5-16}$$

不同等级的导线全长相对闭合差的容许值 $K_{容}$ 不一样，对于图根钢尺量距导线 $K_{容}=1/2\ 000$。

若 $K>K_{容}$，则说明导线测量结果不满足精度要求，应首先检查内业计算有无错误，若有错误，重新计算；若无错误，再检查外业观测数据，对错误或可疑数据重新观测。

若 $K\leqslant K_{容}$，则说明导线测量结果满足精度要求，可进行坐标增量闭合差调整。坐标增量闭合差的调整方法是：将坐标增量闭合差 f_x 和 f_y 分别以相反的符号，按与边长成正比例地分配到各坐标增量上，则各纵、横坐标增量的改正数 $v_{\Delta xi}$、$v_{\Delta yi}$ 分别为

$$\left.\begin{aligned} v_{\Delta xi} &= -\frac{D_i}{\sum D}f_x \\ v_{\Delta yi} &= -\frac{D_i}{\sum D}f_y \end{aligned}\right\} \tag{5-17}$$

校核

$$\left.\begin{aligned} \sum v_{\Delta xi} &= -f_x \\ \sum v_{\Delta yi} &= -f_y \end{aligned}\right\} \tag{5-18}$$

由于凑整的原因，可能存在微小的不符值，此时应在适当的坐标增量上增加或减少一点，以满足式(5-18)的要求。

则改正后的坐标增量 $\Delta x_{i改}$ 和 $\Delta y_{i改}$ 等于坐标增量计算值加上改正数，即

$$\left.\begin{aligned} \Delta x_{i改} &= \Delta x_i + v_{\Delta xi} \\ \Delta y_{i改} &= \Delta y_i + v_{\Delta yi} \end{aligned}\right\} \tag{5-19}$$

以上具体计算在表5-3的第8、9、11、12栏及表格下方进行。

5. 导线点坐标的计算

根据导线起始点的已知坐标及改正后的坐标增量，依次推算各导线点的坐标。

$$\left.\begin{aligned} &x_2 = x_{1已知} + \Delta x_{12} && y_2 = y_{1已知} + \Delta y_{12} \\ &x_3 = x_2 + \Delta x_{23} && y_3 = y_2 + \Delta y_{23} \\ &\quad\vdots && \quad\vdots \\ &x_n = x_{n-1} + \Delta x_{(n-1)n} && y_n = y_{n-1} + \Delta y_{(n-1)n} \\ &x_1 = x_n + \Delta x_{n-1} && y_1 = y_n + \Delta y_{n-1} \\ &\text{校核 } x_1 = x_{1已知} && \text{校核 } y_1 = y_{1已知} \end{aligned}\right\} \tag{5-20}$$

以上计算在表5-3第13、14栏中进行。

(三)附合导线坐标计算

附合导线的坐标计算与闭合导线的坐标计算基本上相同，但由于附合导线两端与已知点相连，所以在计算角度闭合差和坐标增量闭合差上不同。

1. 具有两个连接角的附合导线的计算

此种附合导线的计算步骤和闭合导线的计算步骤基本相同，只是在角度闭合差及坐标增量闭合差的计算方法上有所不同。下面仅介绍不同之处。

1)角度闭合差的计算

如图5-17所示，已知数据及观测值均标注在导线略图上，根据起始边方位角及导线左角，按式(5-9)计算各边坐标方位角。

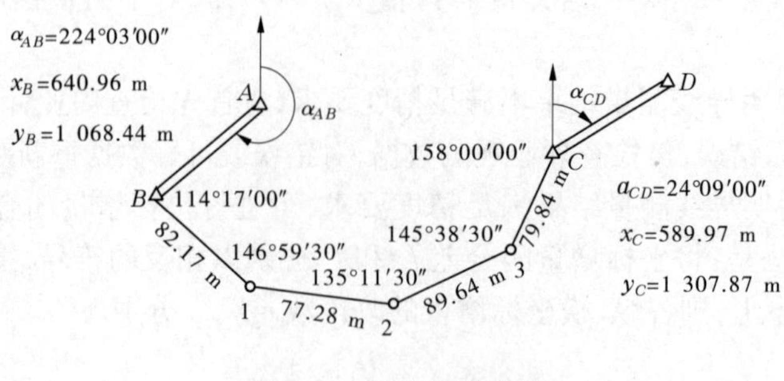

图 5-17　附合导线略图

$$
\begin{aligned}
\alpha_{B1} &= \alpha_{AB} - 180^\circ + \beta_B \\
\alpha_{12} &= \alpha_{B1} - 180^\circ + \beta_1 \\
&\vdots \\
\alpha'_{CD} &= \alpha_{BC} - 180^\circ + \beta_C
\end{aligned}
$$

将以上各式相加,得到

$$\alpha'_{CD} = \alpha_{AB} - n \times 180^\circ + \sum \beta_i$$

由于转折角及连接角观测中存在误差,故算出的 α'_{CD} 与已知 α_{CD} 不相等,即产生角度闭合差 f_β,则

$$
\begin{aligned}
f_\beta &= \alpha'_{CD} - \alpha_{CD} \\
&= \alpha_{AB} - \alpha_{CD} - n \times 180^\circ + \sum \beta_{左}
\end{aligned}
$$

写成一般表达式为

$$f_\beta = \alpha_{始} - \alpha_{终} - n \times 180^\circ + \sum \beta_{左} \tag{5-21}$$

若转折角为右角,则

$$f_\beta = \alpha_{始} - \alpha_{终} + n \times 180^\circ - \sum \beta_{右} \tag{5-22}$$

附合导线角度闭合差的容许值及调整方法同闭合导线,当观测角为右角时,改正数的符号与 f_β 的符号相同。

2)坐标增量闭合差的计算

附合导线纵、横坐标增量的代数和的理论值分别等于终点与始点的已知纵、横坐标差,即

$$
\left.
\begin{aligned}
\sum \Delta x_{理} &= x_{终} - x_{始} \\
\sum \Delta y_{理} &= y_{终} - y_{始}
\end{aligned}
\right\} \tag{5-23}
$$

故

$$
\left.
\begin{aligned}
f_x &= \sum \Delta x_{计} - (x_{终} - x_{始}) \\
f_y &= \sum \Delta y_{计} - (y_{终} - y_{始})
\end{aligned}
\right\} \tag{5-24}
$$

具有两个连接角的附合导线具体计算过程的算例见表 5-4。

2. 仅有一个连接角的附合导线的计算

这种附合导线的计算与具有两个连接角的附合导线的计算不同之处在于,它不进行角度闭合差的计算与调整,其余计算步骤和方法均相同。

表 5-4　附合导线坐标计算表

点号	转折角			方位角 α (° ′ ″)	边长 D (m)	纵坐标增量 Δx			横坐标增量 Δy			纵坐标 x(m)	横坐标 y(m)
	观测值 (° ′ ″)	改正数 (″)	改正后值 (° ′ ″)			计算值 (m)	改正数 (mm)	改正后的值 (m)	计算值 (m)	改正数 (mm)	改正后的值 (m)		
1	2	3	4	5	6	7	8	9	10	11	12	13	14
A				224 03 00									
B	114 17 00	−6	114 16 54	158 19 54	82.17	−76.36		−76.36	+30.34	+1	+30.35	640.93	1 068.44
1	146 59 30	−6	146 59 24	125 19 18	77.28	−44.68		−44.68	+63.05	+1	+63.06	564.57	1 098.79
2	135 11 30	−6	135 11 24	80 30 42	89.64	+14.78	−1	+14.77	+88.41	+2	+88.43	519.89	1 161.85
3	145 38 30	−6	145 38 24	46 09 06	79.84	+55.31		+55.31	+57.58	+1	+57.59	534.66	1 250.28
C	158 00 00	−6	157 59 54	24 09 00								589.97	1 307.87
D													
Σ	700 06 30	−30	700 06 00		328.93	−50.95	−1	−50.96	+239.38	+5	239.43		

辅助计算：

$f_\beta = \alpha_{始} - \alpha_{终} - n \times 180° + \sum\beta_{左} = +30''$

$f_{\beta容} = \pm 60''\sqrt{n} = \pm 134''$

$|f_\beta| < |f_{\beta容}|$，说明符合要求

$f_x = \sum\Delta x_{计} - (x_C - x_B) = +0.01$ m

$f_y = \sum\Delta y_{计} - (y_C - y_B) = -0.05$ m

$f_D = \sqrt{n} = \sqrt{f_x^2 + f_y^2} = 0.05$ m

$K = f_D / \sum D = 1/6\ 579$

$K_{容} = 1/2\ 000$

$K < K_{容}$，说明符合要求

略图见图 5-17

3. 无连接角的附合导线的计算

1)假定坐标方位角的计算

如图 5-18 所示,起始边坐标方位角假定为 90°00′00″(可以是任意角度),即

$$\alpha'_{A1} = 90°00'00''$$

根据测定的转折角采用式(5-8)推算各边的假定坐标方位角 α'。

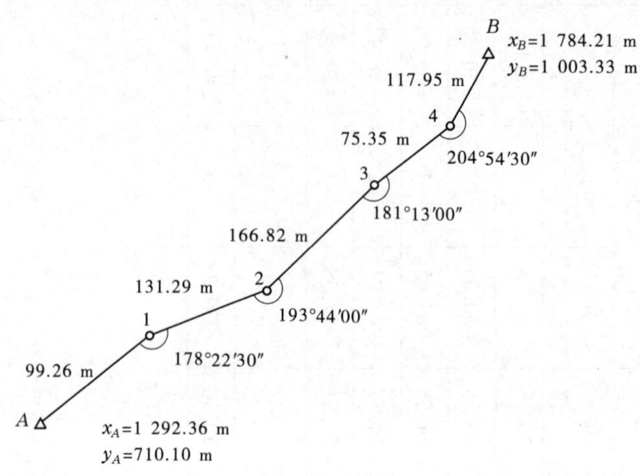

图 5-18 无连接角的附合导线

2)假定坐标增量的计算

根据各边假定坐标方位角和边长,采用式(5-10)推算假定坐标增量 $\Delta x'$ 和 $\Delta y'$。

3)计算旋转角

首先计算起点与终点的坐标方位角和假定坐标方位角。

$$\alpha_{AB} = \arctan\frac{\Delta y_{AB}}{\Delta x_{AB}} = \arctan\frac{y_B - y_A}{x_B - x_A}$$

$$\alpha'_{AB} = \arctan\frac{\Delta y'_{AB}}{\Delta x'_{AB}} = \arctan\frac{\sum \Delta y'}{\sum \Delta x'}$$

如图 5-19 所示,因为假设了导线的起始边方位角,从而使导线围绕起点旋转了一个角度 θ,则

$$\theta = \alpha'_{AB} - \alpha_{AB}$$

4. 坐标方位角的计算

将各边假定坐标方位角减去转折角 θ,即得各边坐标方位角 $\alpha = \alpha' - \theta$。

5. 坐标增量的计算

根据各边的坐标方位角和边长计算坐标增量,然后计算坐标增量闭合差并进行调整,最后根据起点坐标和改正后坐标增量计算各点坐标。此部分计算与两个连接角的附合导线相同。

无连接角的附合导线具体计算过程的算例见表 5-5。

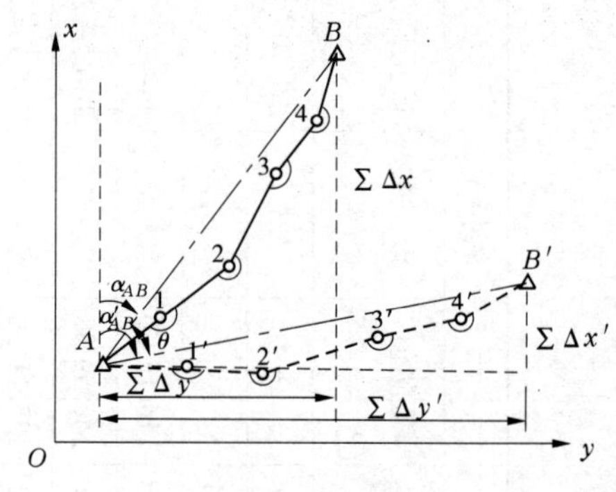

图 5-19 旋转角

表 5-5　无连接角附合导线计算

点号	转折角 (° ′ ″)	假定方位角 (° ′ ″)	边长 (m)	假定坐标增量		改正后方位角 (° ′ ″)	坐标增量计算值		改正后坐标增量		坐标	
				$\Delta x'$(m)	$\Delta y'$(m)		$\Delta x_{计}$(m)	$\Delta y_{计}$(m)	Δx(m)	Δy(m)	x(m)	y(m)
1	2	3	4	5	6	7	8	9	10	11	12	13
A											1 292.36	710.10
		90 00 00	99.26	0.00	+99.26	43 03 59	+72.52	+67.78	+72.52	+67.78		
1	178 22 30										1 364.88	777.88
		91 37 30	131.29	−3.72	+131.24	44 41 29	+93.33	+92.33	+93.33	+92.33		
2	193 44 00										1 458.21	870.21
		77 53 30	166.82	+34.99	+163.11	30 57 29	−0.01 +143.06	−0.01 +85.81	+143.05	+85.80		
3	181 03 00										1 601.26	956.01
		76 40 30	75.35	+17.37	+73.32	29 44 29	+65.42	+37.38	+65.42	+37.38		
4	204 54 30										1 666.68	993.39
		51 46 00	117.95	+73.00	+92.65	4 49 59	+117.53	+9.94	+117.53	+9.94		
B											1 784.21	1 003.33
Σ			590.67	+121.64	+559.58		+491.86	+293.24	+491.85	+293.23		

辅助计算：

$\alpha'_{AB} = \arctan(\sum \Delta y' / \sum \Delta x') = 77°44'10''$

$\alpha_{AB} = \arctan(\sum \Delta y / \sum \Delta x) = 30°48'09''$

$\theta = \alpha'_{AB} - \alpha_{AB} = 46°56'01''$

$\alpha = \alpha' - \theta$

$f_x = \sum \Delta x_{计} - (x_B - x_A) = +0.01$ m

$f_y = \sum \Delta y_{计} - (y_B - y_A) = +0.01$ m

$f_D = \sqrt{f_x^2 + f_y^2} = 0.01$ m

$K = f_D / \sum D = 1/59\ 067$

$K_{容} = 1/2\ 000$

$K < K_{容}$，说明符合要求

略图见图 5-18

(四)支导线计算

由于电磁波测距仪和全站仪的发展与普及,测距和测角的精度大大提高,在测区内已有控制点的数量不能满足测图或施工放样的需要时,可用支导线的方法来代替交会法来加密控制点。

由于支导线既不回到原起始点上,又不附合到另一个已知点上,故支导线没有检核限制条件,也就不需要计算角度闭合差和坐标增量闭合差,只要根据已知边的坐标方位角和已知点的坐标,由外业测定的转折角和转折边长,直接计算出各边方位角及各边坐标增量,最后推算出选定导线点的坐标。

支导线的内业计算与闭合导线、附合导线相比,不进行角度闭合差及坐标增量闭合差的计算与调整。计算步骤如下:

(1)根据观测的转折角采用式(5-8)或式(5-9)推算各边的方位角。

(2)根据各边的方位角和边长采用式(5-10)计算坐标增量。

(3)根据起点的已知坐标和各边的坐标增量计算各点的坐标。

第三节　交会定点

在进行图根平面控制测量时,如果图根点的密度不能满足地形测量或工程测量的需要,而需要加密且点数不多,则可采用测角交会加密图根点。测角交会分为前方交会、侧方交会和后方交会三种。前方交会是交会定点的一种常用方法。

一、前方交会

如图5-20所示,前方交会是分别在两个已知点 A 和 B 上安置经纬仪测出水平角 α 和 β,根据已知点的坐标求算未知点 P 的坐标的方法。

因为

$$x_P - x_A = D_{AP}\cos\alpha_{AP}$$

$$y_P - y_A = D_{AP}\sin\alpha_{AP}$$

故

$$x_P - x_A = \frac{(x_B - x_A)\cot\alpha + (y_B - y_A)}{\cot\alpha + \cot\beta}$$

$$y_P - y_A = \frac{(y_B - y_A)\cot\alpha + (x_B - x_A)}{\cot\alpha + \cot\beta}$$

移项化简得:

$$\left.\begin{aligned} x_P &= \frac{x_A\cot\beta + x_B\cot\alpha - y_A + y_B}{\cot\alpha + \cot\beta} \\ y_P &= \frac{y_A\cot\beta + y_B\cot\alpha + x_A - x_B}{\cot\alpha + \cot\beta} \end{aligned}\right\} \tag{5-25}$$

图5-20　前方交会

使用式(5-25)时,注意 A、B、P 三点的次序应逆时针排列。

前方交会的算例见表5-6。

二、侧方交会

如图5-21所示,侧方交会是在一个已知点不便于安置仪器的情况下,分别在一个已知点 A(或 B)和未知点 P 上安置经纬仪测出水平角 α(或 β)和 γ,根据已知点的坐标求算未知点 P 的坐标的方法。

表 5-6　前方交会计算

点名		观测角（° ′ ″）		坐标				略图
				x(m)		y(m)		
A	张村	α_1	40 48 50	x_A	1 653.55	y_A	1 314.70	
B	李村	β_1	67 49 40	x_B	1 357.90	y_B	633.92	
P	塔山			x_P	999.99	y_P	1 000.00	
B	李村	α_2	39 20 34	x_B	1 357.90	y_B	633.92	
C	王村	β_2	66 59 38	x_C	827.38	y_C	692.53	
P	塔山			x_P	1 000.00	y_P	1 000.00	
				中数 x_P	1 000.00	中数 y_P	1 000.00	

计算 P 点坐标时，在 ΔABP 中，已知 A、B 两点坐标及 α（或 β）、γ 角，则由

$$\beta = 180° - (\alpha + \gamma) \text{ 或 } \alpha = 180° - (\beta + \gamma)$$

求 β（或 α），这样就可采用前方交会的计算公式进行计算。

侧方交会测定 P 点时，一般采用检查角（ε）方法进行检查观测成果的正确性，即在 P 点向另一已知点 C 观测检查角 $\varepsilon_{测}$，检查方法如下。

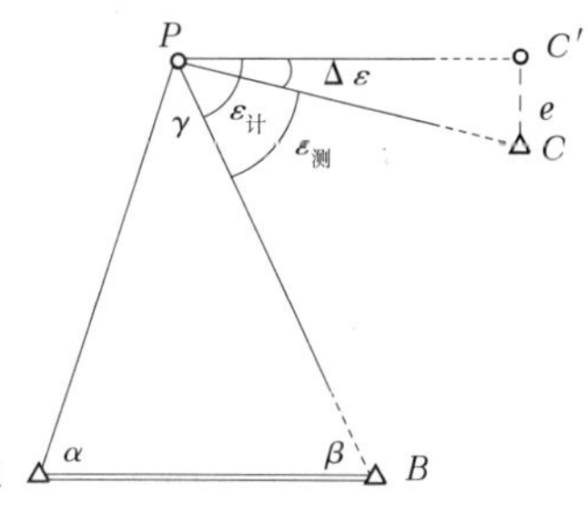

图 5-21　侧方交会

计算出 P 点坐标后，根据 B、C、P 三点的坐标即可反算出 PB、PC 的坐标方位角 α_{PB}、α_{PC} 及边长 D_{PC}，即

$$\alpha_{PB} = \arctan \frac{y_B - y_P}{x_B - x_P}$$

$$\alpha_{PC} = \arctan \frac{y_C - y_P}{x_C - x_P}$$

$$D_{PC} = \sqrt{(x_C - x_P)^2 + (y_C - y_P)^2}$$

则

$$\varepsilon_{计} = \alpha_{PB} - \alpha_{PC}$$

由于误差的存在，使得 ε 的计算值 $\varepsilon_{计}$ 与观测值 $\varepsilon_{测}$ 不相等而产生较差 $\Delta\varepsilon$，即

$$\Delta\varepsilon = \alpha_{PB} - \alpha_{PC} \tag{5-26}$$

$\Delta\varepsilon$ 反映了 P 点的横向位移 e，即

$$e = \frac{D_{PC}\Delta\varepsilon}{\rho} \tag{5-27}$$

一般测量规范中，对于地形控制规定最大的横向位移 e 不大于比例尺精度的两倍，即

$$e \leqslant 2 \times 0.1M$$

故

$$\Delta\varepsilon \leqslant \frac{0.2M}{D_{PC}}\rho \tag{5-28}$$

式中　D_{PC}——边长，mm；

　　　M——比例尺分母。

侧方交会的算例见表 5-7。

表 5-7　侧方交会计算表

点名		起算数据				观测数据	
		x(m)		y(m)			
A	确山	6 244.73		28 117.81		α	47°59′42″
B	玉山	5 551.32		28 413.70		β	(63°33′46″)
C	北山	5 182.27		28 894.74			
P	N_9	计算结果				γ	68°26′32″
		$x(P)$	6 009.66	$y(P)$	28 804.53		
检核计算		α_{PB}	220°27′16″	$\Delta\varepsilon_{测}$	9″		
		α_{PC}	173°46′40″	D_{PC}	832.29 m		
		$\varepsilon_{计}$	46°40′36″	$\Delta\varepsilon_{容}$	496″		
		$\varepsilon_{测}$	46°40′45″	比例尺	1:10 000		

三、后方交会

如图 5-22 所示，后方交会是仅在未知点 P 观测出 α、β 角，根据已知点 A、B、C 的坐标求算未知点 P 的坐标的方法。

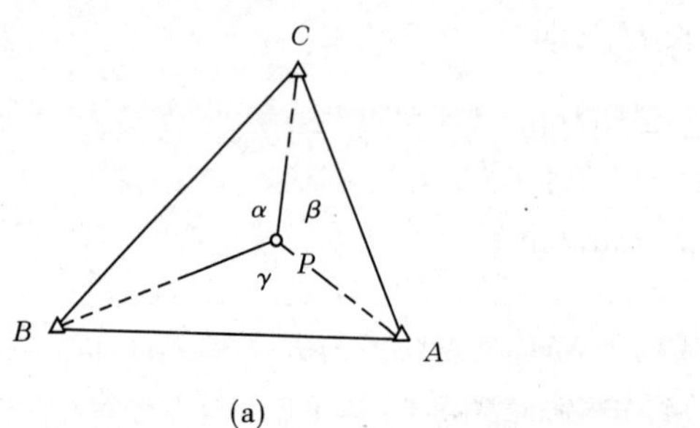

(a)

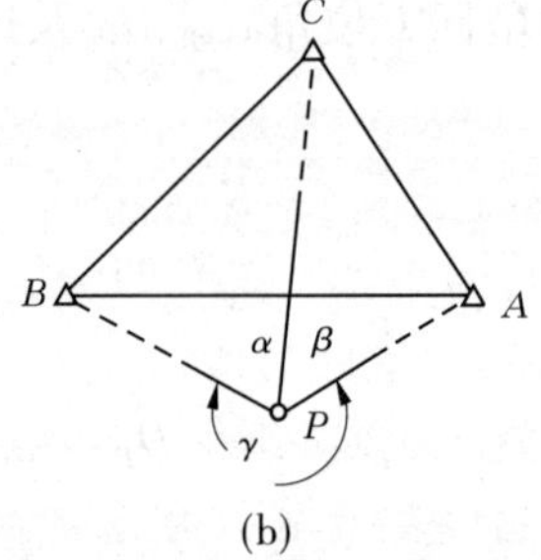

(b)

图 5-22　后方交会

后方交会求算未知点的公式很多，下面仅介绍一种简明易记、计算方便的仿权公式，即

$$\left.\begin{aligned} x_P &= \frac{P_A x_A + P_B x_B + P_C x_C}{P_A + P_B + P_C} \\ y_P &= \frac{P_A y_A + P_B y_B + P_C y_C}{P_A + P_B + P_C} \end{aligned}\right\} \tag{5-29}$$

其中

$$P_A = \frac{1}{\cot\angle A - \cot\alpha}$$

$$P_B = \frac{1}{\cot\angle B - \cot\beta}$$

$$P_C = \frac{1}{\cot\angle C - \cot\gamma}$$

后方交会的算例见表 5-8。

表 5-8　后方交会计算表

点号	坐标		固定角	观测角	
	x(m)	y(m)			
A	2 858.06	6 860.08	7°43′33″	α	118°58′18″
B	4 374.87	6 564.14	159°02′51″	β	204°37′22″
C	5 144.96	6 083.07	13°13′36″	γ	(36°24′20″)
P	4 657.78	6 074.23			
$P_A=0.126\ 186$ $P_B=-0.208\ 618$ $P_C=0.345\ 003$ $P_A+P_B+P_C=0.262\ 571$					

第四节　小区域高程控制测量

一、四等水准测量

小区域的首级控制网和工程施工高程控制测量，一般先布设三等或四等水准网，再用图根水准测量和三角高程测量加密。

四等水准测量与普通水准测量进行的工作大体相同，都需要拟订水准路线、选点、埋石和观测等步骤，所不同的是四等水准测量必须使用双面尺观测，所以记录计算、观测顺序、精度要求不同。三、四等水准观测的主要技术要求见表 5-9，仪器等级采用 DS_3 级水准仪，水准尺不同于普通水准尺，它是双面水准尺，每次观测使用两把尺子，称为一对，每根水准尺一面为红色，另一面为黑色。一对水准尺的黑面尺底刻划均为零，而红面尺一根尺底刻划为 4.687 m，另一根尺底刻划为 4.787 m，这一数值用 K 表示，称为同一水准尺红、黑面常数差。下面以四等水准测量为例，介绍用双面水准尺法在一个测站的观测程序、记录与计算。

（一）观测方法与记录

四等水准测量一般采用双面水准标尺和中丝测高法进行观测，而且每站按后—后—前—前和黑—红—黑—红的顺序进行观测。每站的记录簿格式如表 5-10 所示，括号中数字 1～8号代表观测记录顺序，9～18 号为计算的顺序与记录位置。具体操作步骤如下：

（1）照准后视水准尺黑面，读取下、上、中三丝读数，填入编号（1）、（2）、（3）栏。

（2）将水准尺翻转为红面，后视水准尺红面，读取中丝读数，填入编号（4）栏。

（3）前视水准尺的黑面，读取下、上、中三丝读数，填入（5）、（6）、（7）栏。

（4）将水准尺翻转为红面，前视水准尺红面，读取中丝读数填入（8）栏。

表 5-9　三、四等及普通水准测量技术要求

技术项目	三等	四等	普通水准
1. 仪器	DS_3 水准仪 双面水准尺	DS_3 水准仪 双面水准尺	DS_3 水准仪 双面或单面水准尺
2. 测站观测程序	后—前—前—后	后—后—前—前	后—后—前—前
3. 视线最低高度	三丝能读数	三丝能读数	中丝读数 >0.3 m
4. 最大视线长度	75 m	100 m	150 m
5. 前后视距差	不超过 ±2.0 m	不超过 ±3.0 m	不超过 ±20 m
6. 视距读数法	三丝读数(下 - 上)	直读视距	直读视距
7. K + 黑 - 红	不超过 ±2.0 mm	不超过 ±3.0 mm	不超过 ±4.0 mm
8. 黑红面高差之差	不超过 ±3.0 mm	不超过 ±5.0 mm	不超过 ±6.0 mm
9. 前后视距累积差	不超过 ±5.0 m	不超过 ±10.0 m	不超过 ±100 mm
10. 高差闭合差	不超过 $\pm 12\sqrt{L}$ mm	不超过 $\pm 20\sqrt{L}$ mm	不超过 $\pm 40\sqrt{L}$ mm
11. 其他			

注:L 为水准路线长度。

表 5-10　四等水准测量记录计算表

测站编号	后尺 下丝 / 上丝 后视 视距差 d(m)	前尺 下丝 / 上丝 前视 $\sum d$	方向及尺号	标尺读数 黑面	标尺读数 红面	K + 黑 - 红	高差中数	备注
	(1)	(5)	后	(3)	(4)	(13)		
	(2)	(6)	前	(7)	(8)	(14)		
	(9)	(10)	后 - 前	(15)	(16)	(17)	(18)	
	(11)	(12)						
1	1571	0739	后 K_8	1384	6171	0		
	1197	0363	前 K_7	0551	5239	1		$K_8 = 4787$
	37.4	37.6	后 - 前	+0833	+0932	-1	0.832 5	
	-0.2	-0.2						
2	2121	2196	后 K_7	1934	6621	0		
	1747	1821	前 K_8	2008	6796	-1		$K_7 = 4687$
	37.4	37.5	后 - 前	-0074	-0175	+1	-0.074 5	
	-0.1	-0.3						
3	1914	2055	后 K_8	1726	6513	0		
	1539	1678	前 K_7	1866	6554	-1		
	37.5	37.7	后 - 前	-0140	-0041	+1	-0.140 5	
	-0.2	-0.5						

这样的观测顺序简称为“后—后—前—前”。三等水准测量的顺序为“后—前—前—后”,观测顺序有所改变。

(二)计算与检核

1. 测站上的计算与检核

(1)视距计算。

根据视线水平时的视距原理(下丝 - 上丝)×100 计算前、后视距离。

后视距离(9) =(1) -(2)

前视距离 (10) =(5) -(6)

前后视距差(11) =(9) -(10),前后视距离差不超过 3 m。

前后视距累计差 (12) = 上一个测站(12) + 本测站(11),前后视距累计差不超过 10 m。

(2)同一水准尺黑、红面读数差计算($K_7 = 4687$、$K_8 = 4787$)。

$$(13) = (3) + K - (4)$$

$$(14) = (7) + K - (8)$$

同一水准尺黑、红面读数差不超过 3 mm。

(3)高差计算与检核。

黑面尺读数之高差　　(15) =(3) -(7)

红面尺读数之高差　　(16) =(4) -(8)

黑、红面所得高差之差检核计算

$$(17) = (15) - (16) \pm 0.100 = (13) - (14)$$

式中, ±0.100 为两水准尺常数 K 之差。

黑、红面所得高差之差不超过 5 mm。

(4)计算平均高差。

$$(18) = \frac{1}{2}[(15) + (16) \pm 0.100]$$

2. 每页的计算和检核

(1)总视距计算与检核。

本页末站(12) = $\sum(9) - \sum(10)$

本页总视距 = $\sum(9) + \sum(10)$

(2)总高差的计算和检核。

当测站数为偶数时

$$\text{总高差} = \sum(18) = \frac{1}{2}[\sum(15) + \sum(16)]$$

$$= \frac{1}{2}\{\sum[(3) + (4)] - \sum[(7) + (8)]\}$$

当测站为奇数时

$$\text{总高差} = \sum(18) = \frac{1}{2}[\sum(15) + \sum(16) \pm 0.100]$$

二、三角高程测量

在山区或丘陵地区,由于地面高差较大,水准测量比较困难,可以采用三角高程测量的方法测定地面点的高程，这种方法速度快、效率高，特别适用于地形起伏大的山区。但是，三角高程测量的精度较水准测量的精度低，一般用于较低等级的高程控制中。

（一）三角高程测量的原理

三角高程测量是根据地面上两点间的水平距离和观测的竖直角来计算两点间的高差，然后根据其中已知点的高程推算未知点的高程。

如图 5-23 所示，已知 A 点高程为 H_A，欲求算 B 点的高程，必先测定 A、B 两点间的高差 h_{AB}。在 A 点安置仪器，量取仪器高 i，在 B 点立觇标，量取其高度 l，用望远镜的十字丝交点瞄准觇标顶端，测出竖角 α。

若用经纬仪量出 A、B 两点间的水平距离为 D_{AB}，则可求得 A、B 两点间的高差 h_{AB}，此为经纬仪三角高程测量，即

$$h_{AB} = D_{AB}\tan\alpha + i - l \tag{5-30}$$

图 5-23　三角高程测量

如果用电磁波测距仪测定两点间的斜距为 D'_{AB}，则也可求得 A、B 两点间的高差 h_{AB}，此为电磁波测距三角高程测量，即

$$h_{AB} = D'_{AB}\sin\alpha + i - l \tag{5-31}$$

则由公式 $H_B = H_A + h_{AB}$ 可求得 B 的高程 H_B。

三角高程测量一般采取对向（往返）观测（又称直反觇观测），即先在已知高程点 A 安置仪器，在未知高程点 B 立觇杆，测得高差 h_{AB}，称为直觇，然后在未知高程点 B 安置仪器，在已知高程点 A 立觇标，测得高差 h_{BA}，称为反觇。若直觇高差和反觇高差的较差不超过容许值，则取两者的平均值作为最后结果。

（二）三角高程测量外业和内业工作

1. 三角高程测量的外业工作

（1）安置仪器于测站上，量取仪器高 i，读至 mm。

（2）立觇标于测点上，量出觇标高 l，读至 mm。

（3）经纬仪观测竖角 α，进行一个测回，较差在 25″内取平均值作为最后结果。

（4）采用对向观测，方法同上。若使用测距仪，测出斜距 D'。

2. 三角高程测量内业工作

三角高程测量内业工作的目的是计算出未知点的高程。计算前，首先整理、检查外业观测数据，确认合格后方可进行计算。

1）高差的计算

根据公式计算直觇、反觇的高差，然后计算两者较差，若不超出容许值，则取平均值，符号同直觇高差符号，见表 5-11。

2）高程的计算

首先计算高差闭合差

$$f_h = \sum h - (H_{终} - H_{始})$$

若 $|f_h| \leq |f_{h容}|$，说明精度达到要求，可按距离成正比例进行高差闭合差的调整，求得改正后高差，就可根据已知的起点高程逐点推算未知点的高程。

表 5-11　三角高程测量高差计算表

已知点	A	
未知点	B	
觇法	直	反
水平距离 D_{AB}(m)	488.01	488.01
竖直角 α	+6°52′07″	−6°34′38″
$D_{AB}\tan\alpha$	+58.78	−56.27
仪器高(m)	1.49	1.50
觇标高(m)	3.00	2.50
两标改正(m)	0.02	0.02
高差(m)	+57.29	−57.25
平均高差(m)	+57.27	

习　题

1. 名词解释

控制测量、经纬仪导线测量、图根点、闭合导线、附合导线、导线全长相对闭合差。

2. 简答题

(1)图根控制测量中，导线布设的形式有哪几种？各在什么情况下使用？

(2)经纬仪导线测量外业工作有哪几项？

3. 计算题

(1)如图 5-24 所示的闭合导线，已知 1—2 边的坐标方位角 $\alpha_{12已知}=43°54'31''$，1 点的坐标为 $x_1=1\,000.00$ m，$y_1=1\,000.00$ m，转折角观测值和边长在图中标出，计算闭合导线各点

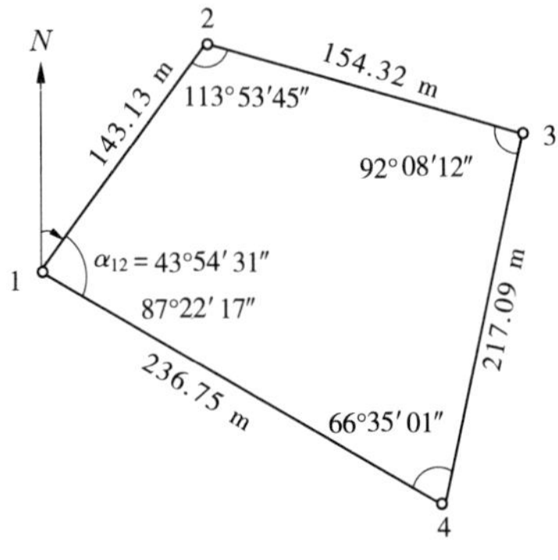

图 5-24

的坐标。

(2)如图 5-25 所示的附合导线,已知起始边、终边的坐标方位角 $\alpha_{AB}=41°29'20''$,$\alpha_{CD}=215°36'45''$,B、C 两点的坐标分别为 $x_B=513.26$ m,$y_B=258.17$ m,$x_C=510.99$ m,$y_C=923.28$ m。转折角观测值和边长在图中标出,计算附合导线 1、2、3 点的坐标。

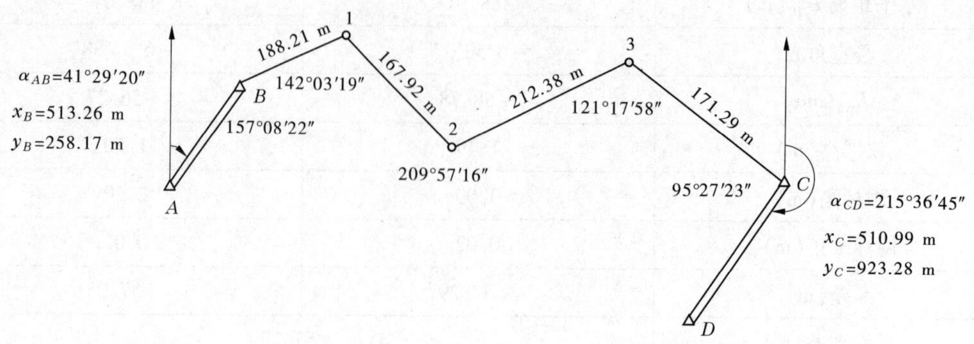

图 5-25

(3)采用三角高程测量的方法,从 A 点观测 B 点,测得竖角 $\alpha=+14°06'30''$,A 站仪器高 $i=1.31$ m,B 点目标高 $v=3.80$ m;从 B 点观测 A 点,测得 $\alpha=-13°19'00''$,B 站仪器高 $i=1.47$ m,A 点目标高 $v=4.03$ m,已知 AB 的水平距离 $D=341.23$ m。求 A、B 两点的平均高差。

第六章　地形图的基本知识

学习目标

熟记平面图、地形图的概念，重点掌握比例尺及其精度的概念和应用，了解地形图式，掌握地形图图廓内外注记，理解地形图分幅和编号的方法。

地面上有各种各样的天然的或人工的固定物体，通常我们称为地物，如房屋、农田、道路等。地表面的高低起伏形态，如高山、丘陵、盆地等称为地貌。地物和地貌总称为地形。通过野外实地测绘，可将地面上的各种地物、地貌按铅垂方向投影到同一水平面上，再按一定的比例缩小绘制成图。在图上仅表示地物平面位置的图，称为平面图；既表示地物的平面位置，又表示地貌的起伏形态的图，称为地形图。

为了测绘、管理和使用的方便，地形图必须按照国家统一规定的图幅、编号、图式，并按一定的比例尺进行绘制。本章主要介绍地形图的基本知识。

第一节　地形图的比例尺

一、比例尺

地形图上一段直线的长度与地面上相应线段的实际水平长度之比，称为地形图的比例尺。比例尺有数字比例尺、图示比例尺两类。

（一）数字比例尺

数字比例尺用分子为 1 的分数表达，分母为整数。设图中某一线段长度为 d，相应实地的水平长度为 D，则图的比例尺为

$$\frac{d}{D}=\frac{1}{\frac{D}{d}}=\frac{1}{M}=1:M \tag{6-1}$$

比例尺分母 M 值愈大，比值愈小，比例尺就愈小。

通常称 1∶100 万、1∶50 万和 1∶25 万比例尺为小比例尺；1∶10 万、1∶5万、1∶2.5 万、1∶1万比例尺为中比例尺；1∶5 000、1∶2 000、1∶1 000 和 1∶500 比例尺为大比例尺。1∶100 万、1∶50 万、1∶25 万、1∶10 万、1∶5万、1∶2.5 万、1∶1万 7 种比例尺的地形图为国家基本比例尺地形图。大比例尺地形图通常是直接为满足各种工程设计、施工而测绘的。不同比例尺的地形图一般有不同的用途。如 1∶1万和 1∶5 000 地形图为基本比例尺地形图，是国民经济建设部门进行总体规划、设计的一项重要依据，也是编制其他更小比例尺地形图的基础。1∶2 000 比例尺地形图常用于城市详细规划及工程项目初步设计。1∶1 000 和 1∶500 比例尺地形图主要供各种工程建设的技术设计、施工设计和工业企业的详细规划等使用。如图 6-1 所示是 1∶500 某城区居民地地形图，图 6-2 是 1∶5 000 比例尺地形图的一部分。

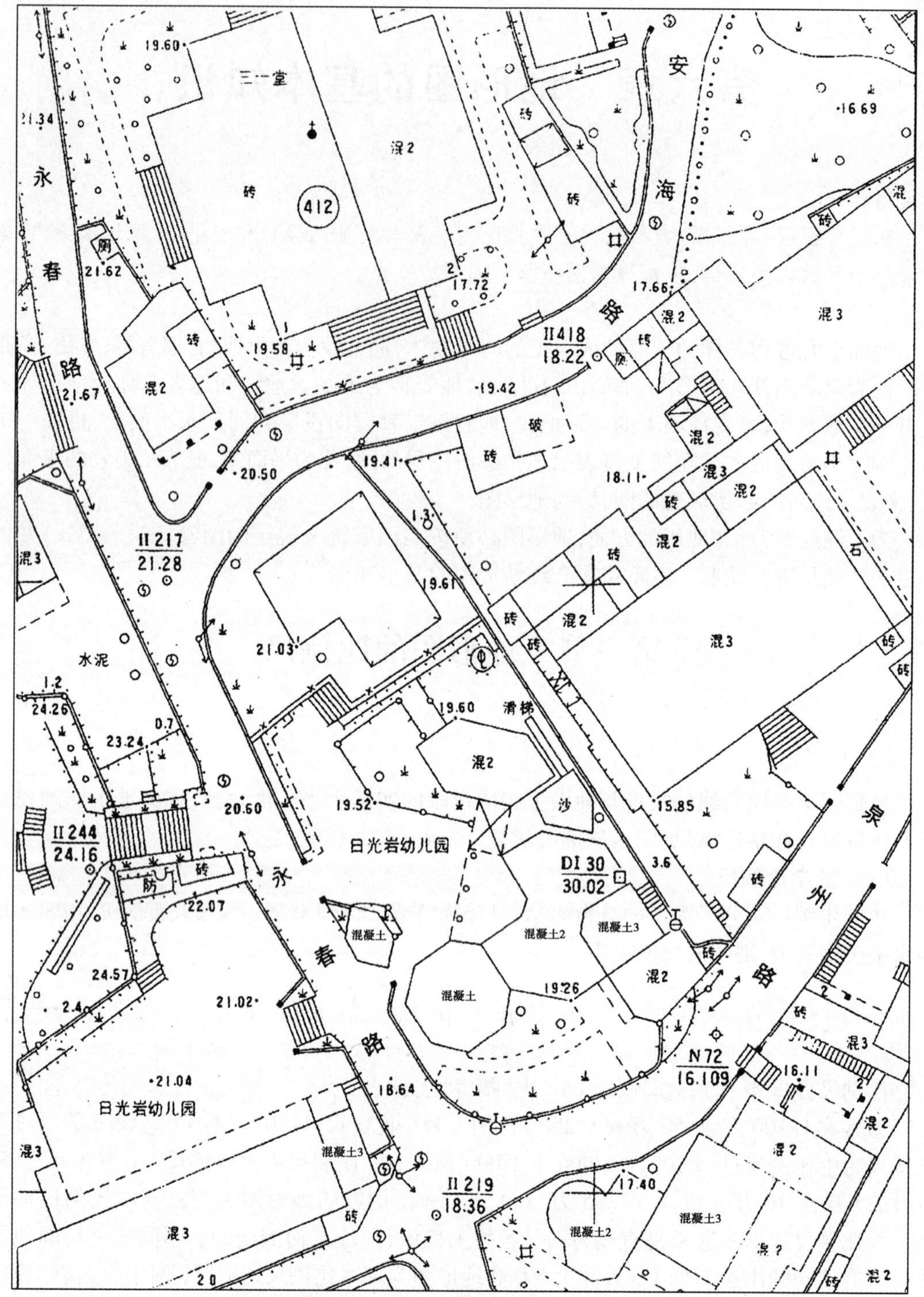

图 6-1　1∶500 城区居民地地形图

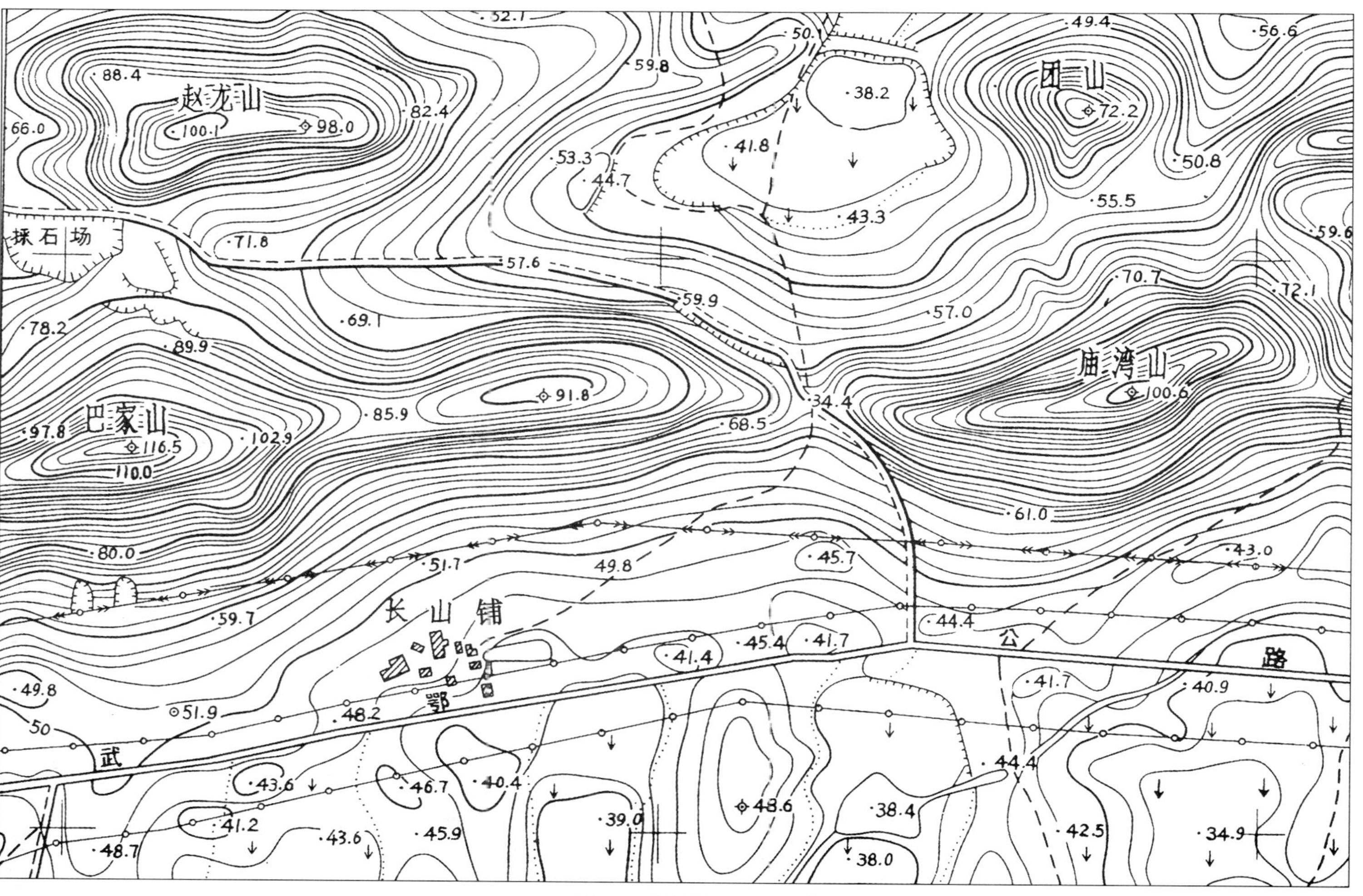

图6-2　某地区1：5 000地形图

(二)图示比例尺

为了便于应用,以及减小由于图纸伸缩而引起的使用中的误差,通常在地形图上绘制图示比例尺。图6-3为1∶1 000的图示比例尺,以2 cm为基本单位,最左端的一个基本单位分成10等份。从图示比例尺上可直接读得基本单位1/10,估读到1/100。

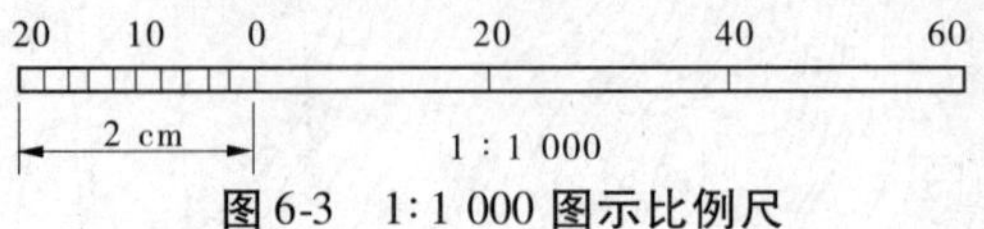

图6-3 1∶1 000图示比例尺

二、比例尺精度

人们用肉眼在图上能分辨的最小距离一般为0.1 mm,因此在图上量度或者实地测图描绘时,就只能达到图上0.1 mm的精确性。所以,我们把图上0.1 mm所表示的实地水平长度称为比例尺精度。各种比例尺的比例尺精度可表达为

$$\delta = 0.1\ \text{mm} \times M \tag{6-2}$$

式中 δ——比例尺精度;

M——比例尺分母。

比例尺越大,其比例尺精度也越高。工程上常用的几种大比例尺地形图的比例尺精度如表6-1所示。

表6-1 比例尺精度

比例尺	1∶500	1∶1 000	1∶2 000	1∶5 000
比例尺精度(m)	0.05	0.1	0.2	0.5

比例尺精度的概念对测图和设计都有重要的意义。根据比例尺的精度,可以确定在测图时量距应准确到什么程度。例如测1∶1 000图时,实地量距只需取到10 cm,因为即使量得再精细,在图上也无法表示出来。同时,若设计规定需在地图上能量出的实地最短长度,就可以根据比例尺精度定出测图比例尺。如一项工程设计用图,要求图上能反映0.2 m的精度,则所选图的比例尺就不能小于1∶2 000。图的比例尺越大,其表示的地物、地貌就越详细,精度也越高。但比例尺愈大,测图所耗费的人力、财力和时间也愈多。因此,在各类工程中,究竟选用何种比例尺测图,应从实际情况出发,合理选择,而不要盲目追求大比例尺的地形图。

第二节 地形图的图式

地物的种类繁多,形态复杂,一般可分为两类,一类是自然地物,如河流、湖泊等;另一类为人工地物,如房屋、道路、管线等。地物的类别、大小、形状及其在图上的位置,都是按规定的地物符号和要求表示的。国家测绘总局颁发的地形图图式统一规定了地形图的规格要求、地物、地貌符号和注记,供测图和识图时使用。

一、地物符号

表6-2是《1∶500 1∶1 000 1∶2 000地形图图式》(GB/T 7929—1995)所规定的部分地

物符号，根据地物的大小和描绘的方法可分为 4 种类型。

(一)比例符号

地物的轮廓较大，能按比例尺将地物的形状、大小和位置缩小绘在图上以表达轮廓性的符号。这类符号一般是用实线或点线表示其外围轮廓，如房屋、湖泊、森林、农田等。如表 6-2中的 1 ~ 12 号。

表 6-2　地形图图式(摘录)

编号	符号名称	图例	编号	符号名称	图例
1	一般房屋 混—房屋 结构 3—房屋层数	混3　1.6	10	菜地	2.0　2.0　10.0　10.0
2	简单房屋		11	旱地	1.0　2.0　10.0　10.0
3	窑洞 1. 依比例尺的 2. 不依比例尺的 3. 房屋式窑洞	1　2　2.6　2.0　3	12	灌木林	0.6　1.0
4	台阶	0.6　1.0　1.0	13	高压线	4.0
			14	低压线	4.0
5	花圃	1.6　1.6　10.0　10.0	15	电杆	1.0
6	天然草地	2.0　1.0　10.0　10.0	16	电线架	
			17	依比例尺的	10.0
7	果园	1.6　3　10.0　10.0	18	不依比例尺的	
8	水生经济作物地	10.0　3.0　藕　10　2.0	19	栅栏、栏杆	1.0　10.0
9	稻田	0.2　3.0　10.0　10.0	20	篱笆	10.0　1.0

续表 6-2

编号	符号名称	图例	编号	符号名称	图例
21	活树篱笆	3.5 0.5 10.0 1.0 0.8	31	水塔	2.0 3.0 1.0 1.2
22	沟渠 1. 有堤岸的 2. 一般的 3. 有沟堑的	1 2 0.3 3	32	烟囱	3.5 1.0
			33	气象站(台)	3.0 4.0 1.2
23	公路	0.3 沥 砾 0.3	34	消火栓	1.5 1.5 2.0
24	简易公路	8.0 2.0	35	阀门	1.5 1.5 2.0
25	大车路	0.15 碎石 0.3	36	水龙头	3.5 2.0 1.2
26	小路	4.0 1.0 0.3	37	钻孔	3.0 1.0
27	三角点 凤凰山—点名 394.468—高程	凤凰山 394.468 3.0	38	路灯	1.5 1.0
28	图根点 1. 埋石的 2. 不埋石的	1 2.0 N16/84.46 2 1.5 25/62.74 1.5	39	独立树 1. 阔叶 2. 针叶	1.5 1 3.0 0.7 2 3.0 0.7
29	水准点	2.0 Ⅱ京石5/32.804	40	岗亭、岗楼	90° 3.0 1.5
30	旗杆	1.5 4.0 1.0 1.0	41	等高线 1. 首曲线 2. 计曲线 3. 间曲线	0.15 87 1 0.3 85 2 0.15 6.0 3 1.0

（二）非比例符号

一些具有特殊意义的地物，轮廓较小，不能按比例尺缩小绘在图上时，就采用统一尺寸，用规定的符号来表示，如三角点、水准点、烟囱、消火栓等。这类符号在图上只能表示地物的中心位置，不能表示其形状和大小。如表 6-2 中的 27 ~ 40 号。

（三）半比例符号

一些呈线状延伸的地物，其长度能按比例缩绘，而宽度不能按比例缩绘，需用一定的符号表示的称为半比例符号，也称为线状符号，如铁路、公路、围墙、通信线等。半比例符号只能表示地物的位置（符号的中心线）和长度，不能表示宽度。如表 6-2 中 26 号及 13 ~ 21 号。

（四）地物注记

地形图上对一些地物的性质、名称等加以注记和说明的文字、数字或特定的符号，称为地物注记，例如房屋的层数，河流的名称、流向、深度，工厂、村庄的名称，控制点的点号、高程，地面的植被种类等。

比例符号与半比例符号的使用界限并不是绝对的。如公路、铁路等地物，在 1∶500 ~ 1∶2 000比例尺地形图上是用比例符号绘出的，但在 1∶5 000 比例尺以上的地形图上是按半比例符号绘出的。比例符号与非比例符号之间也是同样的情况。一般来说，测图比例尺越大，用比例符号描绘的地物越多，比例尺越小，用非比例符号表示的地物越多。

二、地貌符号

地貌形态多种多样，可按其起伏的变化程度分为平地、丘陵地、山地、高山地，见表 6-3。

表 6-3　地貌分类

地貌形态	地面坡度	地貌形态	地面坡度
平地	2°以下	山地	6° ~ 25°
丘陵地	2° ~ 6°	高山地	25°以上

图上表示地貌的方法有多种，对于大、中比例尺主要采用等高线法，对于特殊地貌则采用特殊符号表示。

（一）等高线的定义

等高线是地面上高程相等的相邻点连成的闭合曲线。如图 6-4 所示，设想有一座高出平静水面的小山头，山顶被水淹没时的水面高程为 100 m，山头与水面相交形成的水涯线为一闭合曲线，曲线的形状随山头与水面相交的位置而定，曲线上各点的高程相等。例如，当水面高为 95 m 时，曲线上任一点的高程均为 95 m；若水位继续降低至 90 m、85 m，则水涯线的高程分别为 90 m、85 m。将这些水涯线垂直投影到水平面 H 上，并按一定的比例尺缩绘在图纸上，就将山头用等高线表示在地形图上。这些等高线的形状和高程，客观地显示了山头的空间形态。

（二）等高距与等高线平距

相邻两高程不同的等高线之间的高差称为等高距，常用 h 表示。如图 6-4 中的等高距是 5 m。在同一幅地形图上，等高距是相同的。

相邻两高程不同的等高线之间的水平距离称为等高线平距，常用 d 表示。等高线平距

d 的大小与地面坡度有关。等高线平距越小，地面坡度越大；平距越大，坡度越小；坡度相等，平距相等。因此，可根据地形图上等高线的疏、密判定地面坡度的缓、陡，如图 6-5 所示。

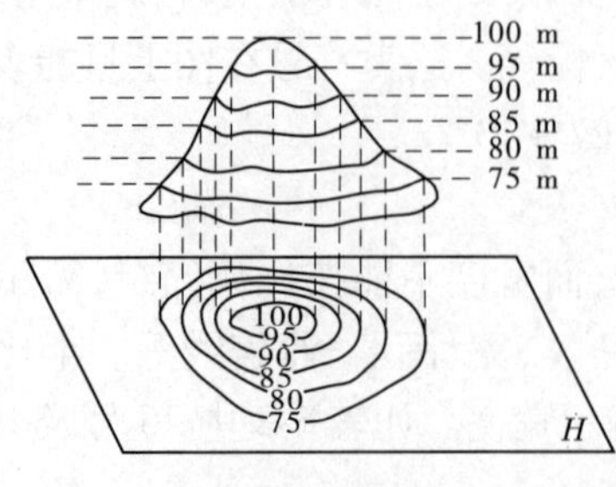

图 6-4　用等高线表示地貌的方法

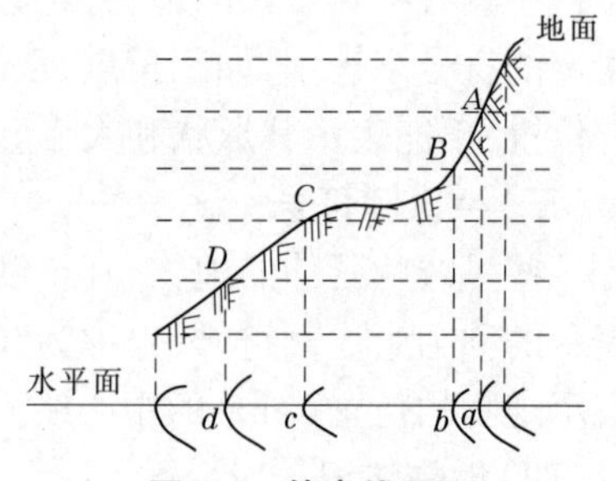

图 6-5　等高线平距

等高距选择过小，会成倍地增加测绘工作量。对于山区，有时会因等高线过密而影响地形图的清晰。等高距的选择应该根据地形类型和比例尺大小，并按照相应的规范执行。表 6-4是大比例尺地形图的基本等高距参考值。

表 6-4　大比例尺地形图的基本等高距参考值　（单位：m）

地貌类别	比例尺			
	1∶500	1∶1 000	1∶2 000	1∶5 000
平地	0.5	0.5	1	2
丘陵地	0.5	1	2	5
山地	1	1	2	5
高山地	1	2	2	5

（三）等高线的分类

等高线可分为首曲线、计曲线、间曲线和助曲线。首曲线也称为基本等高线，是指从高程基准面起算，按规定的基本等高距描绘的等高线，用宽度为 0.1 mm 的细实线表示，如图 6-6（a）中的 102 m、104 m、106 m、108 m 等各条等高线，图 6-6（b）中的 42 m、44 m、46 m、48 m 等高线。

计曲线是指从高程基准面起算，每隔四条基本等高线有一条加粗的等高线。为了读图方便，计曲线上也注出高程。如图 6-6（a）中的 100 m 等高线，图 6-6（b）中的 30 m、40 m、50 m 等高线。

间曲线是当基本等高线不足以显示局部地貌特征时，按 1/2 基本等高距加绘的等高线，用长虚线表示，如图 6-6（a）中的 101 m、107 m 等高线。按 1/4 基本等高距加绘的等高线，称为助曲线，用短虚线表示，如图 6-6（a）中的 107.5 m 等高线。间曲线和助曲线描绘时可以不闭合。

（四）典型地貌的等高线

地貌的形态虽然纷繁复杂，但通过仔细研究和分析就会发现它们是由几种典型的地貌综合而成的。了解和熟悉典型地貌的等高线特性，对于提高我们识读、应用和测绘地形图的能力很有帮助。

（1）山头和洼地。山头的等高线特征如图 6-7 所示，洼地的等高线特征如图 6-8 所示。

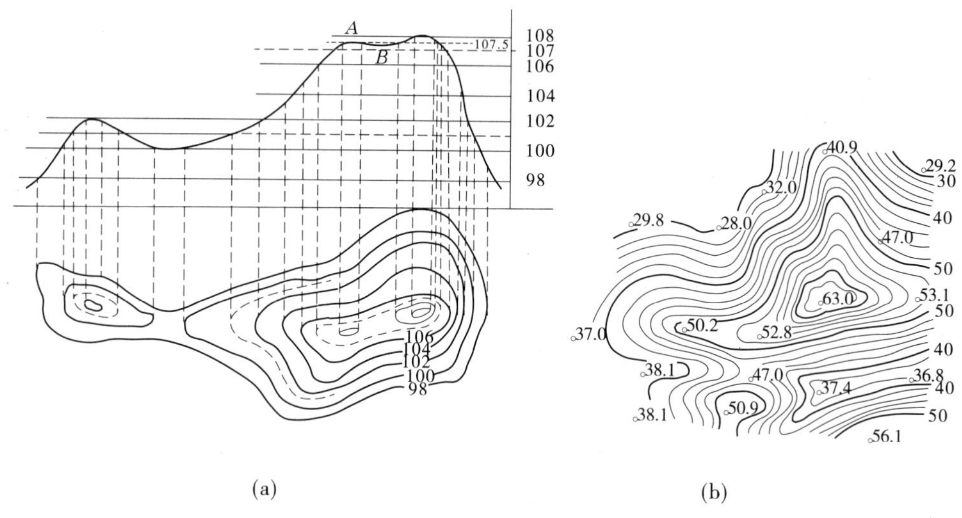

图 6-6　等高线的分类

山头和洼地的等高线都是一组闭合曲线，但它们的高程注记不同。内圈等高线的高程注记大于外圈者为山头，小于外圈者为洼地。也可以用示坡线表示山头或洼地。示坡线是垂直于等高线的短线，用以指示坡度下降的方向，如图 6-7、图 6-8 所示。

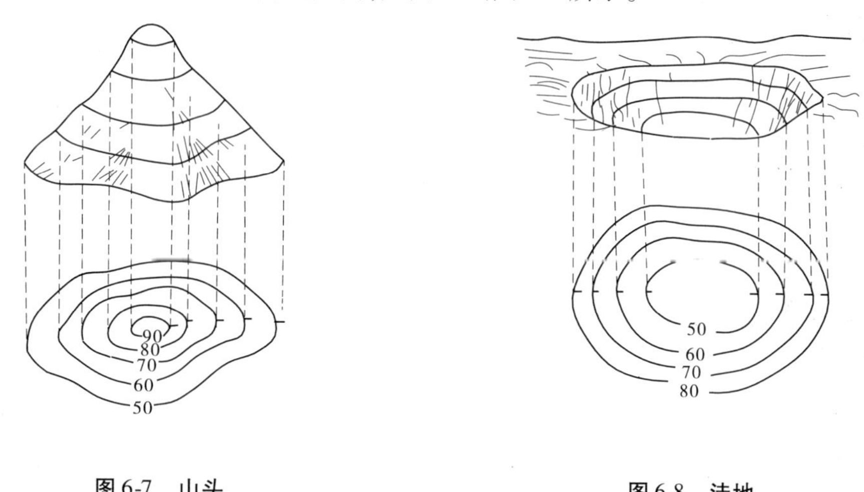

图 6-7　山头

图 6-8　洼地

(2)山脊和山谷。山的最高部分为山顶，从山顶向某个方向延伸的高地称为山脊。山脊的最高点连线称为山脊线。山脊等高线的特征表现为一组凸向低处的曲线，如图 6-9 所示。

相邻山脊之间的凹部称为山谷，它是沿着某个方向延伸的洼地。山谷中最低点的连线称为山谷线。如图 6-10 所示，山谷等高线的特征表现为一组凸向高处的曲线。因山脊上的雨水会以山脊线为分界线而流出山脊的两侧，所以山脊线又称为分水线。在山谷中的雨水由两侧山坡汇集到谷底，然后沿山谷线流出，所以山谷线又称为集水线。山脊线和山谷线合称为地性线。

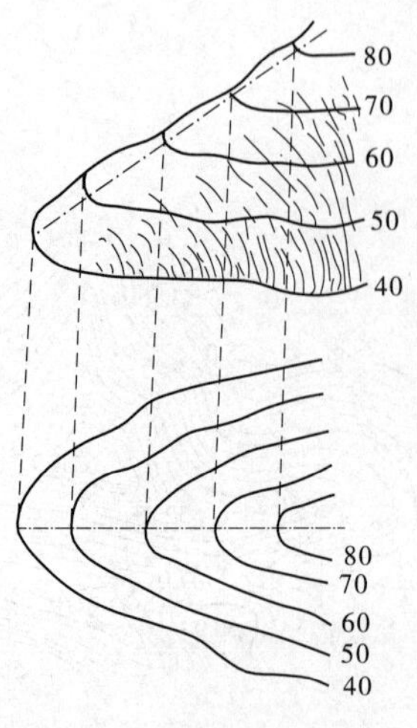

图 6-9　山脊等高线

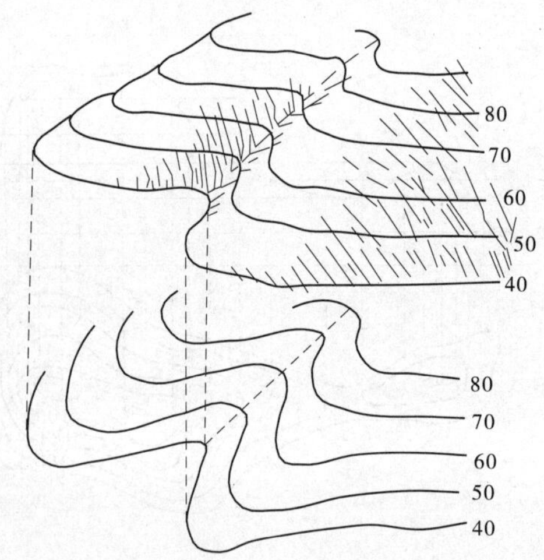

图 6-10　山谷等高线

(3)鞍部。鞍部是相邻两山头之间呈马鞍形的低洼部位(见图 6-11 中的 S)。鞍部等高线的特征是对称的两组山脊线和两组山谷线,即在一圈大的闭合曲线内,套有两组小的闭合曲线。

(4)陡崖和悬崖。陡崖是坡度在 70°以上或为 90°的陡峭崖壁,因用等高线表示将非常密集或重合为一条线,故采用陡崖符号来表示,如图 6-12(a)、(b)所示。

悬崖是上部突出、下部凹进的陡崖。上部的等高线投影到水平面时,与下部的等高线相交,下部凹进的等高线用虚线表示,如图 6-12(c)所示。

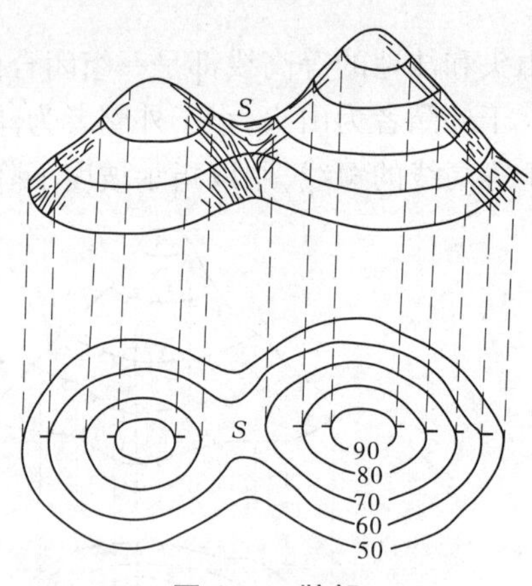

图 6-11　鞍部

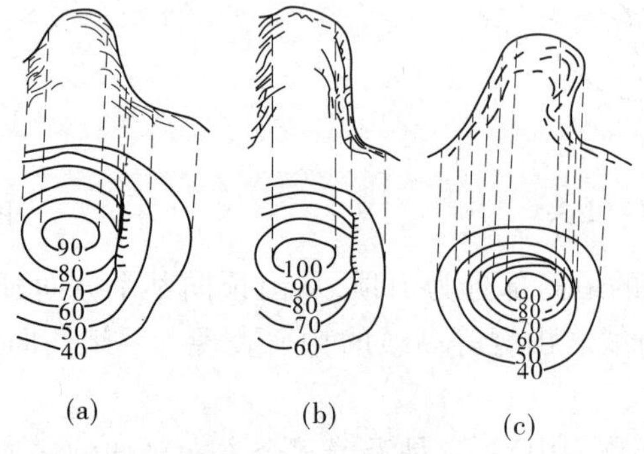

图 6-12　陡崖和悬崖

认识了典型地貌的等高线特征以后,进而就能够认识地形图上用等高线表示的各种复杂地貌。图 6-13 为某一地区综合地貌。

(五)等高线的特性

(1)同一条等高线上各点的高程相等。

(2)等高线是闭合曲线,不能中断,如果不在同一幅图内闭合,则必定在相邻的其他图

图 6-13　综合地貌等高线

幅内闭合。

(3)等高线只有在峭壁或悬崖处才会重合或相交。

(4)同一幅地形图上等高距相等。等高线平距小,表示坡度陡;平距大,则坡度缓;平距相等,则坡度相同。

(5)等高线与山脊线、山谷线正交。

第三节　地形图图外注记

为了图纸管理和使用的方便,在地形图的图框外有许多注记,如图号、图名、接图表、图廓、坐标格网、三北方向线和坡度尺等。

一、图名和图号

图名就是本幅图的名称,常用本图幅内最著名的地名、最大的村庄或厂矿企业的名称来命名。图号即图的编号。图名和图号标在北图廓上方的中央,如图 6-14 所示。

二、接图表

接图表说明本图幅与相邻图幅的关系,供索取相邻图幅时使用。通常是中间一格画有斜线的代表本图幅,四邻分别注明相应的图号或图名,并绘注在北图廓的左上方,如图 6-14 所示。

三、图廓和坐标格网线

图廓是图幅四周的范围线。矩形图幅有内图廓和外图廓之分。内图廓是地形图分幅时的坐标格网线,也是图幅的边界线。外图廓是距内图廓以外一定距离绘制的加粗平行线,仅起装饰作用。在内图廓外四角处注有坐标值,并在内图廓线内侧,每隔 10 cm 绘有 5 mm 的短线,表示坐标格网线的位置。在图幅内每隔 10 cm 绘有坐标格网交叉点,如图 6-14 所示。

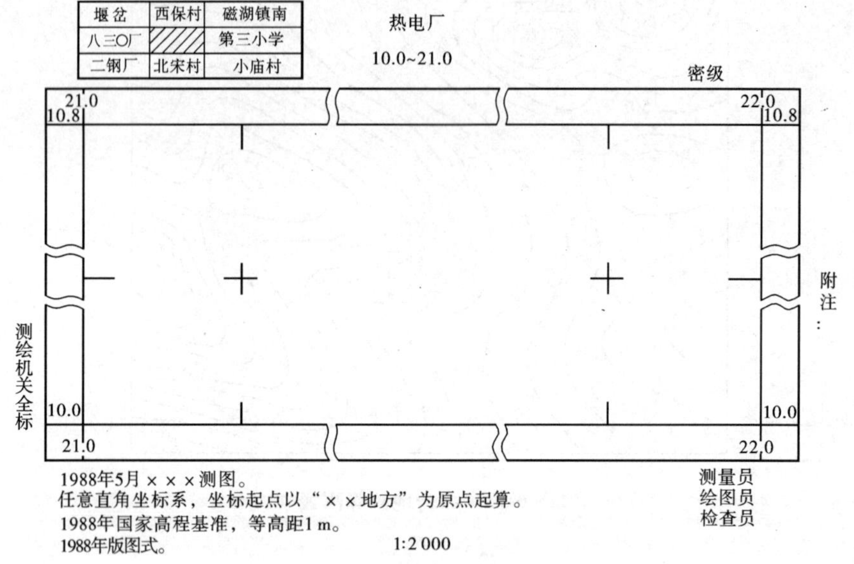

图 6-14　地形图图外注记

梯形图幅的图廓有三层:内图廓、分图廓和外图廓。内图廓是经纬线,也是该图幅的边界线。如图 6-15 中西图廓是东经 128°45′,南图廓是北纬 39°50′。内、外图廓之间的黑白相间的线条是分图廓,每段黑线或白线的长度表示实地经差或纬差为 1′。分图廓与内图廓之间,注记了以千米为单位的平面直角坐标值,如图 6-15 中的 5 189 表示纵坐标为 5 189 km (从赤道算起)。其余 90、91 等,其坐标的千百位的数都是 51,故省略。横坐标为 22 482,22 为该图幅所在投影带的带号,482 表示该纵线的横千米数。外图廓以外还有图示比例尺、三北方向、坡度尺等,是为了便于在地形图上进行量算而设置的各种图解,称为量图图解。

四、三北方向线及坡度尺

在许多中、小比例尺的南图廓线的右下方,还绘有真子午线、磁子午线和坐标纵轴(中央子午线)三者之间的角度关系,常称为三北方向线,如图 6-16(a)所示。该图中,磁偏角为 9°50′(西偏),子午线收敛角为 0°05′(西偏)。利用该关系图,可对图上任一方向的真方位角、磁方位角和坐标方位角三者间作相互换算。

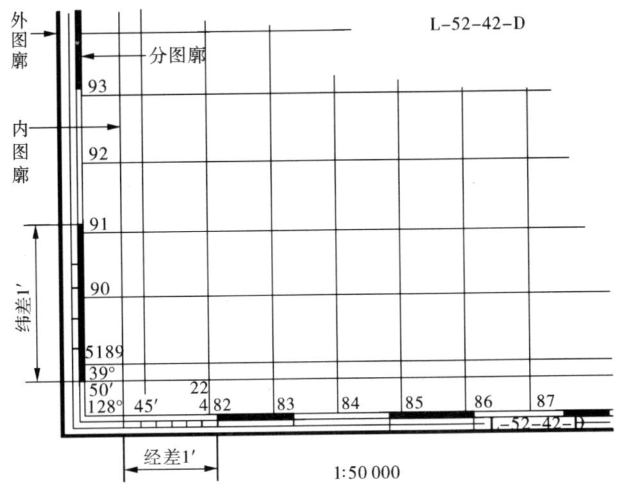

图 6-15　梯形图幅图廓

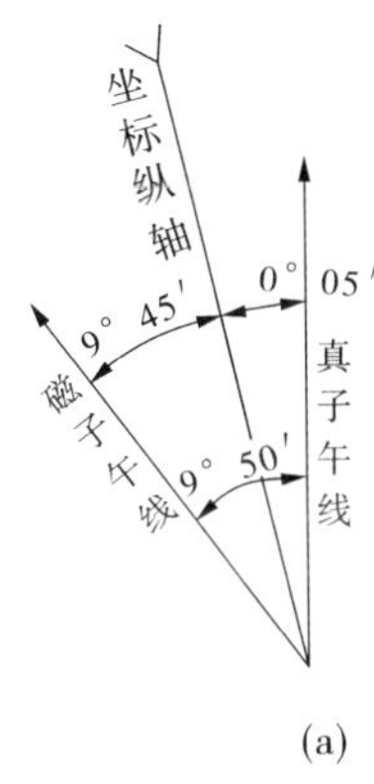

(a)

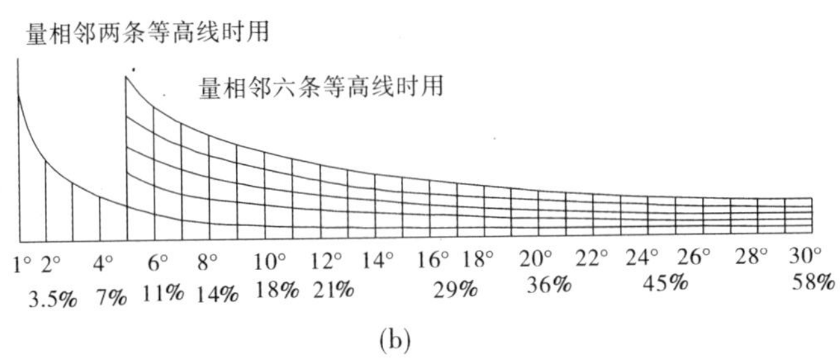

(b)

图 6-16　三北方向线及坡度尺

在中比例尺地形图的南图廓左下方还常绘有坡度比例尺，如图 6-16(b)所示。它是一种量测坡度的图示尺，按以下原理制成：坡度 $i = \tan\alpha = \frac{h}{d \times M}$，$d$ 为图上等高线的平距，h 为等高距，M 为比例尺分母，在用分规卡出图上相邻等高线的平距后，可在坡度比例尺上读出相应的地面坡度数值。坡度尺的水平底线下边注有两行数字，上行是用坡度角表示的坡度，下行是对应的倾斜百分率表示的坡度。

五、投影方式、坐标系统、高程系统

地形图测绘完成后,都要在图上标注本图的投影方式、坐标系统和高程系统,以备日后使用时参考。

坐标系统指该图幅是采用哪种坐标系完成的,如 1980 年国家大地坐标系、城市坐标系、独立直角坐标系等。

高程系统指本图所采用的高程基准,如 1985 年国家高程基准或假定高程基准。

第四节　地形图的分幅和编号

在园林绿化的规划与设计中,应尽可能地利用原有的控制点坐标、高程以及各种比例尺的地形图等测绘资料。为了掌握地形图的工程应用,必须了解各种比例尺地形图的分幅与编号方法。1993 年以前,国家基本地图采用旧分幅编号方法;1992 年 12 月,我国颁布了《国家基本比例尺地形图分幅和编号》(GB/T 13989—92)新标准。

地形图的分幅方法有两种:一种是按经纬线分幅的梯形分幅法,它一般用于 1:5 000 ~ 1:100万的中、小比例尺地形图的分幅;另一种是按坐标格网分幅的矩形分幅法,它一般用于城市和工程建设 1:500 ~ 1:2 000 的大比例尺地形图的分幅。

地形图的梯形分幅又称为国际分幅,由国际统一规定的经线为图的东西边界,统一规定的纬线为图的南北边界。由于子午线向南、北两极收敛,因此整个图幅呈梯形。

一、旧的梯形分幅与编号

(一)1:100 万比例尺地形图的分幅和编号

1:100 万比例尺地形图的分幅是从赤道(纬度 0°)起,分别向南、北两极,每个纬差 4°为一横行,依次以字母 A,B,C,D,…,V 表示;由经度 180°起,自西向东每隔经差 6°为一纵列,依次用数字1,2,3,…,60表示。图6-17所示为东半球北纬1:100万地图的国际分幅和编

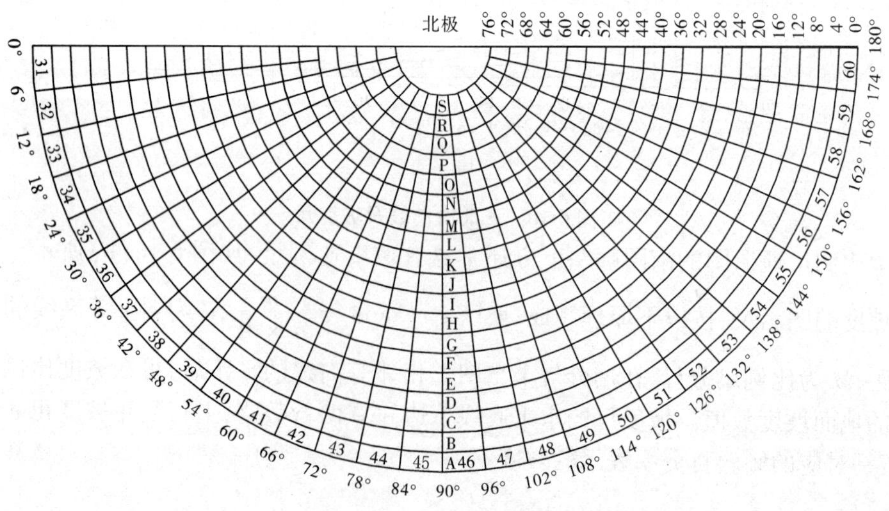

图 6-17　东半球北纬 1:100 万地图的国际分幅和编号

号,图 6-18 所示为我国领土的 1∶100 万地图的分幅和编号,每幅图的编号,先写出横行的代号,中间绘一横线相隔,后面写出纵列的代号。如北京某处的地理位置为北纬 39°56′23″,东经 116°22′53″,则所在 1∶100 万比例尺图幅号是 J－50;广东某处的地理位置为北纬 22°36′10″,东经 113°04′45″,其所在 1∶100 万比例尺图的图幅号是 F－49。

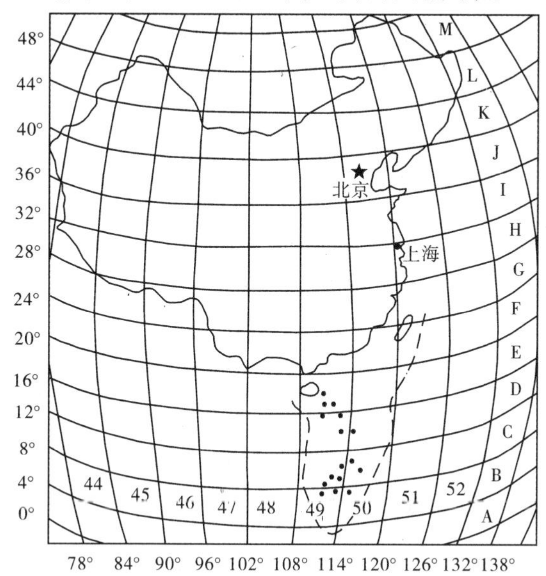

图 6-18　我国领土的 1∶100 万地图的分幅和编号

(二)1∶50 万、1∶25 万、1∶10 万比例尺地图的分幅和编号

这三种比例尺地图的分幅和编号,都是在 1∶100 万比例尺地图分幅和编号的基础上,按表 6-5 中的相应纬差和经差划分。每幅 1∶100 万的图,按经差 3°、纬差 2°可划分成 4 幅1∶50 万的图,分别以 A,B,C,D 表示。如北京某处所在的 1∶50 万的图的编号为 J－50－A,如图 6-19 所示。

每幅 1∶100 万的图又可按经差 1°30′、纬差 1°划分为 16 幅 1∶25 万的图,分别以[1],[2],…,[16]表示。如北京某处所在的 1∶25 万的图的编号为 J－50－[2],见图 6-19 中有阴影线的图幅。每幅 1∶100 万的图按经差 30′,纬差 20′划分为 144 幅 1∶10 万的图,分别以 1,2,3,…,144 表示。如北京某处所在的 1∶10 万的图幅的编号为 J－50－5,见图 6-20 中有阴影线的图幅。

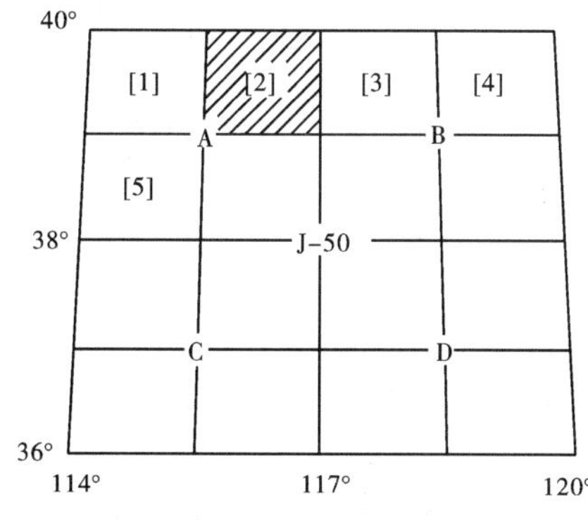

图 6-19　1∶50 万地图的分幅和编号

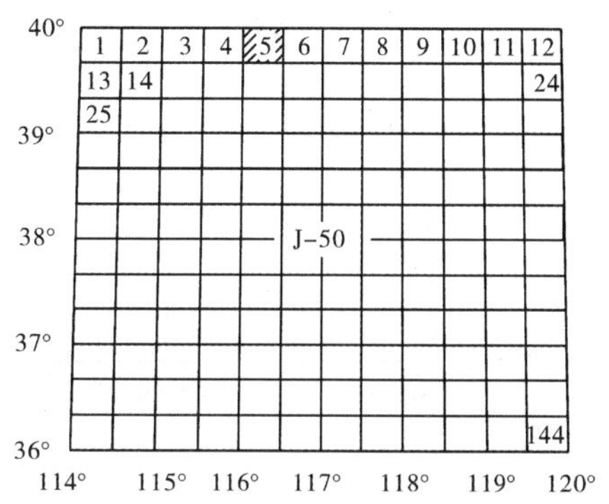

图 6-20　1∶10 万地图的分幅和编号

(三)1:5万、1:2.5万、1:1万比例尺地图的分幅和编号

这三种比例尺地图的分幅和编号都是在1:10万比例尺图的基础上进行的,其划分的经差和纬差见表6-5。每幅1:10万的图可划分为4幅1:5万的图,分别在1:10万的图号后面写上各自的代号A,B,C,D。如北京某处所在1:5万的图幅为J-50-5-B,如图6-21所示。再将每幅1:5万的图四等分,就得到1:2.5万的图,分别以1,2,3,4编号,如北京某处所在1:2.5万的图幅编号为J-50-5-B-2,见图6-21中有阴影线的图幅。

表6-5 各种比例尺按经、纬度分幅

比例尺	图幅大小		1:100万、1:10万、1:5万、1:1万图幅内的分幅数	分幅代号
	纬差	经差		
1:100万	4°	6°	1	行A,B,C,…,V 列1,2,3,…,60
1:50万	2°	3°	4	A,B,C,D
1:25万	1°	1°30′	16	[1],[2],[3],…,[16]
1:10万	20′	30′	144	1,2,3,…,144
1:10万	20′	30′	1	
1:5万	10′	15′	4	A,B,C,D
1:1万	2′30″	3′45″	64	(1),(2),(3),…,(64)
1:5万	10′	15′	1	
1:2.5万	5′	7′30″	4	1,2,3,4
1:1万	2′30″	3′45″	1	
1:5 000	1′15″	1′52.5″	4	a,b,c,d

每幅1:10万的图,按其经差和纬差作8等分,划分为64幅1:1万的图,以(1),(2),(3),…,(64)作编号,如北京某处所在的1:1万的图幅为J-50-5-(15),见图6-22中有阴影线的图幅。

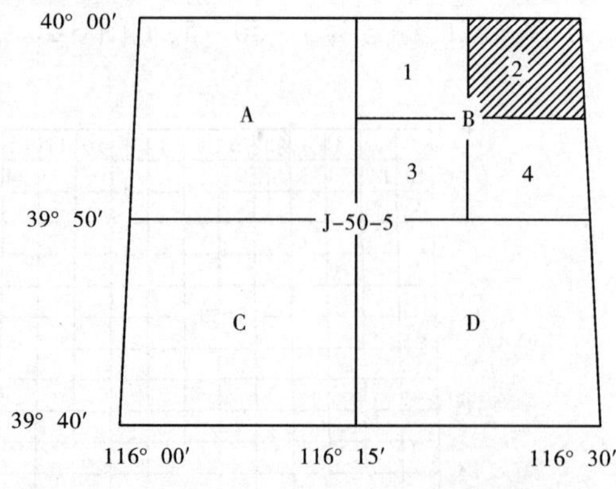

图6-21 1:5万和1:2.5万地图的分幅和编号

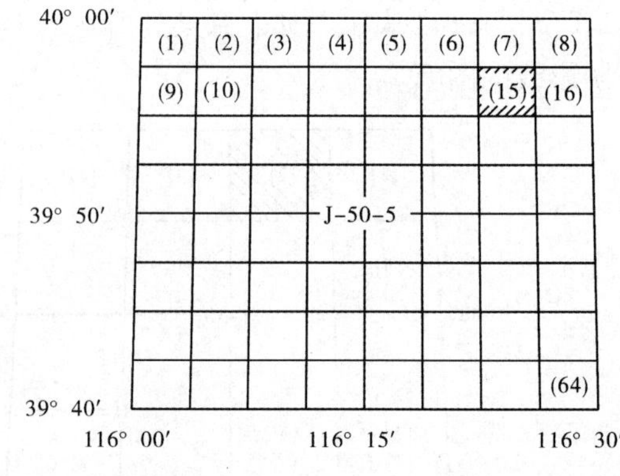

图6-22 1:1万地图的分幅和编号

（四）1∶5 000 比例尺地形图的分幅和编号

按经纬线分幅的 1∶5 000 比例尺地图，是在 1∶1万的图的基础上进行分幅和编号的，每幅 1∶1万的图分成四幅 1∶5 000 的图，并分别在 1∶1万图的图号后面写上各自的代号 a，b，c，d 作为编号。如北京某处所在的 1∶5 000 梯形分幅图号为 J－50－5－(15)－a，见图 6-23 中有阴影线的图幅。

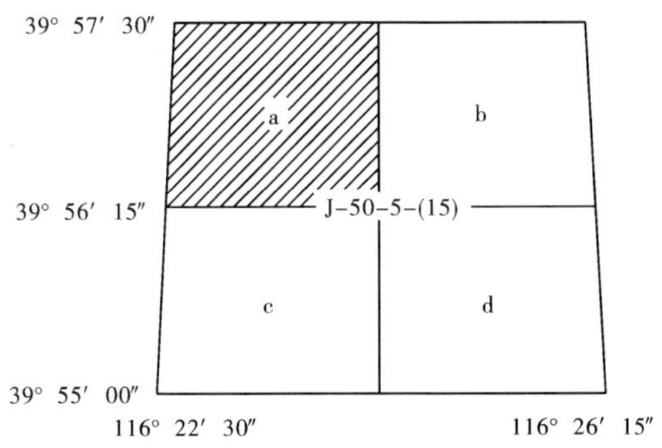

图 6-23 1∶5 000 地图的分幅和编号

二、现行的国家基本比例尺地形图分幅和编号

为便于计算机管理和检索，1992 年国家技术监督局发布了新的《国家基本比例尺地形图分幅和编号》（GB/T 13989—92）国家标准。

（一）1∶100 万～1∶5 000 比例尺地形图分幅和编号

新标准仍以 1∶100 万比例尺地形图为基础，1∶100 万比例尺地形图的分幅经、纬差不变，但由过去的纵行、横列改为横行、纵列，它们的编号由其所在的行号（字符码）与列号（数字码）组合而成，如北京所在的 1∶100 万地形图的图号为 J50。

（二）1∶50 万～1∶5 000 地形图的分幅和编号

1∶50 万～1∶5 000 地形图的分幅由 1∶100 万地形图逐次加密划分而成，编号均以 1∶100 万比例尺地形图为基础，采用行列编号方法，由其所在 1∶100 万比例尺地形图的图号、比例尺代码和图幅的行列号共 10 位码组成。编码长度相同，编码系列统一为一个根部，便于计算机处理，见图 6-24。

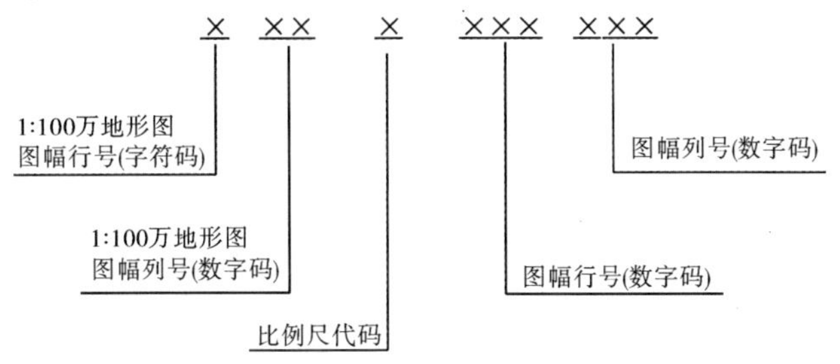

图 6-24 1∶50 万～1∶5 000 地形图图号的构成

各种比例尺代码见表 6-6。

表 6-6　各种比例尺代码

比例尺	1∶50 万	1∶25 万	1∶10 万	1∶5万	1∶2.5 万	1∶1万	1∶5 000
代码	B	C	D	E	F	G	H

现行的国家基本比例尺地形图分幅编号关系见表 6-7。

表 6-7　现行的国家基本比例尺地形图分幅编号关系

比例尺		1∶100 万	1∶50 万	1∶25 万	1∶10 万	1∶5万	1∶2.5 万	1∶1万	1∶5 000
图幅范围	经差	6°	3°	1°30′	30′	15′	7′30″	3′45″	1′52.5″
	纬差	4°	2°	1°	20′	10′	5′	2′30″	1′15″
行列数量关系	行数	1	2	4	12	24	48	96	192
	列数	1	2	4	12	24	48	96	192
图幅数量关系		1	4	16	144	576	2 304	9 216	36 864

图 6-25 所示为 1∶10 万、1∶5万、1∶2.5 万地形图的图幅编号。在图中，带单斜线的图幅为 1∶10 万的地形图，其图号为 J50D002011；带网格的图幅为 1∶5万的地形图，其图号为 J50E023003；带阴影的图幅为 1∶2.5 万的地形图，其图号为 J50F046046。

J—50

列号 / 行号
D: 1, 2, …, 11, 12
E: 1, 2, 3, 4, …, 21, 22, 23, 24
F: 1, 2, 3, 4, 5, 6, 7, 8, …, 41, 42, 43, 44, 45, 46, 47, 48

图 6-25　1∶100 万 ~ 1∶5 000 地形图的行、列编号

（三）1∶500 ~ 1∶2 000 **大比例尺地形图的矩形分幅和编号**

《1∶500　1∶1 000　1∶2 000 地形图图式》（GB/T 7929—1995）规定：1∶500 ~ 1∶2 000 比例尺地形图一般采用 50 cm × 50 cm 正方形分幅或 50 cm × 40 cm 矩形分幅；根据需要，也可

以采用其他规格的分幅;1∶2 000 地形图也可以采用经纬度统一分幅。地形图编号一般采用图廓西南角坐标千米数编号法,也可选用流水编号法或行列编号法等,带状测区或小面积测区,可按测区统一顺序进行编号。采用图廓西南角坐标千米数编号法时,x 坐标在前,y 坐标在后,1∶500 地形图取至 0.01 km(如 10.40～21.75),1∶1 000、1∶2 000 地形图取至 0.1 km(如 10.0～21.0)。

带状测区或小面积测区可按测区统一顺序进行编号,一般从左到右、从上到下用数字 1,2,3,4,…编定,如图 6-26(a)所示的“杜阮－7”,其中“杜阮”为测区地名。

行列编号法一般以代号(如 A,B,C,D,…)为横行,由上到下排列,以数字 1,2,3,…为代号的纵列,从左到右排列来编定,先行后列,如图 6-26(b)中的 A－4。采用国家统一坐标系时,图廓间的千米数应根据需要加注带号和百千米数,如 X:^{43}27.8,Y:^{374}57.0。

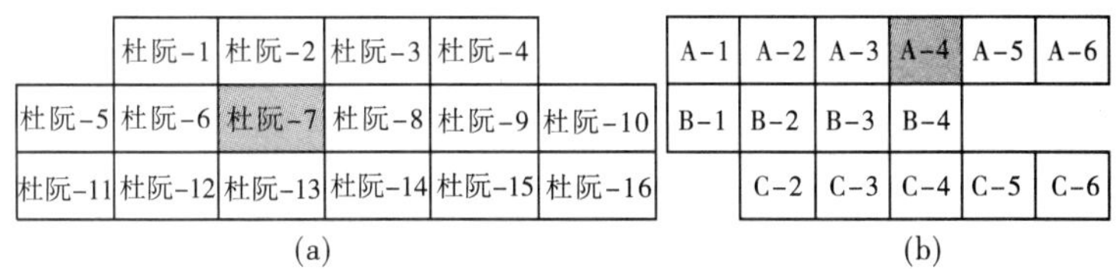

图 6-26　大比例尺地形图的分幅和编号

习　题

1. 什么叫地形图?

2. 什么叫地形图比例尺?它有几种类型?

3. 什么是比例尺精度?它对测图和设计用图有什么意义?1∶5 000 地形图的比例尺精度是多少?

4. 已知经度为东经 116°28′25″,纬度为北纬 39°54′30″,试按国际分幅法写出 1∶100 万、1∶10 万、1∶1万及 1∶5 000 地形图的编号。

5. 何谓地物和地貌?地形图上的地物符号分为哪几类?试举例说明。

6. 什么是等高线、等高距和等高线平距?它们与地面坡度有何关系?

7. 何谓山脊线、山谷线、鞍部?试用等高线绘之。

8. 等高线有哪些特性?

9. 地形图的图外注记包括哪些内容?

第七章　大比例尺地形图测绘

学习目标

重点掌握大比例尺地形图测绘基本知识、地形图测图前的准备工作、经纬仪地形图测量和地形图绘制的方法及地形图的拼接、检查与整饰等内容。了解全站仪数字化测图方法。

按地形测量工作的程序，在完成平面控制测量和高程控制测量之后，即可进行地形图的测绘，又称为碎步测量。碎步测量的准备工作包括图纸的准备，坐标格网（方格网）的绘制，展绘控制点。测绘地形图的方法通常用经纬仪测绘法，目前也常用数字化测图，测绘碎步点的位置普遍应用极坐标法。

第一节　地形图测图前的准备工作

测图前，除做好仪器、工具及资料的准备工作外，还应着重做好测图板的准备工作。它包括图纸的准备，绘制坐标格网及展绘控制点等工作。

一、图纸的准备

目前，各测绘部门大多采用聚酯薄膜，其厚度为 0.07 ~ 0.1 mm，表面经打毛后，便可代替图纸用来测图。聚酯薄膜具有透明度好、伸缩性小、不怕潮湿、牢固耐用等优点。如果表面不清洁，还可用水洗涤，并可直接在底图上着墨复晒蓝图。但聚酯薄膜有易燃、易折和老化等缺点，故在使用过程中应注意防火防折。

二、坐标格网的绘制

为了精确地将控制点展绘在测图纸上，首先要在图纸上精确地绘制 10 cm × 10 cm 的直角坐标方格网。绘制坐标格网的方法有对角线法、坐标格网尺法及计算机绘制等。另外，目前有一种印有坐标方格网的聚酯薄膜图纸，使用更为方便。下面介绍用对角线法绘制坐标格网的方法。

（一）对角线法绘制坐标格网的绘制方法

如图 7-1 所示，按图纸的四角，用直尺画出两条对角线，以其交点 O 为圆心，适当长为半径画弧，在对角线上分别交出 A、B、C、D 四个点，并依此连接成矩形 $ABCD$。然后从 A、B 两点起分别沿 AD、BC 向上每隔 10 cm 截取一点，再从 A、D 两点起分别沿 AB、DC 向右每隔 10 cm 截取一点，用 1 mm 粗的线条连接相对边的各对应点，就构成了坐标格网。

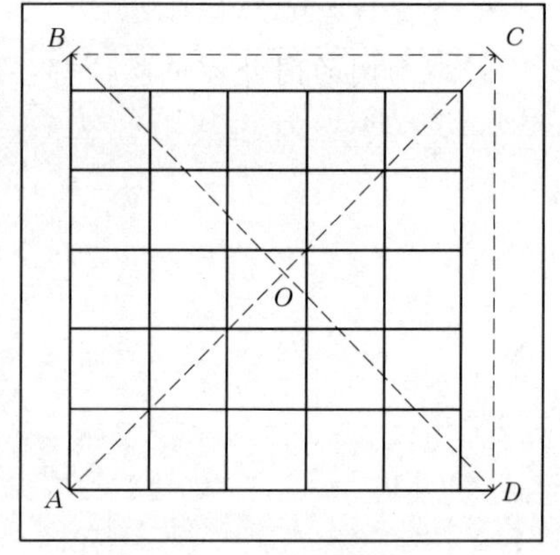

图 7-1　坐标方格网

（二）坐标格网的检查及精度要求

为了保证坐标格网的精度，选用刻划精确的直尺，在坐标格网绘好以后，应立即进行检查，其检查项目和精度要求如下：

(1)格网纵横线应严格正交，对角线上各方格的交点应在一条直线上，偏离不应大于 0.2 mm。

(2)各个方格的对角线长度与理论值 14.14 mm 之差不超过 0.2 mm。

(3)图廓边长和对角线长与理论长度之差不超过 0.3 mm。如果超出限差，应进行修改或重新绘制。

三、控制点的展绘

根据平面控制点坐标值，将其点位在图纸上标出，称为展绘控制点。

展点前，先按图的分幅位置，将坐标格网线的坐标值注在相应方格线的外侧，如图 7-2 所示。

展点时，先根据控制点的坐标，确定该点所在的方格。例如，17 号点的坐标为 $x_{17}=1\ 150$ m，$y_{17}=620$ m，17 号点位于 *abcd* 小方格内。然后计算 *a* 点与 17 号点的坐标增量：

$$\Delta x_{a17}=1\ 150\ \text{m}-1\ 100\ \text{m}=50\ \text{m}$$

$$\Delta y_{a17}=620\ \text{m}-600\ \text{m}=20\ \text{m}$$

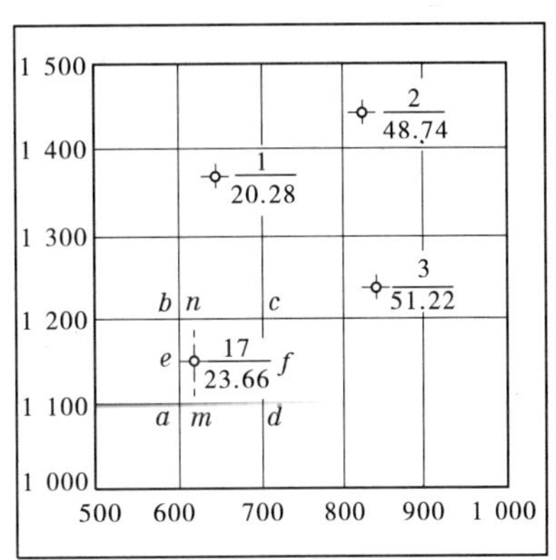

图 7-2　展点

从 *a*、*d* 两点按测图比例尺向上量取 50 m 得 *e*、*f* 两点；再从 *a*、*h* 两点分别向右量取 20 m 得 *m*、*n* 两点。连接 *e* 与 *f*、*m* 与 *n* 所得交点即为 17 号点在图上的位置，按“地形图图式”规定的符号绘出，并在点的右侧画一横线，其上部注明点号，下部注明该点的高程。用此方法，将其余控制点展绘在图上。控制点展绘后，应进行检核，用比例尺在图上量取相邻两点间的长度，和已知的距离相比较，其差值不得超过图上的 0.3 mm，否则应重新展绘。

上述内容适用于手工绘制地形图。

第二节　大比例尺地形图的测绘

地形图测绘的方法有多种：大平板仪测绘地形图、小平板仪配合经纬仪测地形图、经纬仪视距法测地形图、全站仪数字化测图等。因经纬仪视距法测地形图既简便又快捷，故被广泛应用。下面我们重点介绍经纬仪视距法测地形图的基本方法。另对全站仪数字化测图技术也作介绍。碎步测量就是测定碎步点的平面位置和高程。下面分别介绍碎步点的选择和碎步测量的方法。

一、碎步点的选择

前已述及碎步点应选地物、地貌的特征点。对于地物，碎步点应选在地物轮廓线的方向变化处，如房角点、道路转折点、交叉点、河岸线转弯点以及独立地物的中心点等。连接这些特征点，便得到与实地相似的地物形状。由于地物形状极不规则，一般规定主要地物凸凹部分在图上大于 0.4 mm 均应表示出来，小于 0.4 mm 时，可用直线连接。对于地貌来说，碎步点应选在最能反映地貌特征的山脊线、山谷线等地性线上，如山顶、鞍部、山脊、山谷、山坡、山脚等坡度变化及方向变化处。根据这些特征点的高程勾绘等高线，即可把地貌在图上表示出来(见图7-3)。为了能真实地表示实地情况，在地面平坦或坡度无明显变化的地区，碎步点的间距和碎步点的最大视距应符合表7-1的规定，城市建筑区的最大视距参见表7-2。

图7-3　碎步点的选择

表7-1　碎步点的间距和碎步点的最大视距

测图比例尺	地形点最大间距(m)	最大视距(m)	
		主要地物点	次要地物点和地形点
1∶500	15	60	100
1∶1 000	30	100	150
1∶2 000	50	180	250
1∶5 000	100	300	350

表7-2　城市建筑区的最大视距

测图比例尺	最大视距(m)	
	主要地物点	次要地物点和地形点
1∶500	50(量距)	70
1∶1 000	80	120
1∶2 000	120	200

二、经纬仪测绘法

经纬仪测绘法的实质是按极坐标定点进行测图，观测时先将经纬仪安置在测站上，绘图板安置于测站旁，用经纬仪测定碎步点的方向与已知方向之间的夹角、测站点至碎步点的距离和碎步点的高程。然后根据测定数据用量角器和比例尺把碎步点的位置展绘在图纸上，并在点的右侧注明其高程，再对照实地描绘地形。此法操作简单、灵活，适用于各类地区的地形图测绘。

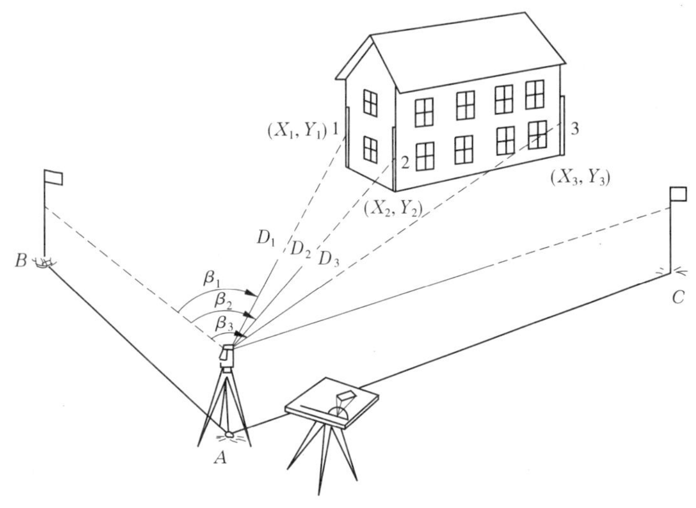

图 7-4　经纬仪测图

(一)施测方法

经纬仪测图的具体操作步骤如下:

(1)安置仪器。安置仪器于测站点 A(控制点)上,量取仪器高 i 填入手簿。

(2)定向。置水平度盘读数为 0°00′00″,后视另一控制点 B。

(3)立尺。立尺员依次将尺立在地物、地貌特征点上。立尺前,立尺员应弄清实测范围和实地情况,选定立尺点,并与观测员、绘图员共同商定跑尺路线。

(4)观测。转动照准部,瞄准标尺,读视距间隔、中丝读数、竖盘读数及水平角。

(5)记录。将测得的视距间隔、中丝读数、竖盘读数及水平角依次填入手簿。对于有特殊作用的碎步点,如房角、山头、鞍部等,应在备注中加以说明。

(6)计算。依视距、竖盘读数或竖直角度,用计算器计算出碎步点的水平距离和高程,如表 7-3 所示。

表 7-3　碎步测量手簿

测站:A　　定向点:B　　测站高程:54.06 m　　仪器高 i:1.47 m　　指标差:+1′

点号	水平角	视距间隔	中丝	竖盘读数	竖直角	高差	高程	平距	备注
1	23°17′	0.384	0.47	87°07′	+2°52′	+2.92	56.98	38.3	房角
2	54°32′	0.473	1.47	90°58′	−0°59′	−0.81	53.25	47.3	房角
3	86°43′	0.590	1.47	87°36′	+2°23′	+2.45	56.51	58.9	路边
4	135°37′	0.200	2.47	92°18′	−2°19′	−1.81	52.25	20.0	塘角

(7)展绘碎步点。如图 7-5 所示,用细针将量角器的圆心插在图上测站点 A 处,转动量角器,将量角器上等于水平角值的刻划线对准起始方向线,此时量角器的零方向便是碎步点方向,然后用测图比例尺按测得的水平距离在该方向上定出点的位置,并在点的右侧注明其高程。

同法,测出其余各碎步点的平面位置与高程,绘于图上,并随测随绘等高线和地物。

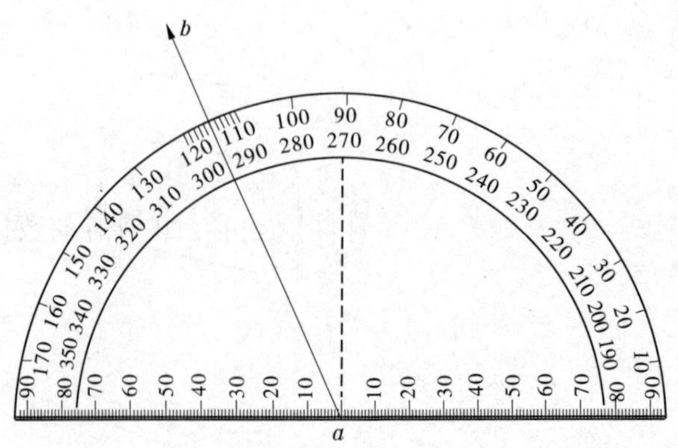

图 7-5　半圆形量角器及碎步点展绘示意图

为了检查测图质量，仪器搬到下一测站时，应先观测前站所测的某些明显碎步点，以检查由两个测站测得的该点平面位置和高程是否相同，如相差较大，则应查明原因，纠正错误，再继续进行测绘。

若测区面积较大，可分成若干图幅，分别测绘，最后拼接成全区地形图。为了相邻图幅的拼接，每幅图应测出图廓外 5 mm。

(二)地物、地貌的描绘

测图时，碎步点的展绘应做到随展点，随连线，随描绘成图。

1. 地物的描绘

地物要按地形图图式规定的符号表示。一些能按比例表示的地物，如房屋、道路、河岸线等，按形状用直线或光滑曲线描绘出来；有些不能按比例描绘的地物，则按"地形图图式"所规定的非比例符号表示。

2. 地貌的描绘

能用等高线表示的地段，应先轻轻地描绘出山脊线、山谷线等地性线，然后按测点的高程勾绘出等高线。不能用等高线表示的地段，如悬崖、峭壁、土坎、冲沟、雨裂等地貌，则按图式规定的符号画出。

大比例尺地形图的基本等高距参照表 6-4 的规定描绘。

三、全站仪测绘法

全站仪(或光电测距仪)测绘地形图与经纬仪测绘法基本相同，所不同者是用全站仪(或光电测距仪)来代替经纬仪。

用全站仪进行碎步测量的操作步骤如下：

(1)在测站上安置仪器，对中，整平，量取仪器高。

(2)用电缆将仪器与电子手簿连接起来，并将仪器设置为数据采集工作状态。

(3)瞄准起始方向，由仪器的键盘将水平度盘读数配置为起始方向的方位角数据，并将测站的三维坐标由键盘上输入(或用数据线导入)。

(4)电子手簿初始化。

(5)将棱镜立于待测点上。根据电子手簿菜单提示，输入地形点的相应信息，包括点号、点的属性、棱镜高等。

(6)瞄准棱镜,按测距键。

(7)重复(5)、(6)。

(8)电子手簿测满后,就可将其带回室内与专用计算机及自动绘图机连接,实现自动绘图。

(9)对于自带内存的全站仪,则无须电子手簿,直接由内存存储数据。

四、数字化测图

近几年,随着社会经济的迅速发展,数字化测图以其测图精度高、数据采集快,产品的使用与维护方便、快捷、利用率高。数字化测图技术便于图件的更新,并可作为 GIS 的信息源,能及时准确地提供各类基础数据更新 GIS 的数据库,保证地理信息的可靠性和现势性,为 GIS 的辅助决策和空间分析发挥作用,促进了测绘行业的自动化、现代化、智能化,数字化测图逐步替代传统的白纸测图是大势所趋。

(一)作业方法

数字化测图的主要作业过程分为三个步骤:数据采集、数据处理及地形图的数据输出(打印图纸、提供数据光盘等)。

数字化测图的主要作业过程如图 7-6 所示。

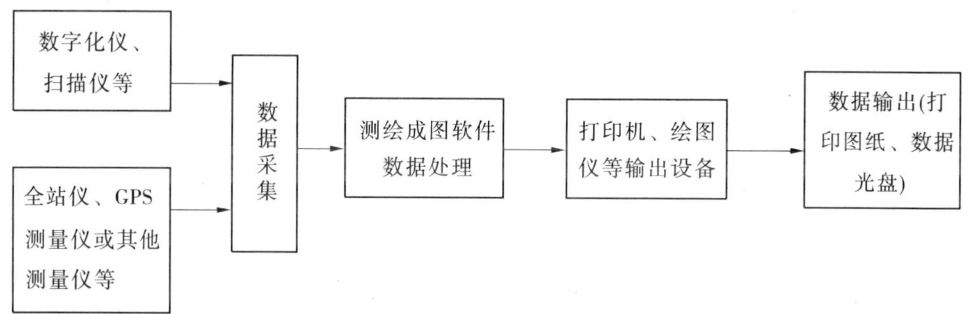

图 7-6　数字化测图的主要作业过程

目前,在我国获得数字地图的主要方法有三种:地图数字化成图、航测数字成图、地面数字测图(也称为野外数字化测图)。

1. 地图数字化成图

地图数字化成图能够充分地利用现有的地形图,投入软硬件资源较少,仅需配备计算机、数字化仪、绘图仪再配以一种数字化软件就可以开展工作,并且可以在很短的时间内获得数字的成果。它的工作方法主要有:手扶跟踪数字化及扫描矢量化后数字化,利用该方法所获得的数字地图精度因受原图精度的影响,加上数字化过程中所产生的各种误差,它的精度比原图的精度差。仅能作为一种应急措施而非长久之计。

2. 航测数字成图

当一个地区(或测区)很大,又急需使用地形图时,就可以利用航空摄影测量,通过外业对影像判读,再经过航测内业进行立体测图,直接获得数字地形图。随着测绘技术的发展,数字影像的直接获取在我国的某些地区取得了试验性的成功。该技术是在空中利用数字摄影机所获得的数字影像,内业通过专门的航测软件对数字影像进行像对匹配,建立地面的数字模型来获得数字地图。这也是我们今后数字测图的一个重要发展方向。该方法可大大地减少外业劳动强度，将大量的外业测量工作移到室内完成，而且有成图速度快、精度高而均匀、成本低、不受气候及季节的限制等优点。

3. 地面数字测图

传统的平板测图方法，其地物点的平面位置误差主要受展绘误差和测定误差、测定地物点的视距误差和方向误差、地形图上地物点的刺点误差等影响。实际的图上点位误差可达到 ±0.47 mm。数字化测图则不同，若距离在 300 m 以内测定地物点误差约为 ±15 mm，测定地形点高程误差约为 ±18 mm。全站仪的测量数据作为电子信息可以自动传输、记录、存储、处理和成图。在这全过程中原始测量数据的精度毫无损失，人为出错（读错、记错、展错）的概率小，能自动提取坐标、距离、方位和面积等。绘制的地形图精确、规范、美观，从而获得高精度的测量成果。

地面数字化测图的缺陷就是耗费比较多的人力、物力与财力，作业时间较长。

（二）软件的选择

目前测绘绘图软件非常多，如地形地籍成图软件 CASS7.0、广东国土厅 GTC2002 地形地籍测量系统、测绘 e 数字化成图系统 CHe6.0、EpsW2000、Xmap20000、SV300、广州开思 SCS、中南冶金勘测研究院的青山智绘、瑞得数字测图系统 5.0 等数字化成图软件。如果按操作平台来分，不外乎两种类型，一种是自主操作平台与测绘软件完全由自己来开发的，如清化山维 EpsW2000、中南冶金勘测研究院的青山智绘、测绘 e 数字化成图系统 CHe6.0，另一种是在其他操作平台上进行二次开发的测绘软件，如南方测绘公司的 CASS7.0。

（三）地面测图数字化的作业方法

野外数字化测图是我国目前各测绘单位用得最多的数字测图方法，在具体作业过程中，作业模式较多，主要有三种。

1. 全站仪自动跟踪测量模式

测站架设自动跟踪式全站仪（又称为测量机器人），利用全站仪自动跟踪照准立在测点上的棱镜，通过无线数字通信将测量数据自动传输给棱镜站的电子平板记录成图。

2. GPS 测量模式

在 GPS 实时动态定位技术（RTK）作业模式下，能够实时提供测点在指定坐标系的三维坐标成果。测程可达到 10～30 km。通常先设置好基准站的 GPS 接收机，保证数字通信的畅通。通过数据链将基准站的观测值及站点坐标信息一起发给流动站的 GPS 接收机。此时流动站的 GPS 接收机不仅接收来自基准站的数据，还要同时接收卫星发射的数据，这些数据组成相位差分观测值，经处理随时得到厘米级的定位结果。然后进行数据处理编辑成图。

3. 现场测记模式

人工实地绘制草图，野外用记录器将测量数据记录起来，再将测量数据传输到计算机，内业按人工草图编辑图形文件，绘图机绘制数字地形图。通常使用的记录器是 PC－500S 电子手簿或者南方测绘的测图精灵 SPDA，也可以用全站仪记录。另一种就是利用编码操作，数据采集是记录成图所需的全部信息，不用画人工草图，利用智能绘图软件内业自动成图。

（四）地面测图数字化的注意事项

在野外进行数据采集时，经常会忽视一些小问题，以下几点值得注意：

（1）要使用的所有仪器设备一定要经过具有鉴定资格的部门鉴定。

(2)建(构)筑物比较方正的可只需测出三点,第四点可由计算机来完成,南方的许多建(构)筑物看起来较方正,其实是不规则的多边形,则需要全部实测点位。

(3)测等高线时,除测量特性线点外,还应尽量多测一些加密的点,满足计算机建模要求,才能更加详尽地反映出实地地貌。尤其在测量一些微型地貌时,细小的变化计算机的模拟是难以比较真实地反映出这些实际地形的,最好手工来完成。

(4)测图单元尽量以自然分界来划分,如以河流、道路等划分,以便于地形图的施测,利于图幅的接边。

(5)能够测量到的点尽量使用测量仪器来实测,实在无法测到的点位尽量通过实地用皮尺(钢尺)量取。

(6)实地数据采集时,配合要默契,不在测站可视范围,则通过使用对讲机来传递信息,跑棱镜的人要将自己所要采集的地形地物数据点信息及时报告给测站人员,以确保数据记录的真实性。

(7)尽量在测站的可视范围内进行数据采集,在通视不良的地方或者需要通过举高支杆来观测的时候,则引点到附近设站进行采集数据,避免由于支杆偏离地形地物点位而带来的人为误差。

(8)外业进行数据采集时,一定要注意实地的地物地貌的变化,尽可能地详细记录,不要把疑问点带回到内业处理。

五、地形图的绘制

(一)描绘地物

除在施测过程中,已尽可能将地物点连成各种地物,并与实际情况核对无误外,还须将各图幅中漏描的部分补描,按地形图图式符号绘制完毕。

(二)勾绘等高线

实测时,地貌是在地形变化起伏之处,选点立尺,因此测出的碎步点常不位于欲测的等高线上,其高程也多是零星数字,而不是等高距的整倍数。故根据碎步点勾绘等高线时,认为两点间地面坡度是均匀变化的,然后按两相邻点的高程,用比例内插法勾绘等高线。

由于山脊线和山谷线,对描绘出的山地地貌是否真实影响较大,故勾绘等高线时,应先将这一类地性线先行描出,然后绘制其等高线。

勾绘等高线常用的方法有图解法、目估法及解析法三种。

1. 图解法

用透明纸一张,画等距离的平行线 10 根,依次注明 0、1、2、…、9,如图 7-7 所示。例如,欲在两点间插绘等高距为 2 m 的等高线,设已测得两点高程,点 a 为 221.60 m,点 b 为 228.30 m,可将透明纸覆在底图上移动,使底图上 a 点位于 1.60 处,同时 b 点位于 8.30 处(见图 7-7),则 a、b 连线与平行线 2、4、6、8 各线的交点,即应为等高线 222.0、224.0、226.0、228.0 必经过之点。用针尖刺出各点,移去透明纸,底图上留下的针孔即为上述各高程点,与相邻同高程的点相连即可描绘出需要的各等高线。

2. 目估法

目估法是根据测点位置及高程,目估插绘等高线。如图 7-8 所示,a 点高程为 127.50 m,b 点高程为 126.70 m,欲在其间插绘高程为 127 m 的等高线。因两点高程差为 0.8 m,可将连线目估分为8等份。又127.00高程与 b 点高程之差为0.3 m，故127.0 m等高线必经过图中距 b 点为3等分的 c 点。目估法较便捷，但精度不如图解法。实际工作中勾绘等高线工作量很大，只要精细一些，用目估法勾出的等高线仍能满足要求，故测绘地形图时多采用之。

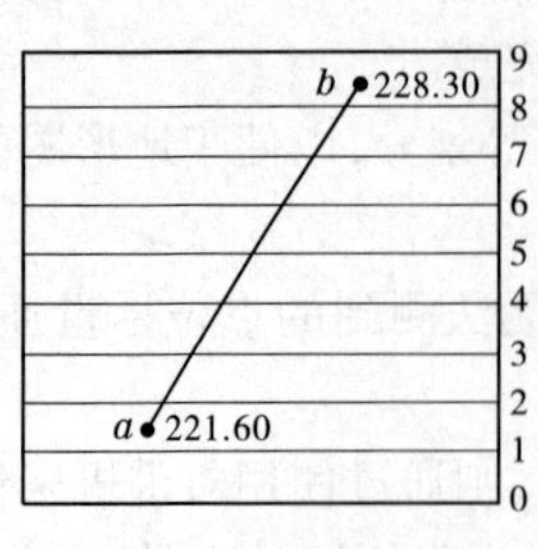

图7-7　图解法

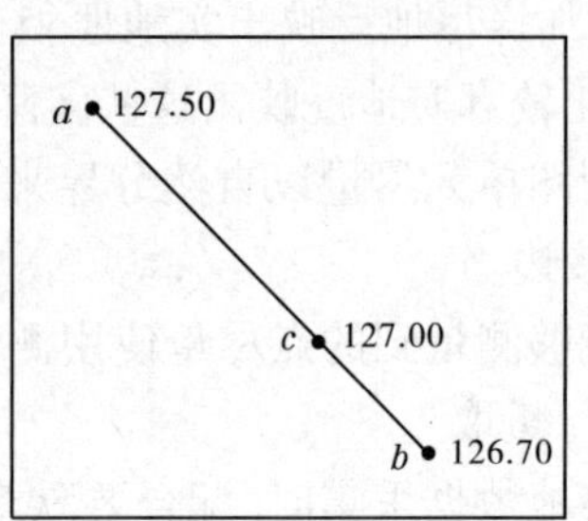

图7-8　目估法

3. 解析法

等高线的勾绘是根据两个碎步点的高程，在两个碎步点间找出等高线通过的地方，如图7-9(b)中 A 点高程为130.2 m，B 点高程为138.4 m，若测图的基本等高距为2 m，则 A、B 两点间有132、134、136、138等4条等高线通过。由于两点间的地面坡度均匀，因此这些点在图上的位置可以用比例计算法求得。可绘如图7-9(a)的图形，图中 A、B 两点高差为138.4－130.2＝8.2(m)，由图上量得两点的平距为33 mm，132 m的点与 A 点的高差为132－130.2＝1.8(m)，则 A 点到132 m等高线通过的点的平距 X_1 为

$$X_1 = \frac{33}{8.2} \times 1.8 = 7.2(\text{mm})$$

同理，B 点与138 m点的高差为138.4－138＝0.4(m)，则其平距 X_2 为

$$X_2 = \frac{33}{8.2} \times 0.4 = 1.6(\text{mm})$$

从 A、B 两点分别量取7.2 mm和1.6 mm，便得出132 m与138 m两等高线所通过的位置，这个方法叫做取头定尾。然后将132 m和138 m两点间的平距分为3等份，即得出134 m和136 m两条等高线通过的位置，这叫中间等分。其他各点均用此法，即可把各点勾绘出来，如图7-9(b)所示。

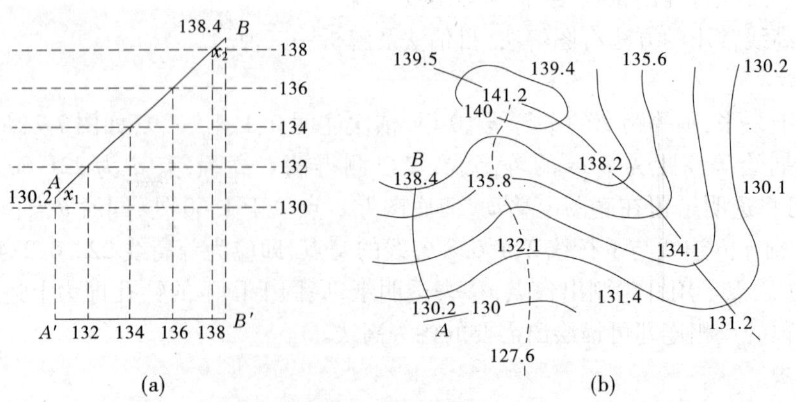

图7-9　等高线的勾绘

（三）地形图的拼接

当测区面积较大时，整个测区必须划分为若干幅图进行施测。这样，在相邻图幅连接处，由于测量误差和绘图误差的影响，无论是地物轮廓线，还是等高线往往不能完全吻合。相邻左、右两图幅相邻边的衔接情况，房屋、河流、等高线都可能会有偏差，如图 7-10 所示。拼接时用宽 5 ~6 cm 的透明纸蒙在左图幅的接图边上，用铅笔把坐标格网线、地物、地貌描绘在透明纸上，然后把透明纸按坐标格网线位置蒙在右图幅衔接边上，同样用铅笔描绘地物和地貌；当用聚酯薄膜进行测图时，不必描绘图边，利用其自身的透明性，可将相邻两幅图的坐标格网线重叠；若相邻处的地物、地貌偏差不超过规定的要求（见表 7-4），则可取其平均位置，并据此改正相邻图幅的地物、地貌位置。

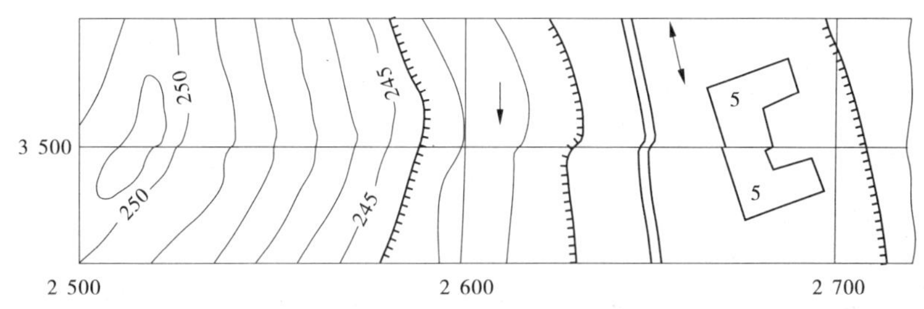

图 7-10　地形图的拼接

表 7-4　拼接地形图地物轮廓线允许偏差　（单位：mm）

地区情况	地物轮廓线允许偏差（图上）	
	主要地物	次要地物
一般地区	±1.7	±2.3
城市建筑区	±1.1	±1.7

（四）地形图的检查

为确保地形图质量，除施测过程中加强检查外，在地形图测完后，必须对成图质量作一次全面检查。

1. 室内检查

室内检查的内容有：图上地物、地貌是否清晰易读；各种符号注记是否正确，等高线与地性点的高程是否相符，有无可疑、矛盾之处，图边拼接有无问题等。如发现错误或疑点，应到野外进行实地检查修改。

2. 外业检查

1）巡视检查

巡视检查是根据室内检查的情况，有计划地确定巡视路线，进行实地对照查看。主要检查地物、地貌有无遗漏，等高线是否逼真合理，符号、注记是否正确等。

2）仪器设站检查

仪器设站检查是根据室内检查和巡视检查发现的问题，到野外设站检查，除对发现的问题进行修正和补测外，还应对本测站所测地形进行检查，看原测地形图能否符合要求。一般仪器检查量为每幅图的 10% 左右。

(五)地形图的整饰

原图经过拼接和检查后,还应清绘和整饰,使图面更加合理、清晰、美观。整饰的顺序是先图内后图外,先地物后地貌,先注记后符号。图上的注记、地物以及等高线均按规定的图式进行注记和绘制,但应注意等高线不能通过注记和地物。最后,应按图式要求写出图名、图号、比例尺、坐标系统及高程系统、施测单位、测绘者及测绘日期等(见图 7-11)。如果是独立坐标系统,还需画出指北方向。

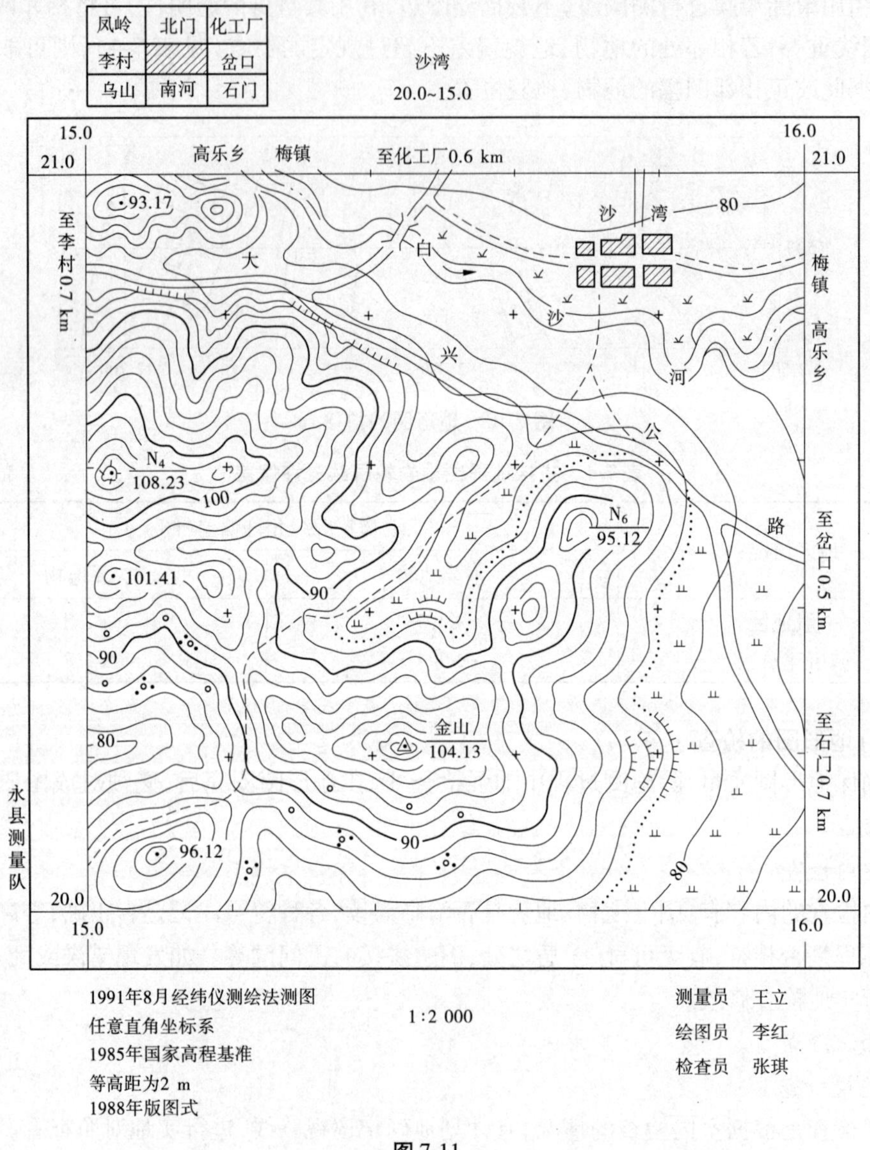

图 7-11

习　题

1. 叙述经纬仪视距法测绘地形图的方法步骤。

2. 试勾绘图 7-12 所示地貌的等高线图。

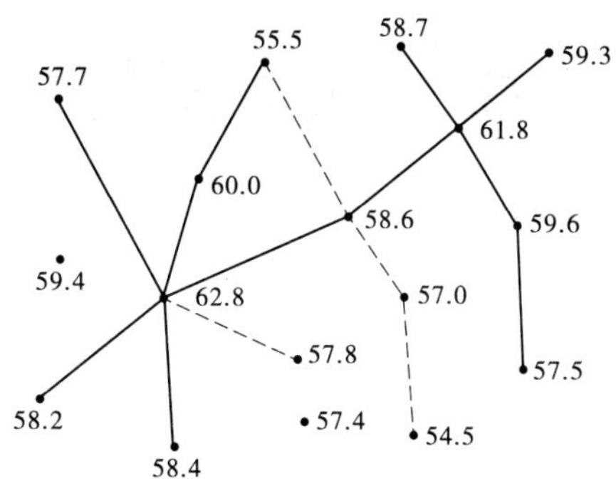

图 7-12

3. 简述全站仪测绘法的操作步骤。

4. 简述数字化测图的过程。

第八章　地形图的应用

学习目标

重点掌握应用地形图计算点的坐标、高程、点间距离、直线的方向、线路的选择及面积和土方量计算等地形图在园林工程上的应用，掌握地物、地貌识读的基本知识，掌握地形图的野外应用技能。

地形图上包含大量的自然、环境、社会、人文、地理等要素和信息，能够比较全面和客观地反映地表的情况。因此，地形图是国土整治、资源勘察、城乡规划、土地利用、环境保护、工程设计、矿藏采掘、河道整理、园林工程等工作的重要资料。特别是在规划设计阶段，不仅要以地形图为底图进行总平面的布设，而且要根据需要，在地形图上进行一定的量算工作，以便因地制宜地进行合理的规划和设计。

第一节　地形图的识读

地形图是用各种规定的符号和注记表示地物、地貌及有关信息的资料。为了正确地应用地形图，首先要能看懂地形图。通过对这些符号和注记的识读，可使地形图成为展现在人们面前的实地立体模型，以判断地貌的自然形态和地物相互的关系，这就是地形图识读的主要目的。

现以“耀华新村”地形图为例，说明地形图识读的一般方法和步骤。

一、图廓外的注记识读

首先从图廓外的注记了解测图的时间和测绘单位，以判定地形图的新旧程度，然后了解图的比例尺、坐标系统、高程系统和等高距以及图幅范围和接图表。“耀华新村”地形图的比例尺为1∶1 000，图幅四角注有3°带高斯平面直角坐标。

二、地物识读

这幅图东南部有较大的居民点耀华新村、耀华小学；长治公路沿东南方穿过，路边有两个埋石点12、13，并有低压电线。图幅西北部的小山头和山脊上有73、74、75三个图根三角点。

三、地貌识读

根据等高线的注记可以看出，这幅图的基本等高距为1 m。图幅西部和东北部为山区，西北角山顶的高程为86.5 m，是本图幅内的最高点。山脚处的高程为60.2 m，故本图幅内的高差最大不到50 m。图中从北向南延伸着高差约15 m的山脊，西边有座10余m高的小山，西北方向有个鞍部，地面坡度在6°~25°，属于山地，另有多处陡坎和斜坡。

在地形图上，除读出各种地物和地貌外，还应根据图上配置的各种植被符号或注记说明，了解植被的分布、类别特征、面积大小等。在图8-1中，两山之间种植有水稻，东南角为

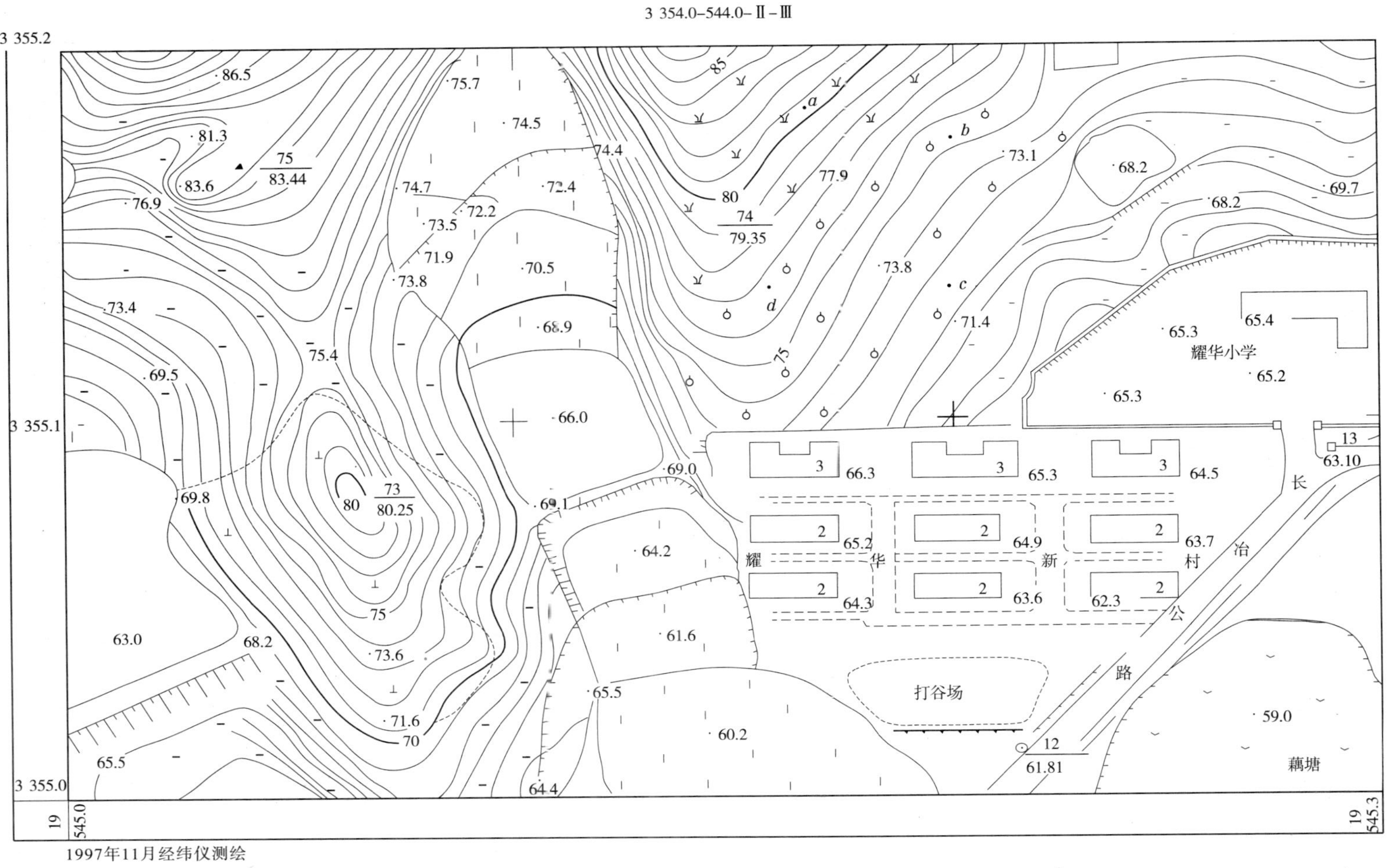

图 8-1　地形图

耀华新村
3 354.0–544.0–Ⅱ–Ⅲ
3 355.2
3 355.1
3 355.0
19
545.0
19
545.3
耀华小学
耀华新村
长冶公路
打谷场
藕塘
1997年11月经纬仪测绘

藕塘，正北方向的山坡为竹林，紧靠竹林的是一片经济林，西南方向的小山头上是一片坟地，其余山坡是旱地。

整个图幅内的地貌形态是北部山区最高，南部低，而东南部最低。

在识读地形图时，还应注意地面上的地物和地貌不是一成不变的。由于城乡建设事业的迅速发展，地面上的地物、地貌也随之发生变化，因此在应用地形图进行规划以及解决工程设计和施工中的各种问题时，除细致地识读地形图外，还需进行实地勘察，以便对建设用地作全面正确的了解。

第二节　地形图应用的基本内容

一、求图上某点的坐标

大比例尺地形图绘有 10 cm×10 cm 的坐标方格网，并在图廓的西、南边上注有方格的纵、横坐标值，如图 8-2 所示。根据图上坐标方格网的坐标可以确定图上某点的坐标。例如，欲求图上 A 点的坐标，首先根据图上坐标注记和 A 点在图上的位置，找出 A 点所在的方格，过 A 点作坐标方格网的平行线与坐标方格相交于 a、b 两点，量出 $pa=2.46$ cm、$pb=6.48$ cm 再按地形图比例尺（1∶1 000）换算成实际距离 $pb\times1\,000\div100=64.8$（m）、$pa\times1\,000\div100=24.6$（m），则 A 点的坐标为

$$\left.\begin{aligned}X_A &= X_P + pb\times1\,000\div100 = 600+64.8 = 664.8(\text{m})\\ Y_A &= Y_P + pa\times1\,000\div100 = 600+24.6 = 624.6(\text{m})\end{aligned}\right\}\tag{8-1}$$

图解法求得的坐标精度受图解精度的限制，一般认为，图解精度为图上 0.1 mm，则图解精度不会高于 $0.1M$（单位为毫米）。

二、求图上某点的高程

地形图上点的高程可根据等高线的高程求得。如图 8-3 所示，若某点 A 恰好在等高线

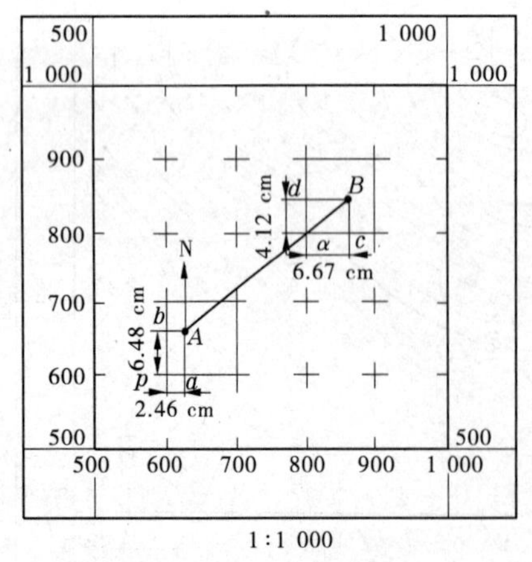

图 8-2　求图上点的坐标

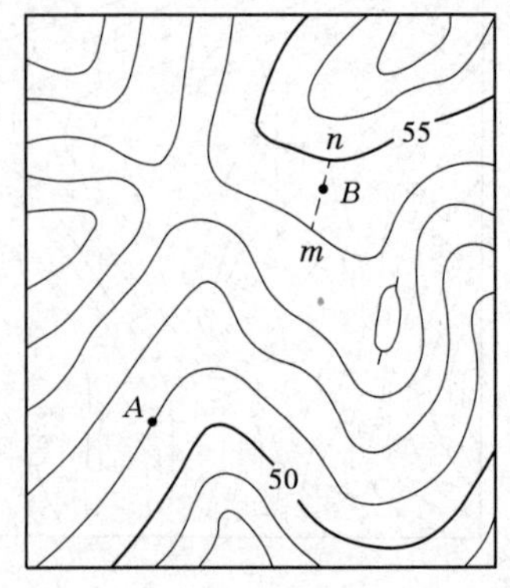

图 8-3　点的高程

上，则 A 点的高程与该等高线的高程相同，即 $H_A=51.0\ \text{m}$。若某点 B 不在等高线上，而位于 54 m 和 55 m 两根等高线之间，这时可通过 B 点作一条垂直于相邻等高线的线段 mn，量取 mn 和 mB，如长度为 9.0 mm、5.4 mm，已知等高距 $h=1$ m，则可按内插法求得 B 点的高程。

$$H_B = H_m + \frac{mB}{mn} \times h = 54 + \frac{5.4}{9.0} \times 1 = 54.6(\text{m}) \tag{8-2}$$

求图上某点的高程，通常也可根据等高线用目估法按比例推算该点的高程。例如，mB 约为 mn 的 6/10，则

$$H_B = H_m + \frac{6}{10} \times h = 54.6(\text{m})$$

三、求图上两点间的距离

求图上两点间的水平距离有下列两种方法。

（一）根据两点的坐标求水平距离

如图 8-2 所示，欲求 AB 的距离，可按式（8-1）先求出图上 A、B 两点的坐标值（x_A，y_A）和（x_B，y_B），然后按下式反算 AB 的水平距离

$$D_{AB} = \sqrt{(x_B - x_A)^2 + (y_B - y_A)^2} \tag{8-3}$$

（二）在地形图上直接量距

用分规在图上直接卡出 A、B 两点的长度，再与地形图上的图示比例尺比较，即可得出 AB 的水平距离。当精度要求不高时，可用比例尺（三棱尺）直接在图上量取。

$$D_{AB} = d_{AB}M \tag{8-4}$$

式中 d_{AB}——图上 A、B 两点之间的距离；

M——比例尺分母。

若图解坐标的求得考虑了图纸伸缩变形的影响，则解析法求得距离的精度高于图解法的精度。图纸上若绘有图示比例尺，一般用图解法量取两点间的距离，这样既方便，又能保证精度。

四、求图上某直线的坐标方位角

如图 8-2 所示，欲求图上直线 AB 的坐标方位角，方法有下列两种。

（一）解析法

图上 A、B 两点的坐标可按式（8-1）求得，则按下式计算直线 AB 的方位角

$$\alpha_{AB} = \arctan\frac{y_B - y_A}{x_B - x_A} = \arctan\frac{\Delta y_{AB}}{\Delta x_{AB}} \tag{8-5}$$

当使用电子计算器或三角函数计算 α_{AB} 的角值时，要根据 Δx_{AB} 和 Δy_{AB} 的符号，确定其所在的象限，再确定其大小。

（二）图解法

当精度要求不高时，可用图解法用量角器在图上直接量取坐标方位角。如图 8-2 所示，通过 A、B 两点分别精确地作坐标纵轴的平行线，然后用量角器的中心分别对准 A、B 两点量出直线的坐标方位角 α'_{AB} 和直线 BA 的坐标方位角 α'_{BA}，则直线 AB 的坐标方位角

$$\alpha_{AB} = \frac{1}{2}[\alpha'_{AB} + (\alpha'_{BA} \pm 180°)] \tag{8-6}$$

由于坐标量算的精度比角度量测的精度高,因此通常用解析法获得方位角。

五、求图上某直线的坡度

在地形图上求得直线的长度以及两端点的高程后,则可按下式计算该直线的平均坡度

$$i = \frac{h}{d \times M} = \frac{h}{D} \tag{8-7}$$

式中 d——图上量得的长度;

M——地形图比例尺分母;

h——直线两端点间的高差;

D——该直线对应的实地水平距离。

坡度通常用千分率(‰)或百分率(%)的形式表示,“+”为上坡,“-”为下坡。

说明:若直线两端位于等高线上,则求得坡度可认为符合实际坡度。若直线较长,中间通过许多条等高线,且等高线的平距不等,则所求的坡度只是该直线两端点间的平均坡度。

第三节 地形图在工程建设中的应用

一、按限制坡度选定最短路线

在道路、管线等工程规划中,一般要求按限制坡度选定一条最短路线或等坡度线。其基本作法如下。

如图 8-4 所示,设从公路旁 A 点到山头 B 点选定一条路线。限制坡度为 4%,地形图比例尺为 1∶2 000,等高距为 1 m。为了满足限制坡度的要求,可根据式(8-8)求出该线路通过相邻两等高线的最短平距,即求出相邻两等高线之间满足设计坡度的最短距离

$$d = \frac{h}{i \times M} = \frac{1}{0.04 \times 2\ 000} = 0.125(\text{m}) = 12.5\ \text{mm} \tag{8-8}$$

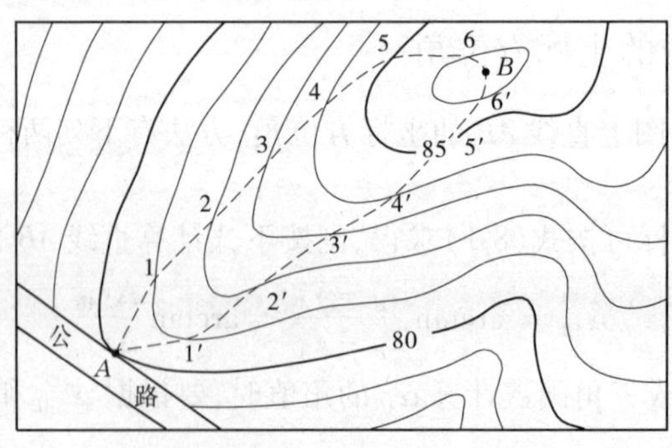

图 8-4 最短路线

于是,用脚规张开 12.5 mm,先以 A 点为圆心画圆弧交 81 m 等高线于 1、1′点;再以 1(1′)点画圆弧交 82 m 等高线于 2 点;依次类推直到 B 点。连接相邻点,便得同坡度路线 $A-1-2\cdots B$。若所画弧不能与相邻等高线相交,则以最短平距直接连接相邻两等高线,这样,该线段为坡度小于 4% 的最短线路,符合设计要求。在图上尚可沿另一方向定出第二条 $A-1'-2'\cdots B$,可以作为比较方案。其实,在图上满足设计要求的线路有多条,在实际工作

中，还需在野外考虑工程上的其他因素，如少占或不占良田，避开不良地质地段、工程费用最少等进行修改，最后确定一条既经济又合理的路线。

二、绘制一定方向的断面图

断面图是显示指定地面起伏变化的剖面图。在道路、管道等工程设计中，为进行填挖土(石)方量的概算或合理地确定线路的纵坡等，均需较详细地了解沿线路方向上的地面起伏情况，为此常根据大比例尺地形图绘制沿线方向的断面图。

如图 8-5 所示，欲绘制地形图上 *MN* 方向的断面图，首先在图纸上绘出两条互相垂直的坐标轴线，横坐标轴 *D* 表示水平距离，纵坐标轴 *H* 表示高程。然后，用脚规在地形图上自 *M* 点起沿 *MN* 方向依次量取相邻等高线的平距 *M*1、12、…，并以同一比例尺绘在横轴上，得 $M-1'-2'\cdots N$，再根据各点的高程按高程比例尺绘出各点，即得各点在断面图上的位置，*M*、1、2、3、…、*N*；最后用圆滑的曲线连接 *M*、1、2、3、…、*N* 点，即得直线 *MN* 的断面图。绘制纵断面图时，应特别注意 *a*、*b*、*c* 这三点的绘制，千万不能忽略。

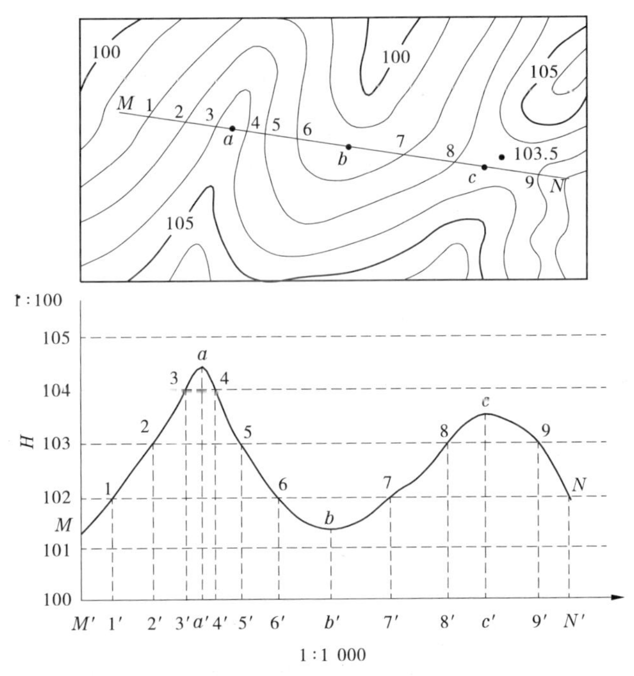

图 8-5　断面图

为了明显地表示地面起伏变化情况，断面图上的高程比例尺一般比水平距离比例尺大 10 倍或 20 倍。

三、确定汇水范围

在修筑桥涵和水库、大坝等工程中，桥梁、涵洞孔径的大小，大坝的设计位置、高度、水库的库容大小等，都需要了解这个区域水流量的大小，而水流量是根据汇水面积确定的。汇集水流量的面积称为汇水面积。汇水面积由相邻分水线连接而成。

由于地面上的雨水是沿山脊线向两侧分流的，所以汇水范围的确定，就是在地形图上自选定的断面起，沿山脊线或其他分水线而求得的。如图8-6所示，线路在 m 处要修建桥梁或涵洞，则由山脊线 $bcdefga$ 所围成的闭合图形就是 m 上游的汇水范围的边界线。

确定汇水范围时应该注意以下两点：

(1)边界线应与山脊线一致，且与等高线垂直；

(2)边界线是经过一系列山头和鞍部的曲线，并与河谷的指定断面(如图8-6中 m)处的直线闭合。

图上汇水范围确定后，可用面积求算方法求得汇水面积，再根据当地的最大降雨量，来确定最大洪水流量，作为设计桥涵孔径及管径尺寸的参考。

四、量测图形面积

在规划设计和工程建设中，常需在地形图上量测一定轮廓范围内的面积。例如，平整土地的填挖面积，规划设计城市某一区域的面积，厂矿用地面积，渠道和道路工程中的填、挖断面的面积，汇水面积等。量测图形面积的方法很多，下面介绍常用的三种图形面积量测的方法。

(一)几何图形法

若图形是由直线连接的多边形，则可将图形划分为若干种简单的几何图形，如图8-7中的三角形、四边形、梯形等。然后用比例尺量取计算时所需的元素(长、宽、高)，应用面积计算公式求出各个简单几何图形的面积，再汇总出多边形的面积。

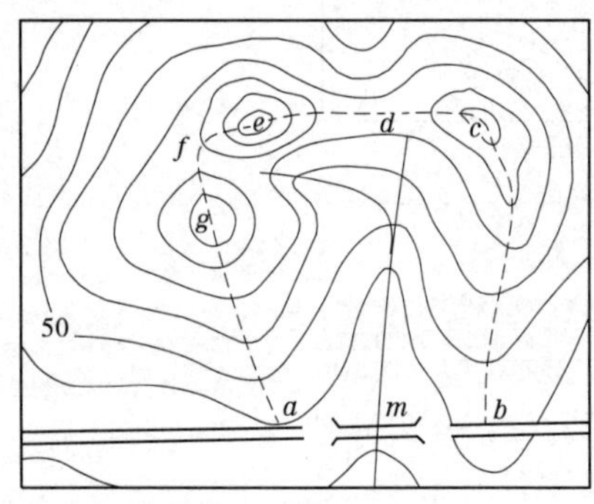

图8-6 汇水范围

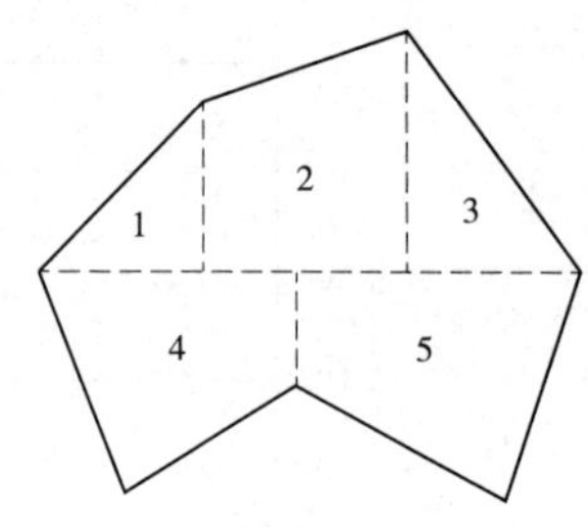

图8-7 几何图形

图形面积如为曲线，可近似地用直线连接成多边形，再按上述方法计算面积。

当用几何图形法量算线状物面积时，可将线状看做长方形，用分规量出其总长度，乘以实量宽度，即可得线状地物面积。

将多边形划分为简单几何图形时，需要注意以下几点：

(1)将多边形划分为三角形，面积量算的精度最高，其次为梯形、长方形。

(2)划分为三角形以外的几何图形时，尽量使它的图形个数最少，线段最长，以减少误差。

(3)划分几何图形时，尽量使底与高之比接近1:1(使梯形的中位线接近于高)。

(4)若图形的某些线段有实量数据，则首先选用实量数据。

(5)进行校核和提高面积量算的精度，要求对同一几何图形，量取另一组面积计算要素，量算两次面积，两次量算结果在容许范围内(见表8-1)方可取其平均值。

表 8-1　两次量算面积之较差的容许范围

图上面积(mm^2)	<100	100~400	400~1 000	1 000~3 000	3 000~5 000	>5 000
相对误差	<1/30	<1/50	<1/100	<1/150	<1/200	<1/250

(二)透明格网法

如曲线包围的是不规则图形,可用绘有边长为 1 mm 或 2 mm 的正方形格网的透明膜片,通过蒙图数格法量算图形的面积。此法操作简单,易于掌握,能保证一定精度,在量算图形面积中,被广泛采用。

量算面积时,将透明纸或膜片覆盖在欲量算的图形上,如图 8-8 所示,欲量算的图形被分割为一定数量的整方格,每一整格代表一定面积值,再将边缘各分散格(也称为破格)目估凑成若干整格(通常把破格一律作半格计)。图形范围内所包含的方格数,乘以每格所代表的面积值,即为所量算图形的面积。如果知道一个方格所代表的实际面积,就可求得整个图形所代表的实际面积。例如:透明方格纸上每一方格为 1 mm^2,地形图的比例尺为 1:2 000,则每个方格相当于实地 4 m^2 面积。

(三)平行线法

平行线法又称为积距法。为了减少边缘破格因目估产生的面积误差,可采用平行线法。

如图 8-9 所示,量算面积时,将绘有间距 $d=1$ mm 或 2 mm 的平行线组的透明纸(或透明膜片)覆盖在待算的图形上,使图形的上、下边缘线(a、s 两点)处于平行线的中央位置,固定平行线透明纸,则整个图形被平行切割成若干等高(d)的梯形(图上平行的虚线为梯形上、下底的平均值以 c 表示),则图形的总面积为

$$p = c_1 d + c_2 d + \cdots + c_i d + \cdots + c_n d = d(c_1 + c_2 + \cdots + c_i + \cdots + c_n) = d\sum_{i=1}^{n} c_i \tag{8-9}$$

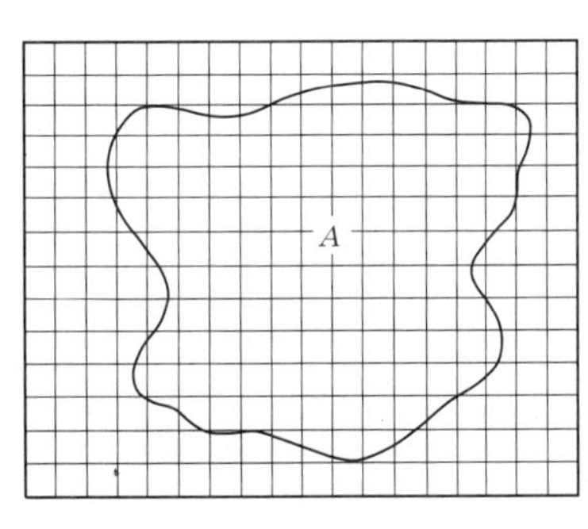

图 8-8

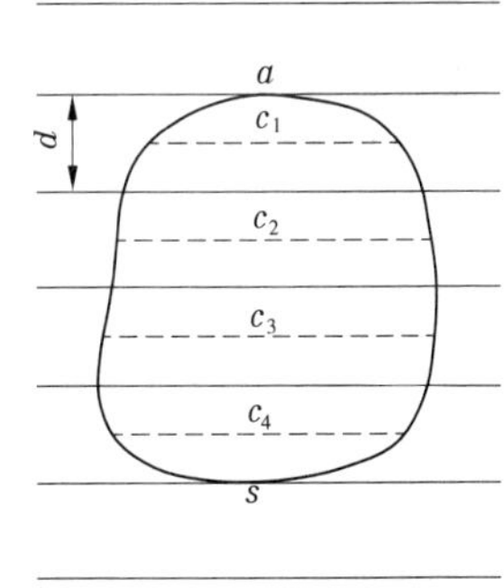

图 8-9

图形面积 p 等于平行线间距乘以中位线的总长。最后,再根据图的比例尺将其换算为实地面积,即

$$p = d\sum_{i=1}^{n} c_i \times M^2 \tag{8-10}$$

式中　M——测图比例尺分母。

例如,在 1:2 000 比例尺的地形图上,量得各梯形上、下底平均值的总和 $\sum c = 876$ mm,$d=2$ mm,则此图形的实地面积为

$$p = 2 \times 876 \times 2\,000^2 \div 1\,000^2 = 7\,008(\text{m}^2)$$

(四)求积仪法

在这里不进行介绍,同学们可以参考其他书籍。

第四节　场地平整填挖边界的确定和土方量计算

在各种工程建设中,除对建筑物要作合理的平面布置外,往往还要对原地貌作必要的改造,以便适于布置各类建筑物,排除地面水以及满足交通运输和敷设地下管线等要求。这种地貌改造称为平整土地。

在平整土地工作中,常需预算土、石方的工程量,即利用地形图进行填挖土(石)方量的概算。其方法有多种,其中方格网法(或设计等高线法)是应用最广泛的一种。下面分两种情况介绍该方法。

该法适用于地形起伏不大或地形变化比较规律的地区。一般要求在满足填挖方平衡的条件下把划定范围平整为同一高程的平地。

一、平整为水平场地

平整为水平场地的步骤如下。

(一)在地形图图上绘制方格网

在地形图上对拟建场地绘制方格网,方格网的大小取决于地形的复杂程度、地形图比例尺大小以及土石方概算的精度要求。例如,在设计阶段采用1:500的地形图时,根据地形复杂情况,一般边长为10 m或20 m。方格网绘制完后,对方格进行编号,横向(东西方向)用1,2,3…进行编号,纵向(南北方向)用A,B,C…进行编号,各方格顶点的编号由纵、横编号组成,例如本图北边A_1,A_2…等。

(二)计算设计高程

根据地形图上的等高线,用内插法求出每一方格顶点的地面高程,并注记在相应方格顶点的右上方,如图8-10所示。然后将每一方格顶点的高程加起来除以4,得到的各方格的平均高程,再将每个方格的平均高程相加除以方格总数,就得到拟建场地设计高程H_0。

$$H_0 = (H_1 + H_2 + \cdots + H_n)/n$$

式中　H_i——每一方格的平均高程;

n——方格总数。

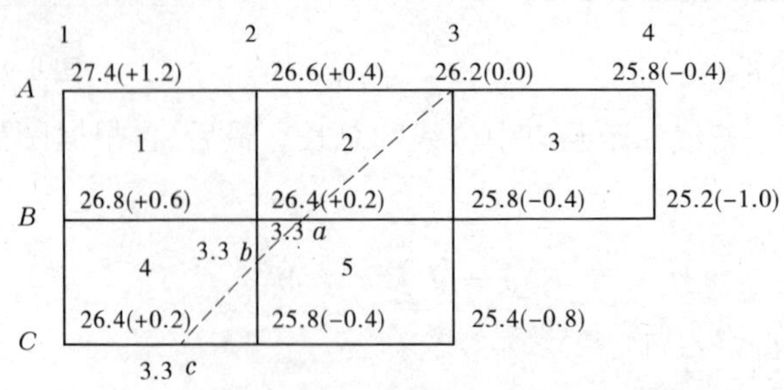

图8-10　场地平整的土方量估算

从设计高程 H_0 的计算方法和图 8-10 可以看出：方格网的角点 A_1、A_4、B_5、B_4、C_1、C_3 的高程只用了一次，边点 A_2、A_3、B_1、C_2…的高程都用了两次，拐点 B_3 的高程用了三次，而中间点 B_2 的高程点用了四次。因此，设计高程的计算公式可写为

$$H_0 = (\sum H_{角} + 2\sum H_{边} + 3\sum H_{拐} + 4\sum H_{中})/4n \tag{8-11}$$

将方格顶点的高程（见图 8-10）代入式（8-11），即可计算出设计高程为 26.2 m，在图上内插出 26.2 m 等高线（图中虚线），称为填挖边界线。

（三）计算挖、填高度

根据设计高程和方格顶点的高程，可以计算出每一方格顶点的挖、填高度，即

$$挖、填高度 = 地面高度 - 设计高程 \tag{8-12}$$

将图中各方格顶点的挖、填高度写于相应方格顶点的左上方。“+”为挖深，“-”为填高。

（四）计算挖、填土方量

挖、填土方量可按角点、边点、拐点和中点分别按下式列表计算。

$$\left.\begin{array}{ll}角点: & 挖(填)高\times 1/4\ 方格面积\\ 边点: & 挖(填)高\times 1/2\ 方格面积\\ 拐点: & 挖(填)高\times 3/4\ 方格面积\\ 中点: & 挖(填)高\times 1\ 方格面积\end{array}\right\} \tag{8-13}$$

如图 8-10 所示，设每一方格面积为 100 m^2，计算的设计高程是 26.2 m，每一个方格的挖深或填高数据已分别按式（8-12）计算出，并已注记在相应方格顶点的左上方。于是，可按式（8-13）分别计算出挖方量和填方量。从计算结果可以看出，挖方量和填方量是相等的，满足“挖、填平衡”。这种方法计算挖、填土方量简单，但精度较低。

下面以图 8-10 为例介绍另一种方法，精度较高。

该法特点是逐格计算挖方与填方量，遇到某方格内有填挖分界线时，说明该方格既有挖方，又有填方，此时要求分别计算，最后计算总挖方量与总填方量。本例第 1 方格全为挖方，其数值可用下式计算：

$$V_{1W} = \frac{1}{4}\times(1.2 + 0.4 + 0.6 + 0.2)\times 100 = 60(m^3)$$

第 2 方格既有挖方，又有填方，因此

$$V_{2W} = \frac{1}{4}\times(0.4 + 0 + 0 + 0.2)\times\frac{3.3 + 10}{2}\times 10 = 0.15\times 66.5 \approx 9.98(m^3)$$

$$V_{2T} = \frac{1}{3}\times(0.4 + 0 + 0)\times\frac{(10 - 3.3)\times 10}{2} = 0.13\times 33.5 = 4.46(m^3)$$

第 3 方格只有填方，可求得：$V_{3T} = 45\ m^3$。

第 4 方格既有挖方，又有填方，可求得：$V_{4W} = 15.51\ m^3$，$V_{4T} = 2.92\ m^3$。

第 5 方格既有挖方，又有填方，可求得：$V_{5W} = 0.38\ m^3$，$V_{5T} = 30.26\ m^3$。

因此，$\sum V_W = 85.87\ m^3$，$\sum V_T = 82.54\ m^3$。

二、设计成一定坡度的倾斜场地

有时为了充分利用自然地势，减少土石方工程量，以及场地排水的需要，在填挖平衡的原则下，可将场地平整成具有一定坡度的倾斜面。如图 8-11 所示，欲将 40 m 见方的 *ABCD*

场地平整成坡度为10%的倾斜面。

其步骤如下：

(1)绘制方格网方法同前平整为水平场地方格网法，如图8-10所示。

(2)计算场地平均高度，方法同前例。经计算，场地平均高程 $H_{平}=71.9$ m。

(3)计算倾斜场地最高边线和最低边线高程。如图8-11所示，在 $ABCD$ 地块上，AB 线上各点为最高点，DC 线上各点为最低点。当 AB 线和 DC 线之间中点位置的设计高程为 $H_{平}$ 时，方可使场地的填、挖土方量平衡。设 AD 边长为 D_{AD}，由此得

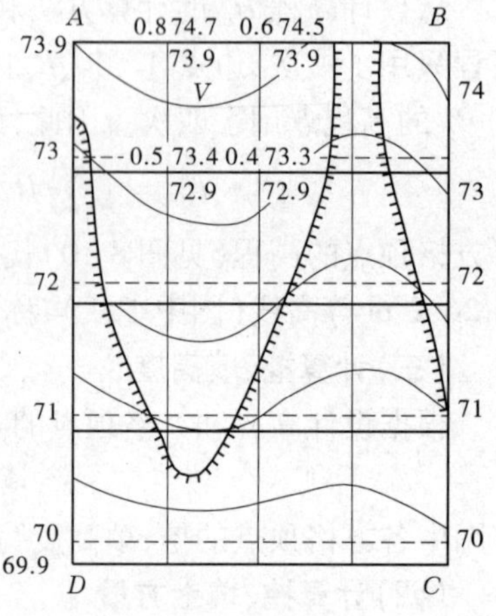

图8-11 平整倾斜场地的土方量估算

$$H_A = H_B = H_{平} + \frac{1}{2}D_{AD}i$$

$$= 71.9 + \frac{1}{2} \times (739 - 699) \times 10\% = 73.9(\text{m})$$

$$H_C = H_D = H_{平} - \frac{1}{2}D_{AD}i$$

$$= 71.9 - \frac{1}{2} \times (739 - 699) \times 10\% = 69.9(\text{m})$$

(4)确定倾斜场地的等高线，根据 A、D 两点的设计高程，在 AD 直线上用内插法定出70 m、71 m、72 m、73 m各设计等高线的点位，过这些点作 AB 的平行线（图8-11中以虚线表示），就是倾斜场地等高线。

(5)确定填、挖边界线，倾斜场地的等高线与原地形图上与其同高程等高线的交点刚好位于倾斜面上，连接这些点即为填、挖边界线。填、挖边界线上有短线的一侧为填方区，另一侧为挖方区。

(6)计算方格顶点的设计高程。

根据倾斜场地等高线用内插法确定各方格顶点的设计高程，注于方格顶点的右下方。

(7)计算填、挖方量，计算方法同前平整为水平场地方格网法。

习 题

1. 识读地形图的目的是什么？主要从哪几个方面进行？

2. 地形图的应用包括哪些基本内容？

3. 图8-12为1∶2 000比例尺地形图，试确定：

(1) A、B、C 三点的高程 H_A、H_B、H_C；

(2) A、P、B、C、M 五点的坐标；

(3)用解析法和图解法分别求出距离 AB、BC、CA 并进行比较；

(4)用解析法和图解法分别求出方位角 α_{AB}、α_{BC}、α_{CA} 并进行比较；

(5)求 AC、CB 连线的坡度 i_{AC} 和 i_{CB}。

4. 怎样在图上设计一定坡度的线路最短的路线？图8-12为1∶2 000的地形图，试在图

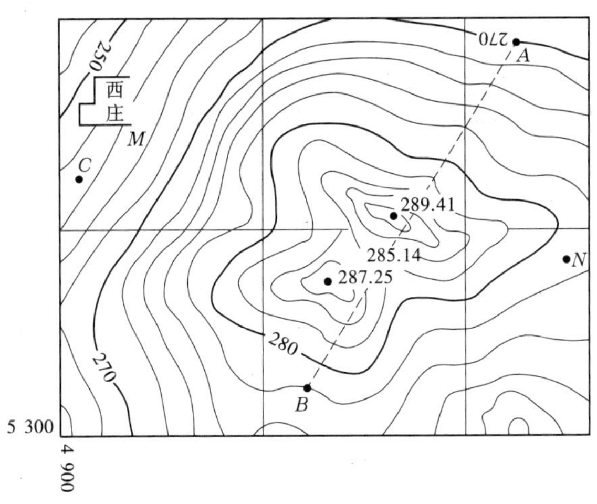

图 8-12

上绘出从西庄附近的 M 出发至鞍(垭口)N 的坡度不大于6%的路线。

5. 怎样按地形图绘制已知方向线的纵断面图?图 8-12 为 1∶2 000 的地形图,试沿 AB 方向绘制纵断面图(水平距离比例尺为 1∶2 000,高程比例尺为 1∶200)。

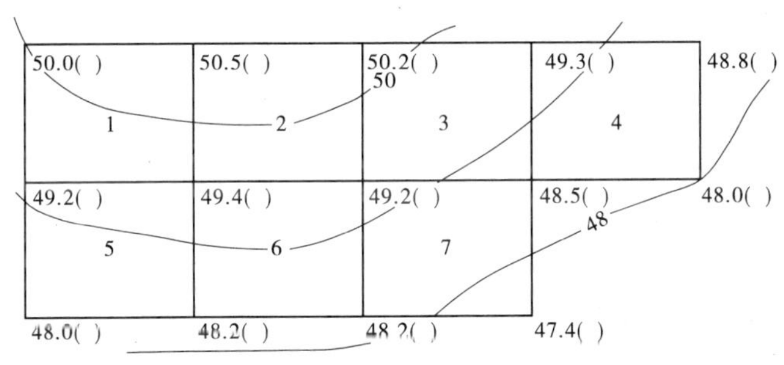

图 8-13

6. 图 8-13 表示一缓坡地,按填、挖基本平衡的原则平整为水平场地。首先,在该图上用铅笔打方格,方格边长为 10 m。其次,由等高线内插求出各方格顶点的高程。以上两项工作已完成,现要求完成以下内容:

(1)求出平整场地的设计高程(计算至0.1 m);

(2)计算各方格顶点的填高或挖深量(计算至0.1 m);

(3)计算填挖分界线的位置,并在图上画出填挖分界线并注明零点距方格顶点的距离;

(4)分别计算各方格的填、挖方量以及总挖方量和总填方量(计算取位至0.1 m^3)。

7. 什么是汇水面积?图 8-6 为 1∶2 000 的地形图,欲在道路经过的 m 处设置一涵洞,试勾绘汇水面积的界线。

第九章　园林道路测量

学习目标

应掌握园林道路的选线、中线测量、纵横断面测量和纵断面设计，掌握线路路基设计、工程土石方的计算以及渠道测量等。

第一节　概　述

园林道路(简称园路)是贯穿全园的交通网络，是联系园内各功能区、若干个景区和景点的纽带，是组成园林风景的要素，组织交通和导游，并为游人提供活动和休息的场所。园路的走向对园林的通信、光照、环境保护也有一定的影响。所以，园林道路在园林工程设计中占有重要地位。

一、园路的种类

无论从实用功能上，还是从美观方面，均对园路的设计有一定的要求。园路按其重要性和级别可分为以下几种(见表9-1)。

(1)主园路(主干道)：联系公园出入口、园内各功能分区(景区)主要建筑物和主要广场，成为全园道路系统的骨架，是游览的主要路线。

(2)次园路(次干道)：为主干道的分支，是贯通各功能区、联系各景点和活动场所的道路。

(3)小径(游步道)：景区内连接各个景点的浏览小道。

(4)专用道：用于防火、园务等。

表9-1　园路分类与技术标准

分类		路面宽度(m)	游人步道(肩宽)(m)	车道宽度(m)	路基宽度(m)	车速(km/h)	说明
园路	主园路	6~7	≥2	2	8~9	20	
	次园路	3~4	0.8~1	1	4~5	15	
	小径	0.8~1.5	—	—	—	—	
	专用道	3	≥1	1	4		

按其主要用途可分为：

(1)园景路：是指依山傍水的或有着优美植物景观的游览性园林道路。这种园路的交通性不突出，适宜游人漫步游览和赏景，如风景林中的林道、滨水的林荫道、花径、竹径等都属于园景路。

(2)园路公路：是指以交通功能为主的通车园路，一般采用公路形式，如大型公园中的环湖公路、山地公园中的盘山公路等。

(3)绿化街道:是指分布在城市街区的绿化道路。

二、园路测量的基本内容

由于次园路、小路和小径的技术标准低,一般不须进行专门的线路测量,园路测量仅对主园路而言。园路测量的内容包括勘测、选线、中线测量、转角测量、里程桩设置、圆曲线测设、路线纵横断面测量、纵断面图的绘制、路基设计图、土石方工程量的计算等。

由于园路的功能不同,有些需要通行大量的人流或机动车,有些只作为少量人流的通行之用,而有些还要考虑残疾人的游园方便,因此园路的技术指标比较复杂,具体设计时考虑相关设计规范中相关内容。

第二节　园路中线测量

一、踏勘

(一)勘察选线阶段

勘察选线阶段是园路工程的开始阶段,一般内容包括图上选线、实地勘察和方案论证。

(二)勘测阶段

园路工程的勘测通常分初测和定测两个阶段。初测的主要任务是控制测量和带状地形图、纵断面图的测绘;收集沿线地质、水文等资料;作纸上定线或现场定线,编制比较方案,为初步设计提供依据。定测阶段的主要任务是将定线设计的公路中线放样于实地;进行园路的纵、横断面测量,桥涵、路线交叉、沿线设施、环境保护等测量和资料调查,为施工图设计提供资料。

二、选线

园路属于线状建筑物,从起点到终点,由于地形、地质等自然条件和行车安全要求的限制,在平面上会有弯曲,纵断面上有起伏,横向有一定的宽度。选线就是将路线中心线的位置落实到实地上。道路的中线由直线和曲线组成,曲线包括单圆曲线、复曲线、反向曲线、回头曲线、缓和曲线、综合曲线等,而园路中的曲线比较简单,以单圆曲线为主。

路线方案确定后,要根据园路的实际情况,合理利用地形,综合考虑园路的平、纵、横三方面,选定具体的线路位置。

选线工作是整个园路设计的关键,路线选得合理与否,对于园路的质量和造价以及养护等都有很大的影响。因此,在选线时,必须综合考虑,因地制宜地选出合理的线路。

选线的任务是根据技术标准和路线方案,结合景区规划和地形地质条件,具体确定出路线中线位置,即定出路线的起、迄点,路线上的交点(转折点)、直线上的转点和平曲线的半径等。

在一定等级的线路工程中,其中线的确定,是先在大比例尺规划地形图上设计中线的具体位置和走向,确定主点(路线起点和终点、折点和交点)坐标、切线(直线)方位角以及设计半径等,并据此计算线路中线任意里程处的点位坐标,再根据线路沿线布设的测量控制点,利用极坐标放样等方法直接在实地标定中线的位置;对于小型线路工程,确定中线的方法一般是先在地形图上初步选线,然后赴现场直接定线。本章介绍后者。

(一)图上选线

选线前应先做好踏勘工作,并在踏勘前广泛收集与路线有关的资料,如各种比例尺的地形图、地质资料、园区总体规划方案等。对上述资料进行分析研究后,在图上选线,然后赴现场踏勘,并根据实际情况作必要的修改。

(二)现场直接定线

对路线进行踏勘后,可进行现场定线,即在实地通过反复调整路线,直接确定交点、转点的方法。现场定线比图上选线更切合实际,更为合适,故图上选线是现场定线的辅助措施和参考依据。由于现场定线是采用直观、具体的手段选出合理的线路,且方法简单、操作方便,故一次勘测定线的方法在低等级路线工程中被普遍采用。

现场定线一般用测坡器放坡、用经纬仪或罗盘仪测定转角和两相邻交点间的视距,并在交点上打入交点桩,以 JD_1、JD_2、JD_3、…依次编号,同时注明推荐半径;若两相邻点间距较长或受地形阻碍不能通视,应在线路上的适当位置打入转点桩,以 ZD_1、ZD_2、ZD_3、…编号。交点桩和转点桩一般用 5 cm×5 cm×30 cm 的木桩,桩顶钉入铁钉,侧面编号,字面朝向路线起点。

各级交通道路的纵坡都有一定的标准,以保证行车安全。当两相邻线路的控制点(线路必须经过的地点)已定,但其高差较大时,若以直线连接必然超过线路最大纵坡的限值,为减缓坡度,必须使线路拉长(通称为展线)。由一个线路控制点到另一相邻控制点,按线路设计的平均纵坡,并考虑地形、地质及水文等因素,在确保路基稳定的情况下,实地测量出线路的中心位置,称为放坡。放坡宜从高往低放,这样站得高、看得远,能掌握整个地形态势。放坡时,要注意小半径曲线上的纵坡折减,尽量不用极限坡值。

实地放坡应由有经验的人员担任,一般有甲、乙两人组成,持标杆和测坡器。在标杆上可系红布条,布条高度等于对方眼高;在测坡器上对好拟放纵坡数所对应的倾角度数(见图 9-1),相应于5%的倾角为2°52′(见表 9-2)。放坡时,从顶点开始,甲立于起点,待乙行至下坡方向的适当位置时,甲指挥乙上下移动,当甲看在标杆上的眼高处时,乙以同样的坡度向上看甲,复核无误后,乙在站立点插上标志。然后两人同时前进,甲行至乙所插标志处时,同法继续放坡定点。

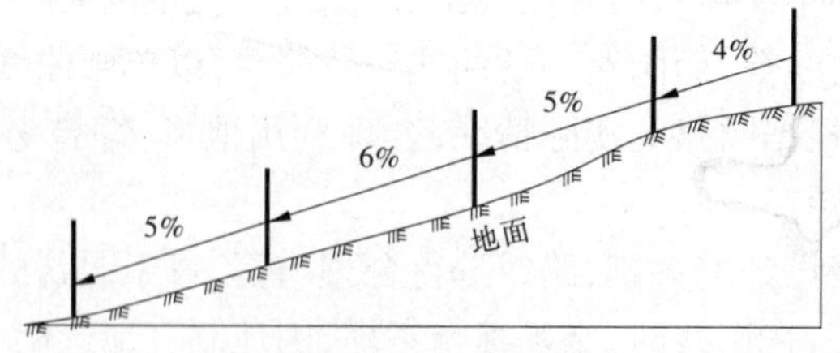

图 9-1　实地放坡

表 9-2　坡度与倾角对照关系

坡度(%)	0.5	1.0	1.5	2.0	2.5	3.0	3.5	4.0	4.5	5.0
倾角(° ′)	0　17	0　34	0　51	1　09	1　26	1　43	2　00	2　17	2　35	2　52
坡度(%)	5.5	6.0	6.5	7.0	7.5	8.0	8.5	9.0	9.5	10.0
倾角(° ′)	3　09	3　26	3　43	4　00	4　17	4　34	4　51	5　09	5　26	5　43

三、园路转角的测定

相邻两导线的后一导线边的延长线与前一导线边的水平夹角，称为转角，用 α 表示。它有左转角和右转角之分，前一导线在后一导线的延长线左侧的，为左转角；在延长线右侧的，为右转角。如图 9-2 所示，可得转角的计算规律：

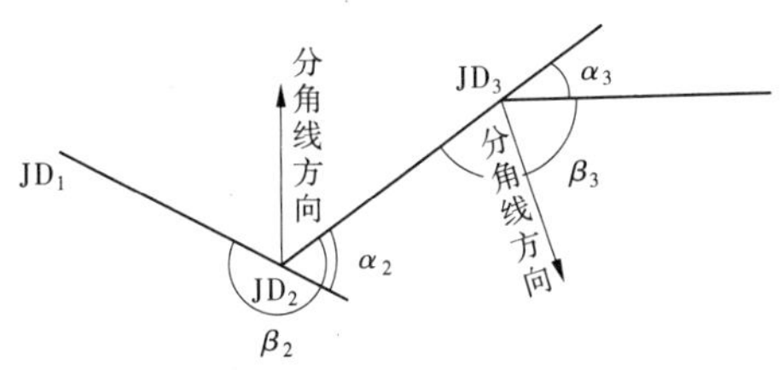

图 9-2　转角测量

当右角 $\beta<180°$ 时，为右转角

$$\alpha_{右}=180°-\beta \tag{9-1}$$

当右角 $\beta>180°$ 时，为左转角

$$\alpha_{左}=\beta-180° \tag{9-2}$$

实际工作中，在测量完水平角并计算出转角后，及时进行圆曲线半径的设计和圆曲线的测设工作，以便使里程延续。

四、里程桩的设置

为测定路线的长度和路线纵横断面设计的需要，必须从起点起，沿路线的中线测出整个路线的长度。距离测量的精度一般应达到 1/200 以上。在量距时，应钉里程桩，每 100 m 钉百米桩，每 20 m 设置整桩（见图 9-3（a）），坡度变化处、路桥（涵或隧）相接处、地质变化处等均应设置加桩（见图 9-3（c））。遇曲线时，设置主点桩（见图 9-3（b））和细部桩。各桩按里程注明桩号，书写面朝起始方向，背面以 1 ~ 10 序号循环书写（见图 9-3（d）），以便后续测量时找桩。桩号以“km + m”的形式表示，如线起点桩号为 0 + 000，以后各桩依次为 0 + 020，0 + 040，0 + 045. 5，0 + 060，…，5 + 420，5 + 433. 6，5 + 440 等。上列桩号中，0 + 045. 5、5 + 433. 6 分别为 0 + 040、0 + 060 和 5 + 420、5 + 440 之间的加桩。在曲线主点桩上，还应在桩号前加注 ZY、QZ 和 YZ 的字样。

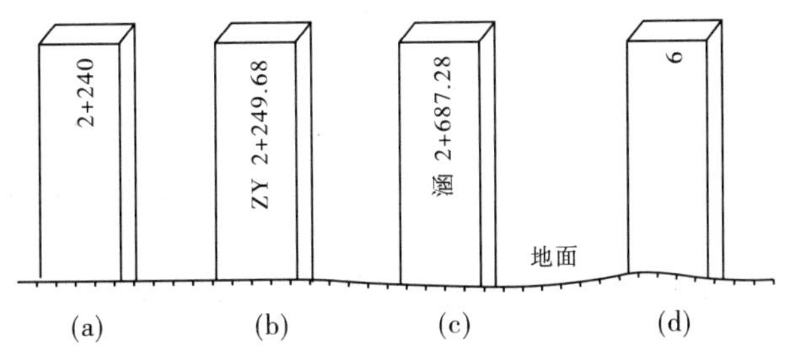

图 9-3　里程桩的设置

在距离测量中，如线路改线或测错，都会使里程桩号与实际距离不相符，此种里程不连续的情况称为“断链”。当出现断链时，应进行断链处理，也即为避免影响全局，允许中间出现断链，桩号可不连续，仅在改动部分用新桩号，其他部分不变，仍用老桩号，并就近选取一老桩号作为断链桩，分别标明新老里程。凡新桩号比老桩号短的称为短链，新桩号比老桩号长的称为长链，如图 9-4 所示。

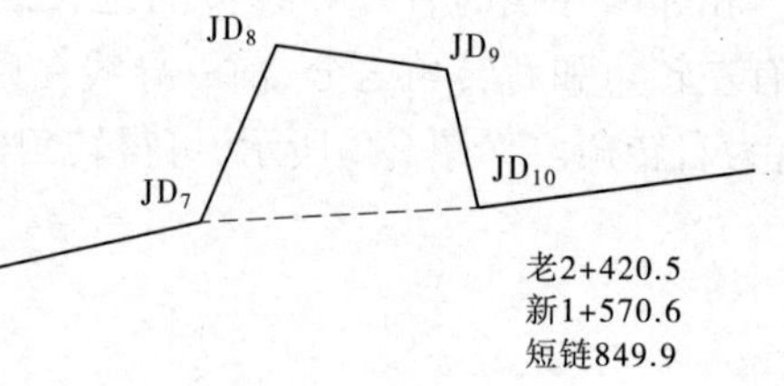

图 9-4 设置断链桩

在断链桩上应注明新老桩号的关系及长短链长度，如“1 + 570. 6 = 2 + 420. 5(短链 849. 9 m)”。习惯的写法是等号前面的桩号为来向里程(即新桩号)，等号后面的桩号为去向里程(即老桩号)。手簿中应记清断链情况。由于断链的出现，线路的总长度应按下式计算：

$$路线的总长度 = 末桩里程 + 长链总和 - 短链总和 \quad (9\text{-}3)$$

五、圆曲线的测设

由于受地形地质及社会经济发展条件的限制，园路总是不断地从一个方向转向另一个方向。为保证行车安全，必须用曲线连接起来。这种在平面内连接两个不同方向线路的曲线，称为平曲线。平曲线有以下几种主要类型：

(1)单圆曲线。具有单一半径的曲线，简称圆曲线(见图 9-5)。

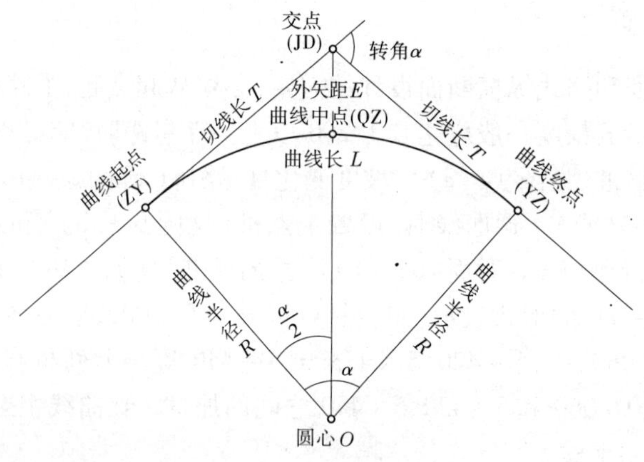

图 9-5 圆曲线

(2)复曲线。由两个或两个以上的圆曲线连接而成的曲线(见图 9-6)。

(3)反向曲线。由两个方向不同的曲线连接而成的曲线(见图 9-7)。

(4)回头曲线。由于山区线路工程展线的需要，其转向角接近或超过 180°的曲线(见图 9-8)。

(5)缓和曲线。在直线和圆曲线间插入的一条半径由∞过渡到 R 的曲线(见图 9-8)。

园路工程中，以单圆曲线为主。

曲线的测设方法有很多，传统的有偏角法、切线支距法，现在由于全站仪的广泛使用，极坐标放样法已成为主要方法。

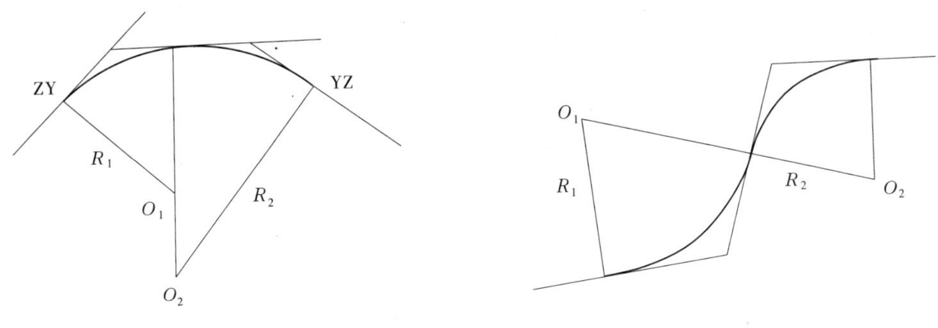

图 9-6　复曲线　　　　图 9-7　反向曲线

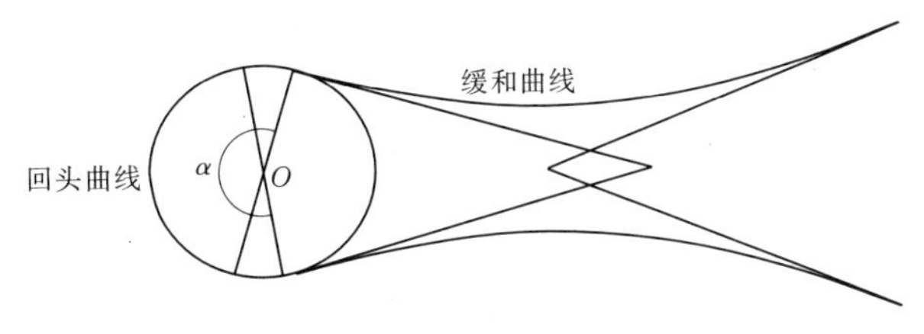

图 9-8　回头曲线和缓和曲线

圆曲线测设的步骤是:先测设曲线的主要点,再按曲线上规定的桩间距进行加密。如图 9-9所示,曲线的三个点分别是直圆点(ZY)、曲中点(QZ)和圆直点(YZ)。在实地测设之前,要先进行曲线元素和各点里程的计算。

(一)圆曲线元素及其计算

如图 9-5 所示,圆曲线半径 R、偏角(即路线转向角)α、切线长 T、曲线长 L、外矢距 E 及切曲差 D,称为曲线元素。R 为设计值,α 为观测值,其余元素可按下列关系式计算

$$\left.\begin{aligned} T &= R\tan\frac{\alpha}{2} \\ L &= \frac{\pi}{180^\circ}\alpha R \\ E &= R\left(\sec\frac{\alpha}{2} - 1\right) \\ D &= 2T - L \end{aligned}\right\} \tag{9-4}$$

实际工作中,上述元素的值可用计算器计算,也可从《公路曲线计算表》中查阅。

【例 9-1】　已测得某线路的转角 $\alpha_{右} = 30°45'$,设计半径 $R = 300$ m,求圆曲线元素。

解:据式(9-4),可计算得

$$T = 82.49\ \text{m},\quad L = 161.01\ \text{m},\quad E = 11.14\ \text{m},\quad D = 3.97\ \text{m}$$

(二)圆曲线主点里程计算

为了测设圆曲线,必须计算主点里程。上例中,如果圆曲线交点 JD_3 的里程为 2 + 344.56,根据算得的曲线元素值,则圆曲线主点的里程为

$$\begin{array}{lr} JD_3 & 2+344.56 \\ \underline{-)\ T} & \underline{82.49} \\ \text{直圆点}\quad ZY = & 2+262.07 \end{array}$$

$$\begin{array}{rl} \underline{+)L} & \underline{161.01} \\ 圆直点\quad YZ = & 2+423.08 \\ \underline{-)L/2} & \underline{80.50} \\ 曲中点\quad QZ = & 2+342.58 \\ \underline{+)D/2} & \underline{1.98} \\ JD_3 & 2+344.56 \end{array}$$

最后一步为校核计算。

(三)圆曲线主点的测设

如图9-9所示,将经纬仪置于交点JD_i上,以线路方向定向。自交点起沿两切线方向分别量出切线长T,即得直圆点ZY和圆直点YZ。在交点JD_i上后视ZY,拨角$\frac{180°-\alpha}{2}$,得分角线方向,沿此方向自JD_i量出外矢距E,即得曲中点QZ。

圆曲线主点对整条曲线起控制作用,其测设的正确与否,直接影响曲线的详细测设。在主点测设完毕后,可以用偏角法进行检查。如图9-9所示,曲线的一端对另一端的偏角应是转向角α的一半,曲线一端对曲线中点的偏角应是转向角α的1/4。

(四)圆曲线的详细测设

如圆曲线的长度较长,仅三个主点尚不能较好地确定它的形状并指导施工,就必须进行圆曲线的详细测设,也即测设圆曲线主点外的一定间隔的加桩、百米桩等。

1. 偏角法

所谓偏角法,是根据曲线点i的切线偏角δ_i及其间距c作方向与定长交会,获得放样点位。如图9-10所示,在ZY点上安置仪器,后视JD方向,拨出偏角δ_1,再以定长c自ZY点与拨出的视线方向交会,便得1点。拨角δ_2得第二点的弦线方向,再以定长c自1点与拨出的视线方向交会,便得2点。余同法测设。

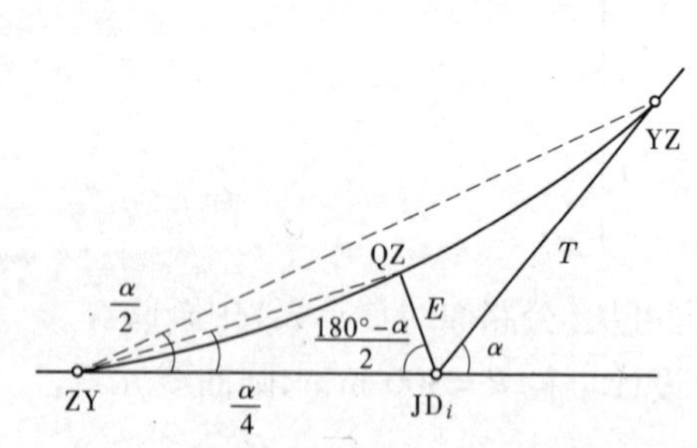

图9-9　圆曲线主点的测设

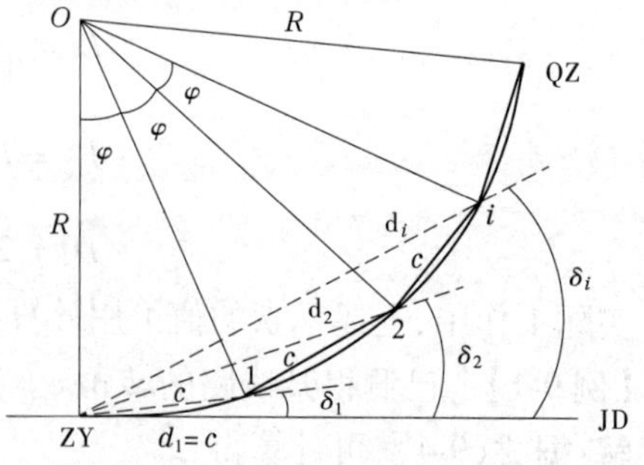

图9-10　偏角法放样圆曲线

偏角值的计算。偏角δ_i在几何学上称为弦切角,其值等于对应弧长所对圆心角的一半,即

$$\delta = \frac{\varphi}{2} = \frac{l}{2R}\frac{180°}{\pi}$$

式中　l——弧长;

φ——弧长l所对应的圆心角;

R——圆弧的半径。

当圆曲线上各点是等距时，曲线上各点的偏角为第一点偏角的整倍数。

$$\left.\begin{aligned}\delta_1 &= \frac{\varphi}{2} = \frac{l}{2R}\frac{180^\circ}{\pi} = \delta \\ \delta_2 &= 2\frac{\varphi}{2} = 2\delta \\ \delta_3 &= 3\frac{\varphi}{2} = 3\delta \\ &\vdots \\ \delta_n &= n\frac{\varphi}{2} = n\delta\end{aligned}\right\} \tag{9-5}$$

如果圆曲线的半径一般较大，细部的圆弧长 l 较短，用弦长代替弧长的误差很小，可忽略不计，放样时可用弦长代替弧长；如果圆曲线半径较小，细部点间的弧长 l 较长，则应用实际弦长 c 放样。

$$c = 2R\sin\delta \tag{9-6}$$

实际工作中，为了测量和施工的方便，一般将曲线上细部点的里程换成10或20的整倍数。但曲线起点ZY点的里程往往不是10 m或20 m的整倍数，所以在弧的两端会出现两段非10 m或20 m整倍数的弧，习惯上把这两段不足10 m或20 m的弧所对应的弦叫分弦。

计算各细部点的偏角，应按曲线起点、终点的里程先计算两分弧的长度，然后计算两分弧所对应的偏角，结合等弧所对应的弦切角，即可求得。在例9-1中，ZY点的里程为2 + 262.07，如详细测设以20 m为一个整弧段，则第一个曲线里程桩为2 + 280，其分弦所对的弧长为17.93 m。

若圆曲线首尾两分弧的长分别为 l_1 和 l_2，其所对应的圆心角为 φ_1 和 φ_2，等分弧所对应的圆心角为 φ，弦切角为 δ，则圆曲线上各细部点偏角值的计算如式(9-7)。

$$\left.\begin{aligned}\delta_1 &= \frac{\varphi_1}{2} = \frac{180}{2\pi R}l_1 \\ \delta_2 &= \delta_1 + \frac{\varphi}{2} = \delta_1 + \delta \\ \delta_3 &= \delta_1 + 2\frac{\varphi}{2} = \delta_1 + 2\delta \\ &\vdots \\ \delta_n &= \delta_1 + (n-2)\delta \\ \delta_{YZ} &= \delta_1 + (n-2)\delta + \frac{\varphi_2}{2}\end{aligned}\right\} \tag{9-7}$$

实际工作中，圆曲线的整弦及分弦的偏角计算一般用计算器，也可以转角 α 和半径 R 为引数，从《公路曲线计算表》中查取。

【例9-2】 在例9-1中，转角 $\alpha_{右} = 30°45'$，设计半径 $R = 300$ m，若曲线上每20 m定一个细部桩，求曲线上各细部点的偏角。

解：先据已知的 α 和 R 查表或用计算器计算出圆曲线元素 T、L、E、D，并计算出三个主点和各细部点的桩号，以及各段圆弧所对应的弦切角。

实际工作中，偏角法测设圆曲线一般分两段放样，即分别以 ZY 点和 YZ 点作测站，各施测至 QZ 点的半个圆曲线，各点的偏角计算值见表 9-3。详细测设步骤（见图 9-10）如下。

（1）ZY 点设站，照准切线方向并使度盘归零。

（2）拨角 1°42′43″，自 ZY 点起量取 $c_1=17.93$ m，即得曲线上的 1 点。

（3）拨角 3°37′18″，自 1 点起量取 $c_2=20$ m，即得曲线上的 2 点。

（4）同法测得 3、4 点及 QZ 点，并检查与测设主点时的 QZ 点是否一致。

（5）将仪器迁至 YZ 点设站，以切线方向归零，测设另半条曲线，方法同前，但要注意拨角方向相反。

（6）由于测设误差的影响，从 ZY 点或 YZ 点向曲线中点方向测设曲中点 QZ 时，与已测的控制桩 QZ 可能不重合（见图 9-11）。假定落在 QZ′上，则产生闭合差 f。f 的允许值是分纵向闭合差 f_x 和横向闭合差 f_y 来考虑的。若纵向（沿线路方向）闭合差 f_x 小于 1/1 000、横向闭合差 f_y 小于 10 cm，可根据曲线上各点到 ZY（或 YZ）的距离，按比例进行调整。

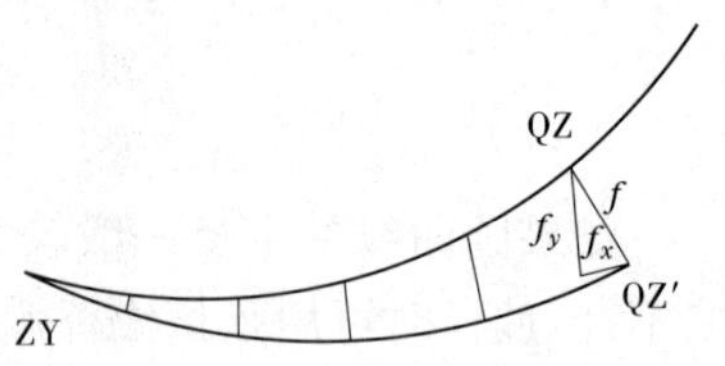

图 9-11　实测曲线闭合差的调整

表 9-3　各点的偏角计算值

点名	里程	曲线点间距	偏角（°　′　″）	说明	示意图
ZY	2 +262.07		0　00　00	顺拨	JD ZY $\alpha_{右}$ QZ YZ
1	+280	17.93	1　42　43		
2	+300	20	3　37　18		
3	+320	20	5　31　54		
4	+340	20	7　26　29		
QZ	2 +342.58	2.58	7　41　15		
QZ	2 +342.58	17.42	352　18　45	反拨	
5	+360	20	353　58　35		
6	+380	20	355　53　10		
7	+400	20	357　47　46		
8	+420	3.08	359　42　22		
YZ	2 +423.08		0°　00′　00″		

偏角法放样圆曲线细部，计算和操作方法都比较简单，并可自行闭合进行检查，在比较平坦的施工区域应用比较广泛。但该法是逐点测设，误差积累，因此在测设中要特别注意角度配置，精确测定距离。

2. 切线支距法

切线支距法也称为直角坐标法。它是以直圆点 ZY 或圆直点 YZ 为原点，切线为 x 轴，通过 ZY（或 YZ）的半径为 y 轴的直角坐标系。利用曲线上各点在此坐标系中的坐标，便可用直角坐标法测设圆曲线上的各点。

从图 9-12 可知，曲线上任一点的坐标计算式为

$$x_i = R\sin\alpha_i$$
$$y_i = R(1 - \cos\alpha_i)$$

α_i 为相应弧长所对应的圆心角，用 $\alpha_i = \dfrac{l_i}{R}$ 代入上式并用级数展开，得曲线上各细部点的坐标公式为

$$\left.\begin{aligned} x_i &= l_i - \frac{l_i^3}{6R^2} + \frac{l_i^5}{120R^4} \\ y_i &= \frac{l_i^2}{2R} - \frac{l_i^4}{24R^3} + \frac{l^6}{720R^5} \end{aligned}\right\} \quad (9\text{-}8)$$

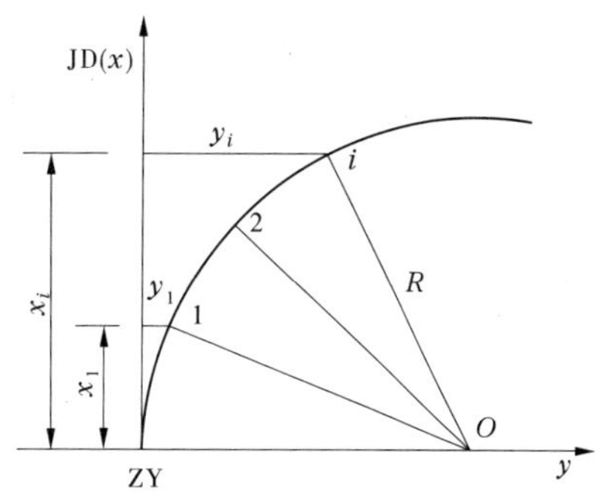

图 9-12　切线支距法测设圆曲线

l_i 为细部点 i 至 ZY 点的弧长，R 为曲线半径。据式(9-8)，只需代入各细部点至 ZY 点间的弧长即可求得各点的坐标。

由图 9-12 所示，切线支距法测设圆曲线的步骤如下：

(1) 自 ZY 点起沿切线方向，按 l_i 量出各点的里程，直到 QZ 点，并用临时标志标定。

(2) 从上述各点退回($l_i - x_i$)，得曲线上各点至切线的垂足。

(3) 在各点垂足测设直角(即过垂足作切线的垂线)，在垂线的方向上量出相应的 y_i 值，即得曲线上各点。

(4) 一般从 ZY 点和 YZ 点各向 QZ 方向测一半的曲线。

用此法测设各点相互间是独立的，不存在误差的积累和传递问题，但此法在起伏大的地区作业困难不少。

3. 极坐标法

由于测距仪和全站仪的普及，在生产中该法已成为曲线放样的主要方法。该法具有速度快、精度高、设站自由等优点。极坐标法放样曲线上各点，关键是计算各放样点的坐标或放样数据。常用的方法有：

(1) 利用式(9-5)和式(9-6)直接计算 ZY(或 YZ)到各点的偏角和弦长，以 ZY 点或 YZ 点为测站直接拨角放样。

(2) 计算各放样点的坐标，用全站仪的放样程序进行放样。各点的坐标值，可用切线支距法中提供的方法计算，但用偏角和弦长直接计算更简单方便。

如图 9-13 所示，假定以 ZY 点为坐标起算点，以切线方向为 x 轴，过 ZY(B)的半径方向为 y 轴的局部坐标系中，δ 为弧长 BK 的偏角，S 为弦长，l 为弧长，K 在坐标系中的坐标为

$$\left.\begin{aligned} x_K &= x_B + S\cos\delta \\ y_K &= y_B + S\sin\delta \end{aligned}\right\} \quad (9\text{-}9)$$

如果在统一坐标系中测设，可对局部坐标系中的测站点坐标和切线方位角进行换算，再对各细部点求坐标，或再计算放样数据。

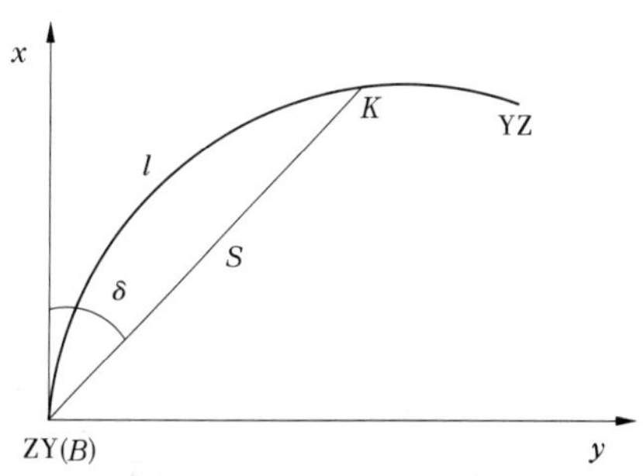

图 9-13　极坐标测设圆曲线

第三节　园路纵断面测量

测量路线中线各里程桩地面高程的工作称为纵断面测量。由于它是用水准测量的方法进行的，故也称为线路水准测量。路线平面位置测设后，应进行纵断面高程测量，以便绘制纵断面图，进行路线纵向坡度、桥、涵和隧洞纵向位置的设计，计算各桩的工程量。路线纵断面测量分基平测量、中平测量两步进行。

基平测量的精度要高于中平测量，一般按四等水准测量的精度；中平测量只作单程观测，按普通水准测量的精度。

一、基平测量

基平测量也称为路线高程控制测量，分为设置水准点和测量水准点高程两步。沿线路设置的高程控制点的密度和精度，依地形和工程的要求来确定，一般两相邻高程控制点的间距为1 km左右，其精度不低于四等水准的要求，通常采用水准测量的方法进行施测，具体的施测过程、方法、精度要求和高程计算，以及高程控制点的埋设等，参阅教材其他章节相关内容。

二、中平测量

根据基平测量提供的水准点高程，分段进行中桩的高程测量，测定各中桩的地面高程，当分段高差闭合差 f_x 不超过 $\pm 50\sqrt{L}$ mm时，可不平差，式中 L 以千米为单位。

(一)施测方法

传统的方法是用水准测量法。中桩测量时，应根据中线测量所提供的桩号依次逐点进行。由于中桩数量多，间距较短，为在保证精度的前提下提高观测速度，在一个测站上，除观测前、后视外，还观测若干中间视，并求得其高程。中间视一般读至厘米即可满足工程的需要，而转点因起高程的传递作用，必须读至毫米。观测方法和过程如下：

(1)安置水准仪置于适当位置，如图9-14中的1点处，后视高程已知点 BM_1，前视0+080，并作为转点，将读数记入表9-4的相应位置中；再依次观测前、后视间的中间点0+000、0+020、…、0+060桩，读取中视读数并记入表格的相应位置。

(2)安置仪器于2点处，后视0+080，前视0+180，同前法读取前后视间的中间视并记入表格。

(3)按上述方法逐站观测，直至附合到下一个高程控制点。这样就完成了一个测段的观测。

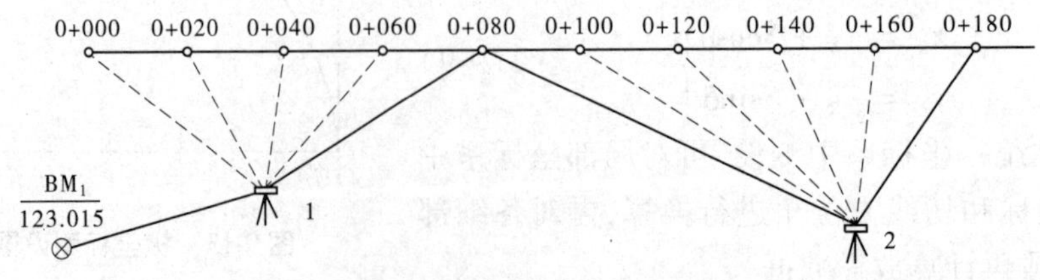

图9-14　路线中平测量

表 9-4　中平测量记录

测站	测点	水准尺读数			视线高程	高程	距离
		后视	中间视	前视			
1	BM_1	2.025			125.040	123.015	53.3
	0+000		1.06			123.98	
	0+020		1.99			123.05	
	0+040		2.36			122.68	
	0+060		2.65			122.39	
	0+080		.	1.688		123.352	55.6
2	0+080	2.352			125.704	123.352	75.6
	0+100		1.02			124.68	
	0+120		1.65			124.05	
	0+140		1.00			124.70	
	0+160		0.85			124.85	
	0+180			0.652		125.052	78.0
…	…	…	…	…	…	…	…

(二)计算中桩高程

中桩的高程按以下公式计算：

视线高程 = 后视点高程 + 后视读数

转点高程 = 视线高程 - 前视读数

中桩高程 = 视线高程 - 中视读数

进行中桩水准测量应注意下列几个问题：因线路上中桩多，应防止重测和漏测，特别要依里程桩背面的 1 ~ 10 循环编号，以便立尺时对号施测；转点传递高程时，前后视的视距应尽可能相近。

(三)园路纵断面图的绘制

园路纵断面图是根据中线测量和中平测量成果，以平距(里程)为横坐标，高程为纵坐标，根据工程需要的比例尺，在毫米方格纸上绘制的。一般水平比例尺比高程比例尺小 10 倍，如平距比例尺为 1∶1 000，则高程比例尺为 1∶100。绘制的方法和格式如下。

(1)如图 9-15 所示，在线路平面栏内，按桩号标明线路的直线和曲线部分，该栏表示的是线路的中心线，用折线表示线路的转向，向上折表示线路向右转，向下折表示线路向左转。

(2)里程栏从左向右按比例尺绘出各里程桩的位置并注明桩号。

(3)地面标高栏内填写各桩的地面实测高程，位置应与里程桩号对齐。

(4)在以里程为横坐标，高程为纵坐标的坐标系中，绘出各桩的相应位置，将这些点用折线连接起来就是地面纵断面图。线路较长可分幅绘制。

(5)根据各点的高程和线路实际控制点的位置，绘出设计坡度线。

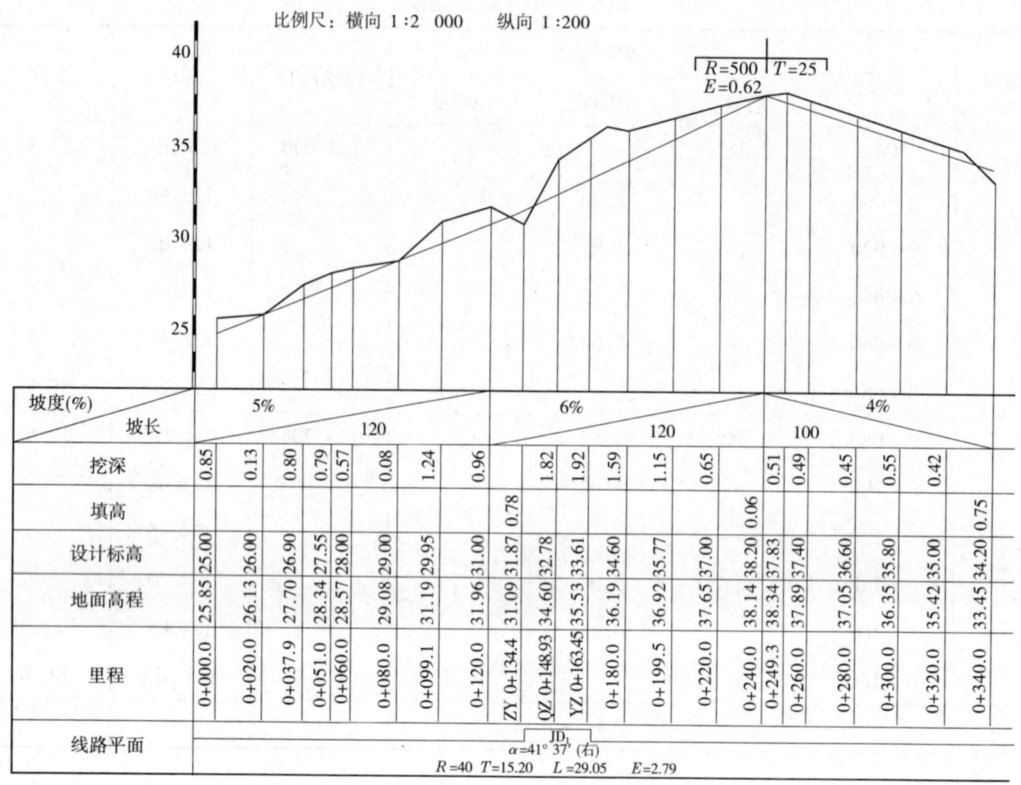

图 9-15 园路纵断面图

(6)根据里程和设计坡度，计算各桩点的设计高程，并填入相应的位置。各桩的设计高程 $H_{设}$ 等于该坡起点的高程 $H_{起}$ 加上设计坡度与该点到该坡起点间的水平距离 D 的乘积，即 $H_{设}=H_{起}+D\times i$。

(7)绘制坡度、坡长栏。用斜线表示两点间的设计坡度，用"/"表示上坡，用"\"表示下坡，用"—"表示平坡。在斜线或水平线的上方注明用百分数表示的坡度，在斜线或水平线的下方注明两点间的水平距离。

(8)计算各桩点的挖深或填高，分别填入挖、填栏内。

(四)中平测量应注意的事项

(1)防止漏测或重测。在施测前，可将中线测量记录中的桩号抄录两份，作为立尺时寻找桩位和记录时核对桩号的依据。

(2)立尺时应将立尺点桩号准确清晰地报告给记录员，记录员听得后应复诵一遍。

(3)水准尺应立在中桩附近高程有代表性的地方，如桩位恰在孤石上或小坑中尺子应立在桩位附近的一般地面上，这样才能真实地反映该处的地面高程。

(4)为了减少水准仪视准轴误差的影响，仪器至转点的前、后视距离应大致相等。

三、园路纵断面的设计

纵向设计是路线设计的重要环节。一条好的设计路线，应在保证行车安全、舒适和迅速的前提下，使之既符合技术标准又造价适宜。纵向设计的主要内容是根据技术标准、沿线自然地形地质条件和拟定建筑物的标高要求等，确定线路的标高、坡长、坡度以及在变坡处设计竖曲线，力求纵坡均匀平顺。

纵坡设计应遵循符合技术标准、具有一定的平顺性和尽量减少工程量的原则。

纵坡设计的一般方法是：

(1)标出控制点。所谓控制点，是直接影响设计纵坡高程的点。应根据选线记录和其他有关资料，在纵断面图上标出沿线各控制点的高程，如线路起点、终点、线路交叉点、桥涵限制等线路必须通过的高程控制点等，都应作为高程控制的依据。另外，还要考虑影响路基填挖平衡关系的高程点，也称为“经济点”，线路通过经济点有利于减小工程量。

(2)试定纵坡线。在标出控制点和经济点的纵断面图上，根据技术指标，在既要以控制点为依据，又要充分考虑经济点的前提下，作全面考虑。最后定出既能满足技术和控制点的要求，又能使填挖工程量比较平衡的纵坡线。

(3)调整试坡线。检查试定纵坡线是否与现场选线时所考虑的放坡示意图相一致，若有较大出入，应全面分析，并及时调整。

纵坡经调整核对无误后，即可定坡。所谓定坡，就是逐段将坡度数、变坡点桩号和设计高程定下来。变坡点一般设在里程为 10 m 倍数的整桩号上。

第四节　园路横断面测量

垂直于路线中线方向的断面叫横断面。横断面测量就是测定过中桩横断面方向一定宽度范围内地面变坡点之间的水平距离的高差，并绘制成横断面图。横断面图是设计路基、计算土石方量和施工放样时的依据。在进行横断面测量时，距离和高差测量精确到 0.1 m；施测的宽度与中桩施工量的大小、地形条件、路基的设计宽度、边坡的坡度等有关。一般从中桩向两侧各测 10 ~ 50 m。下面介绍横断面测量的方法步骤。

一、横断面方向的测定

(一)在直线段上横断面方向的测定

在直线段上横断面方向常用十字架法进行测定(见图 9-16)。将十字架置于 0 + 800 的桩号上，以其中一组方向钉瞄准线路某一中线桩，另一组方向钉则指向横断面方向。当地面起伏较大、宽度较宽时，常用经纬仪拨角法测定，作业时，在中桩上置仪器，以该直线上其他任一中桩为定向方向，拨角 ±90°，即分别为左右横断面方向。

(二)圆曲线上横断面方向的测定

圆曲线上的横断面方向通过圆心，但实地未定出圆心，断面方向无从确定。根据弦切角原理，常采用在十字架上安装一个能转动的偏角定向指示标(见图 9-17 中的 *EF*)，用来测定横断面方向。如图 9-18 所示，欲施测 1 点，在 ZY 点上置求心十字架，AB 方向瞄准切线方向，此时，CD 则通过圆心，将偏角定向指示标 EF 瞄准曲线上的 1 点，并固定之，则 *EF* 与 *AB* 间的夹角为 1 点的偏角。将求心十字架移至 1 点，并使 *CD* 方向瞄准 ZY 点，则指示标 *EF* 指向圆心方向，在该方向上作标志。

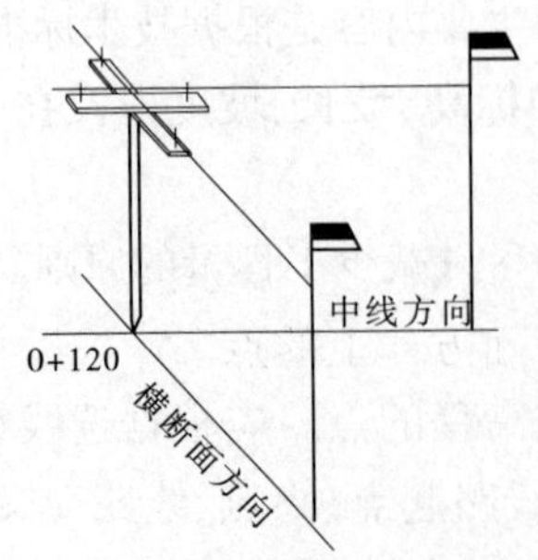

图 9-16　直线段横断面方向的测定

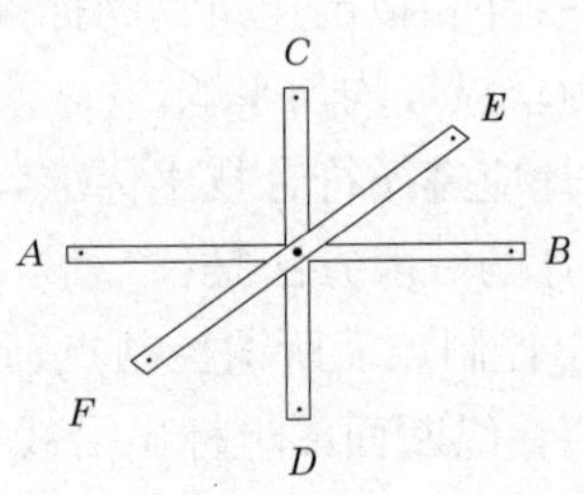

图 9-17　求心十字架

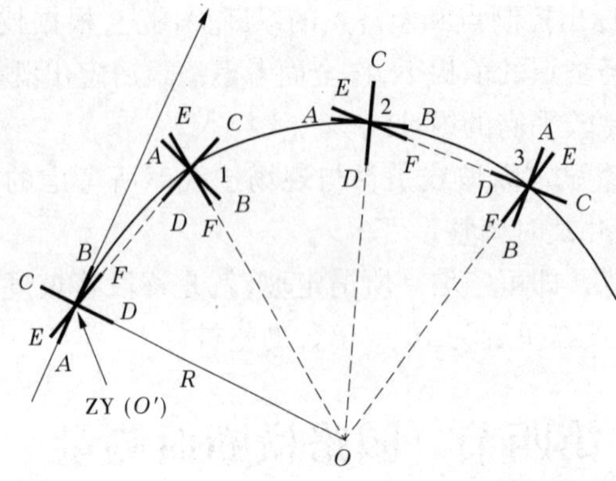

图 9-18　用求心十字架测定圆曲线横断面方向

上述方法适用于曲线起点(或终点)的横断面方向的测设,同理可根据曲线上已标定横断面方向的点来测定其他点的横断面方向。如在已标定横断面方向的 2 点上,用 *CD* 瞄准圆心方向的标志,转动 *EF* 瞄准 3 点并固定之,移求心十字架置于 3 点,用 *CD* 瞄准 2 点,此时 *EF* 方向即为 3 点的横断面方向(圆心方向)。

二、横断面的测量方法

(一)水平尺法

如图 9-19 所示,施测时,将标尺立于地面坡度变化点 1 上,皮尺靠近中桩的地面,拉平并量出至 1 点的平距为 6.8 m,皮尺截于标尺上的高度 1.7 m 为两点间高差。同法测出其各相邻两点的平距和高差。此法操作简单,但精度低。记录格式见表 9-5,表中分左右两侧,用分数表示,分子表示高差,分母表示平距,注意高差符号。

表 9-5　路线横断面测量记录

$\frac{高差}{距离}$(左侧)	桩号	$\frac{高差}{距离}$(右侧)
$\frac{-1.5}{5.3}$ $\frac{-1.2}{3.5}$ $\frac{-1.9}{6.9}$ $\frac{-1.7}{3.1}$ $\frac{-1.7}{6.8}$	2+240	$\frac{1.6}{5.6}$ $\frac{2.2}{6.5}$ $\frac{1.8}{5.1}$ $\frac{1.2}{0.2}$ $\frac{0.2}{1.8}$ $\frac{2.1}{7.2}$

与此法类似的是抬杆法,即用两根标杆分别代替标尺和皮尺来测量平距和高差。

当横断面测量精度要求较高时,在坡度平缓地区可用水准仪观测高差,用皮尺量平距;在山地可用经纬仪视距法测平距和高差。

(二)全站仪对边测量法

这种方法是用全站仪的对边测量功能测定横断面相邻两点间的平距和高差。该法方便快捷,且精度高。其基本原理及施测方法介绍如下。

1. 对边测量原理

在图 9-20 中,O 为测站点,A、B 为与测站通视的横断面方向上的点,S_1、S_2 为测站至 A、B 的斜距,α_1、α_2 为竖角,M_1、M_2 分别为 A、B 方向的水平方向值,T 为水平夹角。O 与 A、O 与 B 间的高差、A 与 B 两点间的平距和各观测值之间的关系分别为:

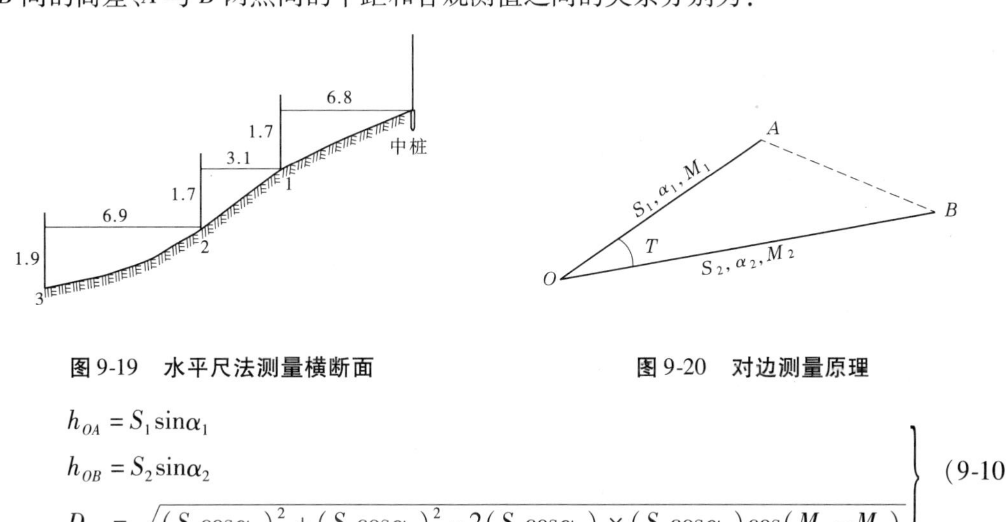

图 9-19　水平尺法测量横断面　　　　图 9-20　对边测量原理

$$\left.\begin{aligned} h_{OA} &= S_1 \sin\alpha_1 \\ h_{OB} &= S_2 \sin\alpha_2 \\ D_{AB} &= \sqrt{(S_1\cos\alpha_1)^2 + (S_2\cos\alpha_2)^2 - 2(S_1\cos\alpha_1) \times (S_2\cos\alpha_2)\cos(M_2 - M_1)} \end{aligned}\right\} \quad (9\text{-}10)$$

上述各项均由全站仪内置程序计算,得测站到立尺点 A、B 间的高差,以及对边 D_{AB} 的长度,此即为对边测量模式。至于 A、B 间的高差 h_{AB},由于未有内置计算程序,需由测量员根据 $h_{AB} - h_{OB} \quad h_{OA}$ 计算。

2. 对边测量模式用于横断面测量

如图 9-21 所示,线路横断面测量时,将全站仪安置在与待测横断面间通视良好的任意位置,立尺人员只需在横断面方向(可据前所述进行横断面方向的确定)的变坡点处打点,根据观测数据,全站仪将自动计算出横断面上任两点间的平距及测站到立尺点间的高差,据此可计算出横断面上两相邻点间的高差。

三、园路横断面图的绘制与设计

横断面图的绘制以中桩为原点,平距和高差分别为横、纵坐标,根据工程需要选用适当的比例尺。在平坦地区,为使断面显示更清楚,常采用不同的比例尺,即垂直比例尺要大于水平比例尺,如横向 1∶100,垂直向 1∶200。对于这种断面图,在设计路基和计算横断面面积时,也要注意纵、横向比例尺的不同。现用软件设计线路横断面时,则纵、横向的比例尺一般都相同。

绘制横断面图时,先将横断面测量所获得的地面特征点位置展绘在毫米方格纸上,以供断面设计和计算土石方工程量。绘图时,先在图纸上定好中桩位置,然后分别向左右两侧按所测的平距和高差逐点绘制,并用折线连接,即得横断面图,如图 9-22 所示。

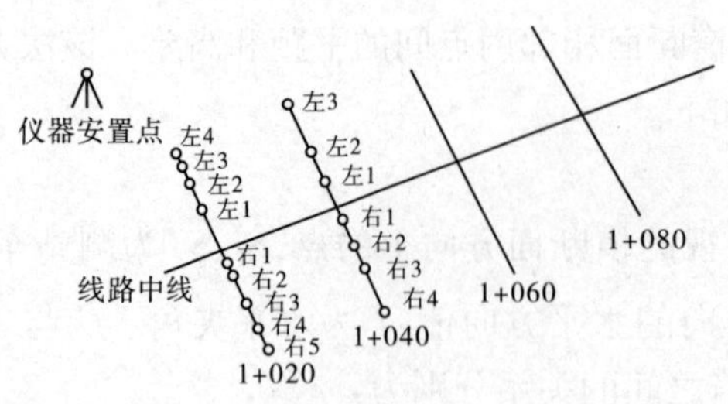

图 9-21　全站仪测量横断面

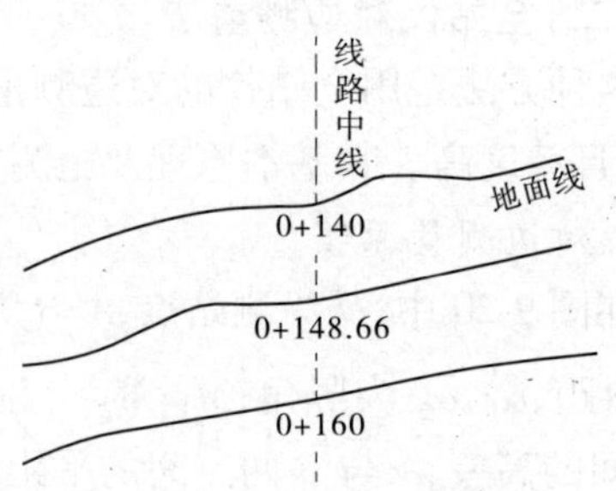

图 9-22　横断面图的绘制

第五节　路基设计

根据路基的填高、挖深的工程量，路基的宽度、边坡的坡度、边沟的大小，在横断面图上绘出路基横断面，称为路基设计。路基形式有三种，即路堤、半填半挖路基和路堑，如图 9-23所示。

一、绘制路基表面线

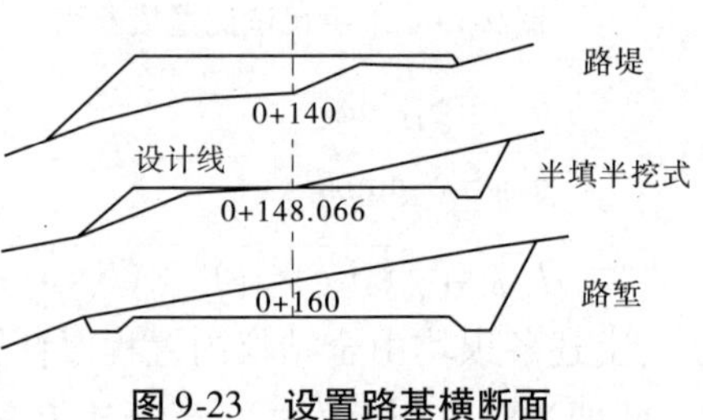

图 9-23　设置路基横断面

路基宽度为路面宽度及两侧路肩宽度的和。根据纵断面图上相应桩号的填高或挖深尺寸，确定路基设计标高的位置，并把路基表面线绘于横断面图上。绘图时应将路基中心置于中线上，如图 9-24 所示。路基边坡是指斜坡的高差与其水平距离的比，即 $h:d=1:m$，m 叫边坡系数。路基边坡系数的大小、边坡限高与道路横断面所处的地质状况等因素有关。

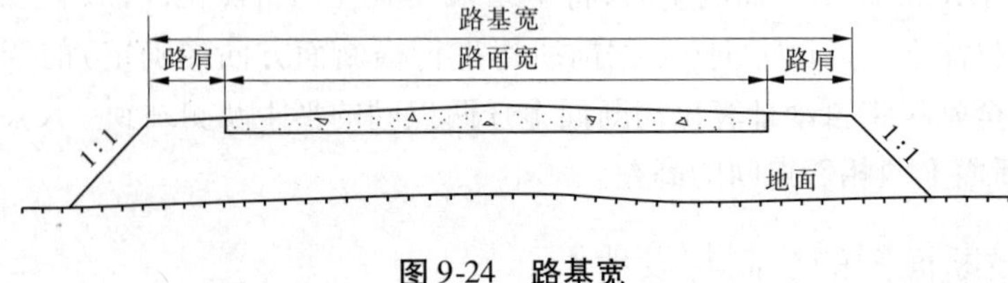

图 9-24　路基宽

二、绘制排水沟和边坡线

除高填方的路堤外，其他路基都需设置排水沟。排水沟位于路肩的外侧，其横断面一般为矩形或梯形，深度为 0.4 ~ 0.5 m。路堤砌石边坡的坡度与石块的大小有关，而路堑和半开挖式的路边坡与地质条件有关。

路面、排水沟和边坡都是路基的组成部分，设计时总是一起综合考虑。目前，生产上都用专业软件进行道路纵向设计和路基设计，图 9-25 是用某软件设计路基横断面的一个界面。

图 9-25　**路基横断面设计**

第六节　土石方量计算

一、横断面面积计算

由于路基横断面的设计是在毫米方格纸上进行的，因而可以直接在设计图上计算横断面的面积。面积的计算方法有多种，传统的有数方格法、求积仪计算法等。如图 9-26 所示，曲线为地面线，折线为路基断面设计线，该断面为填方。用数方格法求面积时，先数出填方图形内的整格子数，再加上边界上非整格数一半为总格子数，该断面的总面积为

$$A = nA_0 \quad (\mathrm{m}^2) \tag{9-11}$$

式中　n——总格子数；

A_0——1 mm^2 格子所代表的实地面积，$A_0 = \dfrac{M^2}{10^6}$。

它与横断面图的比例尺有关，M 为绘图比例尺分母。

【例 9-3】　某园路路基横断面绘制比例尺为 1∶200，其 0 + 120 处的为填方，图上整毫米方格数为 200，边线上为 80 格，求该断面的填方面积。

解：每 1 mm^2 所代表的实地面积

$$A_0 = \frac{M^2}{10^6} = \frac{200^2}{10^6} = 0.04(\mathrm{m}^2)$$

$$A = \left(200 + \frac{80}{2}\right) \times 0.04 = 9.6(\mathrm{m}^2)$$

为便于施工，一般在各个路基横断面上注写必要的数据，如图 9-27 所示。图中 +0.15 为左侧超高数，$e = 0.50$ 右，右侧加宽，W 为中桩的工程量，T_A 和 W_A 分别为填、挖的断面面积。

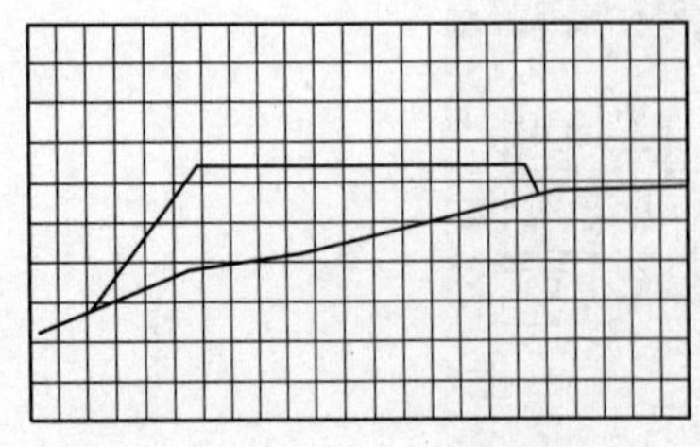

图 9-26 方格法求算面

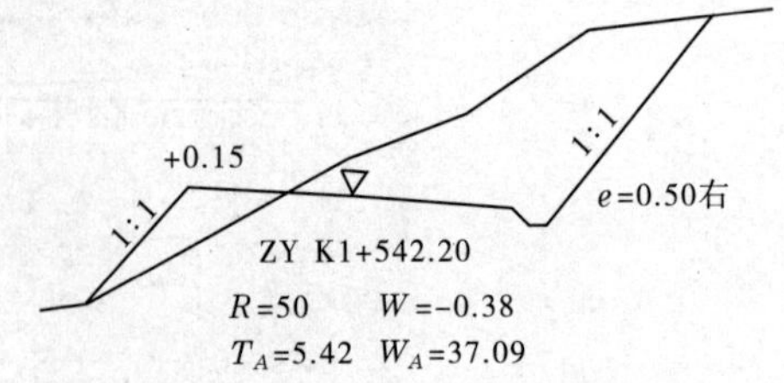

图 9-27 路基断面数据注记

二、土石方量计算

在公路土石方计算中，常用平均断面法近似计算，计算式为

$$V = \frac{1}{2}(A_i + A_{i+1}) \times L \tag{9-12}$$

式中 A_i、A_{i+1}——两相邻断面的填或挖的断面面积；

L——间距。

计算时，应将填方、挖方分别计算。在半填半挖路基中，要注意两相邻断面间填挖的对应并取平均数。

习 题

一、名词解释

线路中线，圆曲线元素，定线测量，路线纵断面和横断面，基平测量和中平测量。

二、简答题

1. 简述园路测量的基本过程。
2. 基平测量的特点是什么？
3. 纵、横断面测量的任务是什么？

三、计算题

1. 已知某交点 JD 的桩号为 K3 + 263.65，右转角为 43°36′，半径 $R = 300$ m，试计算圆曲线元素和主点里程，并且叙述圆曲线主点测设的步骤。

2. 计算曲线元素和里程：某线路的 JD_2 的里程为 0 + 654.32，转角 $\alpha_{右} = 45°30'$，设计半径为 80 m。求三主点的里程。

3. 已知上例中 ZY 点在线路统一坐标系中的坐标为 $x = 3\ 250.125$ m，$y = 6\ 854.65$ m，过 ZY 点至 JD_2 方向的切线方位角为 42°30′00″。求线路三主点在该坐标系中的坐标。

第十章　园林工程测量

学习目标

掌握在园林工程施工之前用方格网法进行平面控制和高程控制测量的方法，用方格水准法、等高线法和断面法等平整土地的方法，点位测设方法，园林建筑主轴线测设、定位、基础施工放样等内容。

园林工程可分为土建工程和绿化工程两部分。园林土建工程主要有亭、廊、台、榭等建筑，以及给水排水、电信、气、热等管线建设项目。绿化工程是园林工程所特有的内容，其主要工作是各类植物的种植施工。

在园林工程各项建设中，测量工作具有重要作用。在其整体规划设计之前，需有规划地区的地形图作为规划设计的基本资料，如地物的构成、地貌的变化、植被分布以及土壤、水文、地质等状况。借助这些基本资料完成设计之后，施工前和施工中需要借助于各类测绘仪器，应用测量的原理与方法将规划和设计的意图准确地放样到地面上（又称为测设）。工程结束后，根据需要有时还须测绘出竣工图，作为以后维修、扩建的依据。

第一节　概　述

一、园林工程概述

园林工程的主要内容可分为两大部分：土建工程和绿化工程。

（一）土建工程

园林土建工程主要有亭、廊、台、榭等建筑，湖池假山、园路池坛、花墙门洞、山石溪涧等各类景观设施，以及给水排水、电信、气、热等管线建设项目。园林土建工程与其他土建工程相比，既有共性，又有其独特之处。

（二）绿化工程

绿化工程是园林工程所特有的内容。其主要工作是各类植物的种植施工。近年来国内外对提高城市绿化覆盖率的要求越来越高，绿化工程在整个园林工程中所占比重也日益增大。国外一些发达国家较为盛行的“植物造景”这一绿化手法，已经引起我国园林界的重视，并逐渐开展。这也为绿化工程增添了新的内容。

二、园林工程测量的基本过程

园林工程测量按工程的施工程序，一般分为规划设计前的测量、规划设计测量、施工放线测量和竣工测量4个阶段进行。

（一）规划设计前的测量

根据建设单位提出的工程建设基本思想以及园林工程面积的大小，选用合适比例尺

(1∶500～1∶5 000)的地形图。现势性好的地形图是规划设计的重要保障，为园林规划设计提供准确的地形信息，可以依此测算建设投资费用。

有时还要到工程现场进行野外视察、踏勘、调查，进一步掌握工程区域的实际情况，收集相关的资料。必要时还要进行现状地形图的测绘和其他信息的测绘。

总之，在勘测阶段，主要的测量工作是提供符合各单项工程特点的地形图资料、纵横断面图及有关调查资料等。

（二）规划设计测量

规划设计测量是为了满足单项工程设计的需要而进行的测量工作，它的主要内容是：测绘符合各单项工程特点的工程专用图、带状地形图、纵横断面图，以及为提供依据进行的有关调查测量等。

（三）施工放线测量

施工放线测量是根据设计和施工的要求，建立施工控制网并将图上的设计内容测设到实地上，作为施工的依据。

（四）竣工测量

竣工测量是为工程质量检查和验收提供依据，也是工程运行管理阶段和以后扩建的依据。此外，在施工的过程中和工程运行管理阶段，为了鉴定工程质量以及为工程结构和地基基础的研究提供资料。

第二节　园林场地平整测量

在园林建筑过程中，有许多各种用途的地坪、缓坡地需要平整。平整场地的工作是将原来高低不平的、比较破碎的地形按设计要求，整理成为平坦的或者具有一定坡度的场地，如停车场、集散广场、体育场、露天演出场等。整理这类场地的常用方法有方格水准法、等高面法和断面法等。

一、方格水准法

方格水准法计算较为复杂，但精度较高，此法适用于高低起伏较小、地面坡度变化均匀的场地。根据平整场地的要求不同，可以把场地整成水平或有一定坡度的地面。

平整土地前首先要对平整地面进行方格水准测量，方格点布设与高程测定方格控制网点测算大致相同，只是网点布设精度较低，方格网边长较小，碎步方格网点用单面观测一次。但在有大比例尺地形图的地区，应先在该地形图上确定平整场地在图上的位置，并在平整范围内按一定的边长打方格，然后用地形图上等高线高程求出各方格点的高程，用地形图平整土地。

（一）整成水平地面

1. 计算设计高程

如图 10-1 所示，桩号（1）、（10）、（11）、（9）、（3）各点为角点，（4）、（7）、（6）、（2）为边点，（8）为拐点，（5）为中点；如果已求得各桩点的地面高程为 H_i（$i=1,2,\cdots,11$），设计高程可按以下方法计算。

设各个方格的平均高程为 $\overline{H}_i$（$i=1,2,\cdots,5$），则有

$$\overline{H}_1 = \frac{1}{4}(H_1 + H_4 + H_5 + H_2)$$

$$\overline{H}_2 = \frac{1}{4}(H_2 + H_5 + H_6 + H_3)$$

$$\vdots$$

$$\overline{H}_5 = \frac{1}{4}(H_7 + H_{10} + H_{11} + H_8)$$

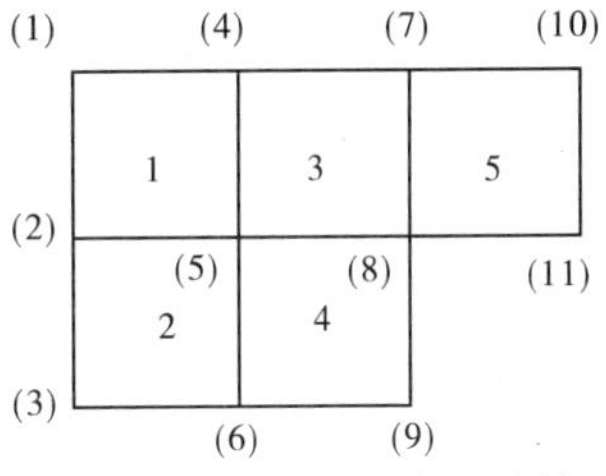

图 10-1　地面设计高程计算

地面设计高程 H_0（即地面总高程平均值，为加权平均值）为

$$H_0 = \frac{1}{4 \times 5}(\sum H_{角} + 2\sum H_{边} + 3\sum H_{拐} + 4\sum H_{中}) \tag{10-1}$$

式中　$\sum H_{角}$、$\sum H_{边}$、$\sum H_{拐}$ 和 $\sum H_{中}$——各角点、各边点、各拐点和各中点高程总和，前面的系数是根据各角点参与一个方格的平均高程计算、各边点参与两个方格的平均高程计算，依次类推；如有 n 个方格，可得

$$H_0 = \frac{1}{4n}(\sum H_{角} + 2\sum H_{边} + 3\sum H_{拐} + 4\sum H_{中}) \tag{10-2}$$

将 H_0 作为平整土地的设计高程时，把地面整成水平，能达到土方平衡的目的。

2. 计算施工量

各桩点的施工量公式为

施工量 = 设计高程 − 桩点地面高程

3. 计算土方

先在方格网上绘出施工界限，即决定开挖线。开挖线是根据各方格边上施工量为零的各点连接而成的（如图 10-2中的虚线即为开挖线）。零点位置可目估测定，也可按比例计算确定。

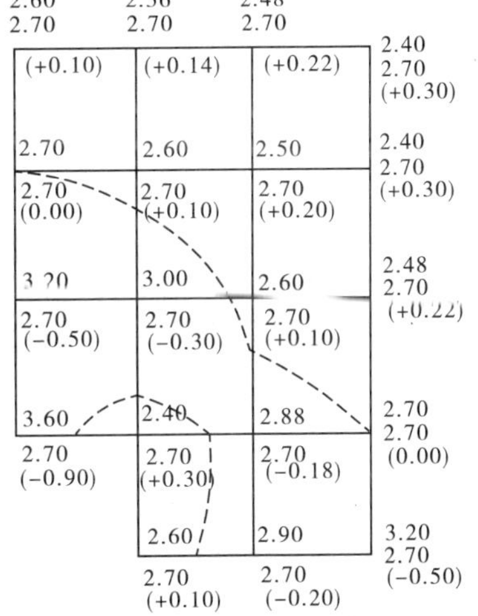

图 10-2　平整成水平地面示意图

因挖方量应与填方量相等，故可按下式计算土方

$$V_{挖} = A(\frac{1}{4}\sum h_{角挖} + \frac{1}{2}\sum h_{边挖} + \frac{3}{4}\sum h_{拐挖} + \sum h_{中挖}) \tag{10-3}$$

$$V_{填} = A(\frac{1}{4}\sum h_{角填} + \frac{1}{2}\sum h_{边填} + \frac{3}{4}\sum h_{拐填} + \sum h_{中填}) \tag{10-4}$$

式中　A——小方格的面积；

h——各桩点施工量。

【例 10-1】　如将图 10-2 整成水平地面，方格边长为 20 m，各点高程见图示，计算设计高程。

解：$H_0 = \frac{1}{4 \times 11} \times [(2.60 + 2.40 + 3.20 + 2.60 + 3.60) + 2 \times (2.56 + 2.48 + 2.40 + 2.48 + 2.70 + 2.90 + 3.20 + 2.70) + 3 \times 2.40 + 4 \times (2.60 + 2.50 + 3.00 + 2.60 + 2.88)] = 2.70(\text{m})$

将施工量的计算结果记于各桩号旁括号内。

计算土方

$$V_{挖}=400\times[\frac{1}{4}\times(0.50+0.90)+\frac{1}{2}\times(0.50+0.20)+(0.30+0.18)]=472(m^3)$$

$$V_{填}=400\times[\frac{1}{4}\times(0.10+0.30+0.10)+\frac{1}{2}\times(0.14+0.22+0.30+0.22)+\frac{3}{4}\times 0.30+(0.10+0.20+0.10)]$$

$$=476(m^3)$$

填、挖方基本平衡,说明计算无误。

(二)平整成具有一定坡度的地面

为了节省土方工程和场地排水需要,在填挖土方平衡的原则下,一般场地按地形现况整成一个或几个有一定坡度的斜平面。横向坡度一般为零,如有坡度,以不超过纵坡(水流方向)的一半为宜。纵、横坡度一般不宜超过1/200,否则会造成水土流失。现举例说明设计步骤。

1. 计算平均高程

在图10-2中,按式(10-2)计算平均高程 $H_0=2.70$ m。

2. 纵、横坡的设计

设纵坡坡降为0.2%,横坡坡降为0.1%,测得纵向每20 m坡降值为 $20\times0.2\%=0.04$(m),横向坡降值为 $20\times0.1\%=0.02$(m)。

3. 计算各桩点的设计高程

首先选零点,其位置一般选在地块中央的桩点上,如图10-3中的 d 点,并以地面的平均高程 H_0 为零点计算设计高程。根据纵、横向坡降值计算各桩点的高程,然后计算各桩点的施工量,画出开挖线,计算土方。

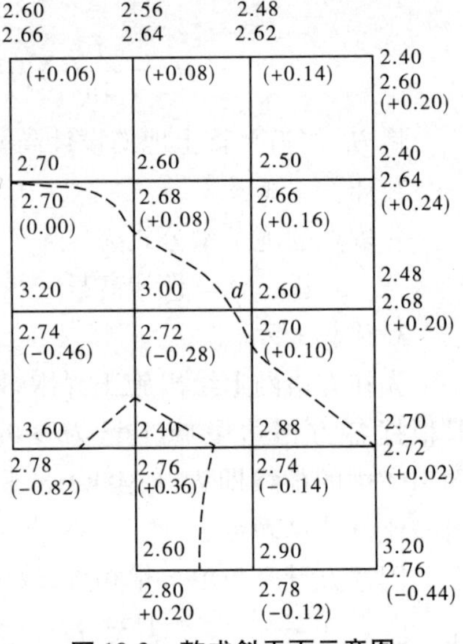

图10-3 整成斜平面示意图

4. 土方平衡验算

如果零点位置选择不当,将影响土方的平衡,一般当填、挖方绝对值差超过填、挖方绝对值平均数的10%时,需重新调整设计高程,验算方法如下。

根据式(10-3)、式(10-4),$V_{挖}$ 与 $V_{填}$ 绝对值应相等,符号相反,即

$$A[\frac{1}{4}(\sum h_{角填}+\sum h_{角挖})+\frac{1}{2}(\sum h_{边填}+\sum h_{边挖})+\frac{3}{4}(\sum h_{拐填}+\sum h_{拐挖})+(\sum h_{中填}+\sum h_{中挖})]=0 \quad (10\text{-}5)$$

今以图10-3中相应数值代入式(10-5)验算,看其结果是否等于零(代入上式验算时各点设计高程应带其"+"、"−"号)。

$$400\times[\frac{1}{4}\times(0.06+0.20+0.20-0.44-0.82)+\frac{1}{2}\times(0.08+0.14+0.24+0.20+0.02-0.12-0.46)+\frac{3}{4}\times0.36+(0.08+0.16+0.10-0.28-0.14)]=16(m^3)$$

即填土量比挖土量多 16 m³，此值未超限，可不予调整。

5. 调整方法

设计高程改正数公式为

$$设计高程改正数=(总挖土量+总填土量)\div 地块总面积 \tag{10-6}$$

【例 10-2】 根据图 10-4 所示，可以先进行土方验算

解：$V_{挖}+V_{填}=2\,500\times[\frac{1}{4}\times(0.32-0.07-0.17+0.12-0.11)+\frac{1}{2}\times(0.30+0.30+0.15-0.17)+\frac{3}{4}\times(-0.32)-0.18]=-269(m^3)$

从计算结果中可知挖方量过大，必须调整设计高程，依式(10-6)可算出设计高程应升高的数值为

$$\frac{269}{5\times 2\,500}\approx 0.02(m)$$

设计高程应升高 0.02 m。计算出各方格点调整后施工量(括号内为改正后施工量)，再按式(10-3)、式(10-4)重新计算土方。

为了便于现场施工，最好再算出各个方格的土方量，画出施工图，在图上标出运土方案，如图 10-5 所示，方格中所注数字为填方或挖方，以 m³ 为单位。

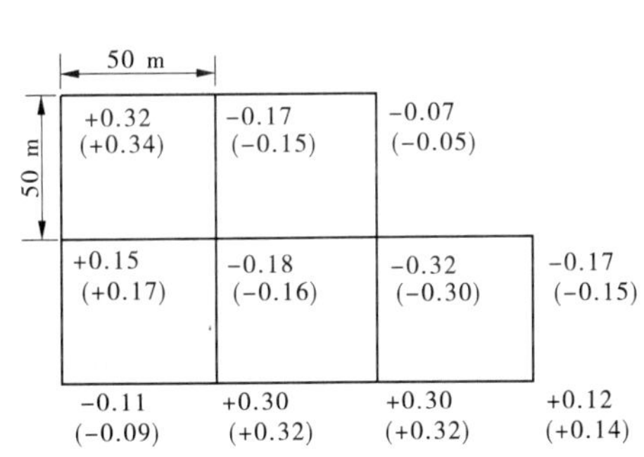

图 10-4 设计高程升降计算示意图

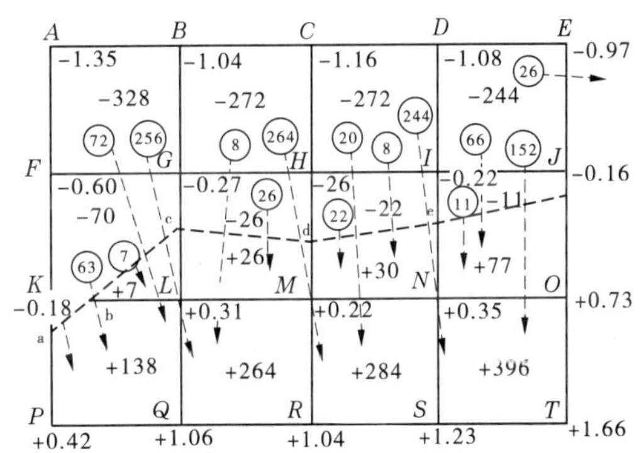

图 10-5 土方调运线路示意图

二、等高面法

当现场地面高低起伏较大，且坡度变化较多时，用方格水准法计算地面平均高程不但困难，而且精度较低，若改用等高面法，效果较好，尤其是原有场地大比例尺地形图的等高线精度较高时，更为合适。此法的主要特点是根据等高线计算土方量，基本步骤和方格水准法大体相同。首先是在现场测设方格网，并现场校对原有地形图等高线位置，然后根据校对后的等高线图，计算场地平均地面高程。计算方法是先在地形图上求出各等高线所围起的面积，乘上其间隔高差，算出各等高线间的土方量，并求总和，即为场地内最低点以上总土方量。场地平均地面高程的计算公式为

$$H_{平}=H_0+\frac{V}{A} \tag{10-7}$$

式中 H_0——场地内最低等高线的高程；

V——场地内最低点以上总土方量；

A——场地总面积。

【例 10-3】 如图 10-6(a)是场地等高线图,图 10-6(b)是 $A—A$ 方向断面图,场地内最低点高程 $H_0=51.2$ m,场地总面积 $A=120\ 000$ m^2,根据图上等高线求场地平均地面高程。

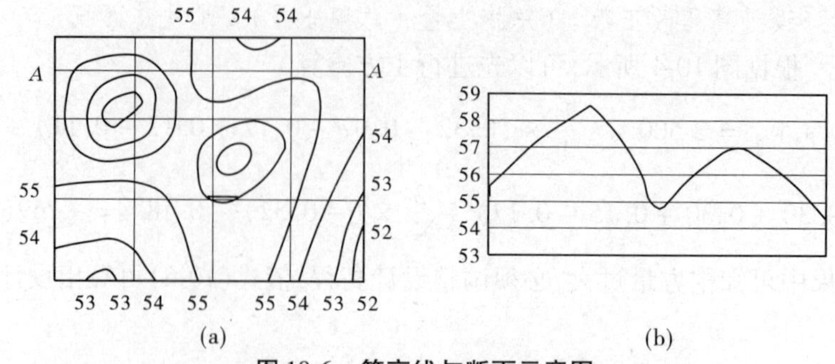

图 10-6 等高线与断面示意图

解:用求积仪或其他方法,求图上各等高线所围面积列入表 10-1 中。

由表 10-1 可知,最低点 $H_0=51.2$ m 以上总土方量 $V=497\ 760$ m^3。

则场地平均高程为

$$51.2+497\ 760\div 120\ 000=55.35(\text{m})$$

当场地平均高程求出后,设计和计算场地的设计坡度与设计高程,其他工作仍按方格水准法中所述进行。

表 10-1 场地平整计算

高程(m)	面积(m^2)	平均面积(m^2)	高差(m)	土方量(m^3)
51.2	120 000			
		119 200	0.8	95 360
52.0	118 400			
		116 200	1.0	116 200
53.0	114 000			
		109 700	1.0	109 700
54.0	105 400			
		91 200	1.0	91 200
55.0	77 000			
		55 500	1.0	55 500
56.0	13 000 21 000			
		21 600	1.0	21 600
57.0	9 200			
		6 300	1.0	6 300
58.0	300 3 100			
		1 900	1.0	1 900
59.0	700			
总计				497 760

三、断面法

断面法适用于场地较为窄长的带状地区,其基本测量方法与道路工程中的纵、横断面图测法相同,即沿场地纵向中线每隔一定距离(如 20 m 或 50 m)测一横断面图,然后将横断面图上的地形点转绘到场地平面图中线的两侧,根据横断面上的地形点勾绘出等高线,这样既可按等高线法平整场地,也可以直接根据中线上各点高程和横断面图设计地面坡度和高程,计算填、挖方量,具体做法可参照道路工程测量。

第三节　测设的基本工作和方法

一、测设的基本内容

(一)水平角测设

水平角测设就是根据给定角的顶点和起始方向,将设计的水平角的另一方向标定出来。根据精度要求的不同,水平角测设有两种方法。

1. 水平角测设的一般方法

当水平角测设精度要求不高时,其测设步骤如下:

(1)如图 10-7(a)所示,O 为给定的角顶点,OA 为已知方向,将经纬仪安置于 O 点,用盘左后视 A 点,并使水平度盘读数为 $0°00'00''$。

(2)顺时针转动照准部,使水平度盘读数准确定在要测设的水平角值 β 处,在望远镜视准轴方向上标定一点 B_1。

(3)松开照准部制动螺旋,倒镜,用盘右后视 A 点,读取水平度盘读数为 α,顺时针转动照准部,使水平度盘读数为 $\alpha+\beta$,同法在地面上定出 B_2 点,并使 $OB_2=OB_1$。

(4)如果 B_1 与 B_2 重合,则 $\angle AOB_1$ 即为欲测设的 β 角;如果 B_1 与 B_2 不重合,取 $B'B''$连线的中点 B,则 $\angle AOB$ 为欲测设的 β 角。

2. 水平角测设的精密方法

该方法用于精度要求较高时,其测设步骤如下:

(1)先用一般方法测设出欲测设的 β 角,如图 10-7(b)所示。

(2)用测回法测出 $\angle AOB'$的角值为 β'。

(3)过 B'作 OB'的垂线,在垂线方向精确量取 $BB'=OB'\tan(\beta-\beta')$,则 $\angle AOB$ 为欲测设的 β 角;若 $\beta-\beta'<0$,则 B 点的位置与图 10-7(b)相反。

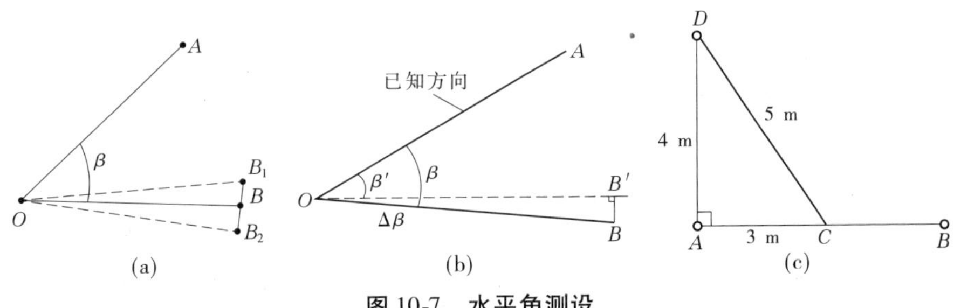

图 10-7　水平角测设

另外,当我们要测设的角度为 90°,且测设的精度要求较低时,也可根据勾股定理进行测设。测设方法如下:

如图 10-7(c)所示,欲在 AB 边上的 A 点定出垂直于 AB 的直角 AD 方向。先从 A 点沿

AB 方向量3 m 得 C 点，把一把卷尺的5 m 处置于 C 点，另一把卷尺的4 m 处置于 A 点，然后拉平拉紧两卷尺，两卷尺在零点的交叉处即为欲测设的 D 点，此时 $AD \perp AB$。

（二）水平距离测设

测设水平距离就是根据给定直线的起点和方向，将设计的长度（即直线的终点）标定出来，其方法如下：

在一般情况下，可根据现场已定的起点 A 和方向线（如图 10-8 所示），将需要测设的直线长度 d'用钢尺量出，定出直线端点 B'。如测设的长度超过一个尺段长，仍应分段丈量。返测 $B'A$ 的距离，若较差（或相对误差）在容许范围内，取往返丈量结果的平均值作为 AB'的距离，并调整端点位置 B'至 B，并使 $BB' = d' - d'_{AB'}$，当 $B'B > 0$ 时，B'往前移动；反之，往后移动。

A B′ B 方向线

图 10-8　水平距离测设

当精度要求较高时，必须用经纬仪进行直线定线，并对距离进行尺长、温度和倾斜改正。

（三）高程测设

根据某水准点（或已知高程的点）测设一个点，使其高程为已知值。其方法如下：

(1) 如图 10-9 所示，A 为水准点（或已知高程的点），需在 B 点处测设一点，使其高程 h_B 为设计高程。安置水准仪于 A、B 的等距离处，整平仪器后，后视 A 点上的水准尺，得水准尺读数为 a。

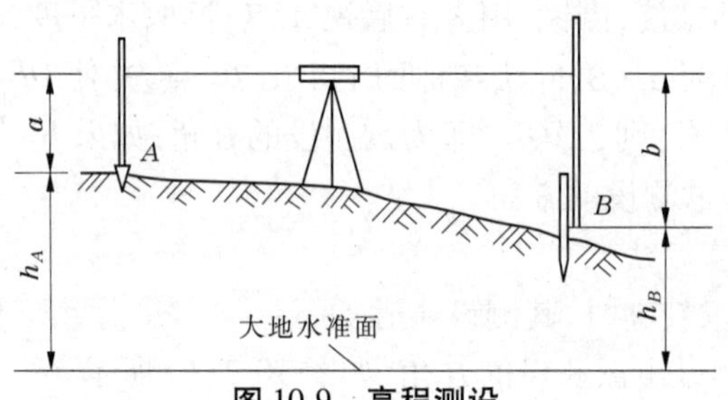

图 10-9　高程测设

(2) 在 B 点处钉一大木桩（或利用 B 点处牢靠物体），转动水准仪的望远镜，前视 B 点上的水准尺，使尺缓缓上下移动，当尺读数恰为 $b = h_A + a - h_B$ 时，尺底的高程即为设计高程 h_B，用笔沿尺底画线标出。

(3) 施测时，若前视读数大于 b，说明尺底高程低于欲测设的设计高程，应将水准尺慢慢提高至符合要求；反之应降低尺底。

如果不用移动水准尺的方法，也可将水准尺直接立于桩顶，读出桩顶读数 $b_{读}$，进而求出桩顶高程改正数 $h_{改}$，并标于木桩侧面，即

$$h_{改} = b_{读} - b$$

若 $h_{改} > 0$，则说明应自桩顶上返 $h_{改}$ 才为设计标高；若 $h_{改} < 0$，则应自桩顶下返 $h_{改}$ 即为设计标高。

【例 10-4】　设计给定 ±0 标高为 12.518 m，即 $h_B = 12.518$ m。水准点 A 的高程为 12.106 m，即 $h_A = 12.106$ m。水准仪置于二者之间，在 A 点尺上的读数为 1.402 m，则

$$b = h_A + a - h_B = 12.106 + 1.402 - 12.518 = 0.990(\text{m})$$

若在 B 点桩顶立尺,设读数为0.962 m,则

$$h_{改} = b_{读} - b = 0.962 - 0.990 = -0.028(\mathrm{m})$$

说明应从桩顶下返0.028 m即为设计标高。

在施工过程中,常需要同时测设多个同一高程的点(即抄平工作),为提高工作效率,应将水准仪精密整平,然后逐点测设。

现场施工测量人员多习惯用小木杆代替水准尺进行抄平工作,此时需由观测者指挥 A 点上的后尺手,用铅笔尖在木杆面上移动,当铅笔尖恰在视线上时(水准仪同样需要精平),观测者喊"好",后尺手就据此在杆面上画一横线,此横线距杆底的距离即为后视读数 a,则仪器视线高为

$$h = h_A + a$$

由杆底端向上量出应读的前视读数

$$b = h - h_B = h_A - h_B + a$$

据 b 值在杆上画出第二道铅笔线。此后再由观测者指挥立杆人员在 B 点外上下移动小木杆,当水准仪十字丝恰好对准小木杆上第二道铅笔线时,观测者喊"好",此时前尺的助手在小木杆底端平齐处画线标记,此线即为欲设计高程 h_B。

用小木杆代替水准尺进行抄平,工具简单,方便易行,但须注意小木杆上下头需有明显标记,避免倒立;在进行下一次测量之前,必须清除小木杆上的标记,以免用错。

二、点位测设的基本方法

根据测设的已知条件和现场情况不同,点位的测设可用极坐标法、角度交会法、支距法和距离交会法等不同方法。

(一)极坐标法

极坐标法适用于待测设点距已知控制点较近,并便于量距的地方。图10-10中,P 点为待测设点,先根据 P 点的设计坐标和控制点 A、B 的坐标,计算方位角 α_{AB}、α_{AP} 和距离 l,计算角 $\beta = \alpha_{AP} - \alpha_{AB}$;然后在 A 点安置经纬仪,以 B 点为后视方向测设角 β,并在这个方向上同时测设距离 l,即得 P 点。

(二)角度交会法

角度交会法中最常用的是前方交会法,适用于不便量距或待测设点距控制点较远的地方。如图10-11所示,先根据待测设点 P 的设计坐标和控制点 A、B 的坐标计算 AB、BA、AP 和 BP 各边方位角,然后计算夹角 α、β。测设时在 A、B 两点上安置仪器分别测设 α 角和 β 角的方向线,两方向线交点即为 P 点。

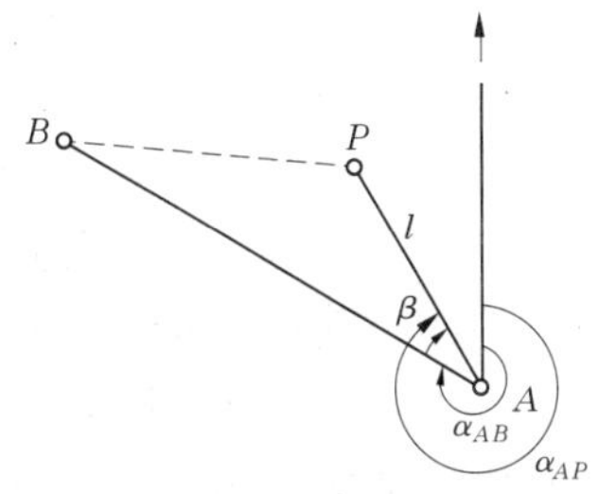

图10-10　极坐标法示意图

图10-11　角度交会法示意图

(三)支距法

与极坐标法一样,支距法适用于待测设点距已知控制点较近,并便于量距的地方。图10-12中,P为待测设点,先根据P点的设计坐标和控制点A、B的坐标,按垂距计算式(10-8),计算l_1、l_3,计算BA长度,然后计算出l_2。测设时自B点沿BA方向量l_3定垂足Q点,并校量$QA=l_2$无误后,在Q点上安置经纬仪后视A点(或B点)测设直角方向,并沿该方向量l_1即得P点。

$$\left.\begin{aligned} l_1 &= (x_P - x_B)\sin\alpha - (y_P - y_B)\cos\alpha \\ l_3 &= (x_P - x_B)\cos\alpha + (y_P - y_B)\sin\alpha \end{aligned}\right\} \tag{10-8}$$

式中 α——BA直线的坐标方位角。

(四)距离交会法

距离交会法适用于待测点至两控制点的距离不超过测尺的长度并便于量距的地方。图10-13中,P点为待测点,先根据P点设计坐标和控制点A、B坐标计算S_A、S_B。测设时分别以A和B为中心,以S_A和S_B为半径在现场作弧线,两弧线交点即为P点。

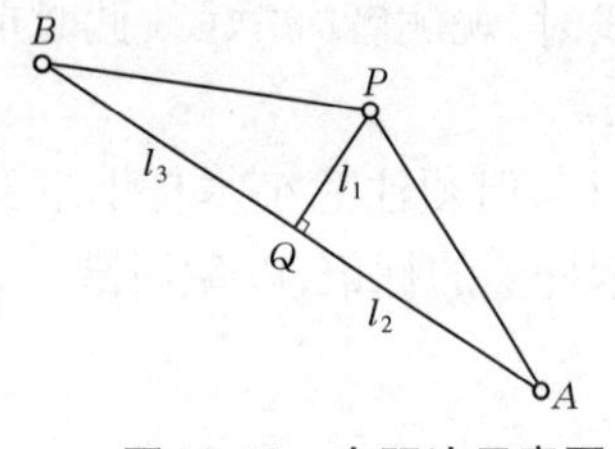

图10-12 支距法示意图

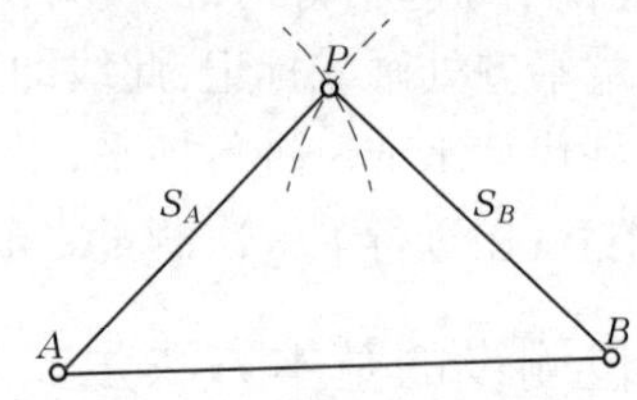

图10-13 距离交会法示意图

第四节 施工控制网

测图控制网从点位的分布和精度来看,通常情况下是不能满足施工测量的要求的,因此需要单独布设施工控制网。其形式有三角网、边角网、导线网及建筑方格网等,而建筑方格网(包括建筑矩形网)是园林工程中普遍采用的施工控制网。

施工控制网包括平面控制网和高程控制网,它为园林工程提供统一的坐标系统。平面控制网的布设形式,应根据设计总平面图、施工场地的大小和地形情况、已有测量控制点的分布情况而定。对于地形起伏较大的山岭地区,可采用三角网或边角网;对于地势平坦,但通视较困难或定位目标分布较散杂的地区,可采用导线网;对于通视良好、定位目标密集且分布较规则的平坦地区,可采用方格网或矩形格网,该法在园林工程施工测量中普遍采用;对于较小范围的地区,可采用施工基线。高程控制网的布设一般都采用水准控制网。

例如图10-14为某公园的设计平面图,该地区原为一片较平坦的荒地,其北面有东纬公路,西面有北经公路,挖人工湖堆假山,公园内有各种建筑,包括办公楼、展馆、餐厅、蔽厅、儿童游乐场、亭、曲桥、雕塑、温室等。对这些建筑物进行施工放样,首先应布设施工控制网,根据这里的实际地形,布设建筑方格网最为方便。设计方格网的东西向主轴线平行于东纬公路,第1行方格点编号A、B、C、D、E、F等。方格网的南北向主轴线平行于北经公路,第1列方格点编号1、2、3、4等。按建筑方格网测设方法进行测设,一般建筑方格网的主轴线应设置在场区的中央,但应从实际情况出发,该公园北面建筑物多,可以考虑把建筑方格网的主轴线设置在公园的北边，以提高建筑物的定位精度。

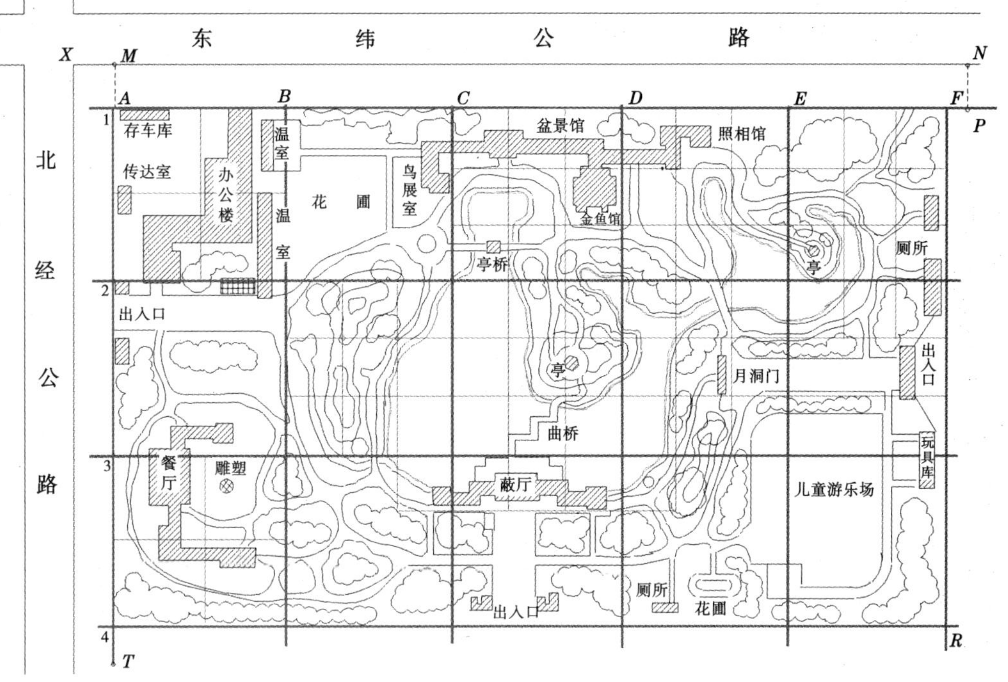

图 10-14　某公园的设计平面图

方格网主轴线及各方格交点测设步骤如下：

(1)测设东西向主轴线 AF。

具体做法是：由公路交叉点 X 沿公路边向东量 XM，在 M 点测设直角，量 MA 定出主轴线的 A 点。从 M 点沿公路边大约 800 m 处(例如，设计东西方向 5 个大方格，方格边长 150 m，共 750 m)定一点为 N 点，在 N 点仪器测设直角量 NP 定出 P 点。仪器安置 A 点瞄准 P 点，沿视线方向一边定线，一边用钢尺丈量，在累计量得 150 m 处打下木桩，在桩顶画十字表示初定 B 点点位。重复再从 A 量 150 m，在桩顶又定 B 另一点位，取平均位置后，在点位上钉一小钉标示。

由 B 点继续边定线边丈量，用同样方法钉 C 点以及 D、E、F 等点。

(2)测设南北方向主轴线 AT。

如图 10-15 所示，仪器安置在 A 点，盘左测设 90°定出 t_1，盘右测设 90°定出 t_2，取 t_1t_2 的中点 T，则 AT 垂直于 AF，用上述相同方法丈量定出南北主轴线的 1、2、3、4 等点。

(3)测设方格网东南角的 R 点。

在 F 点安置仪器正倒镜设直角定出 Fr_1 方向，然后在 4 点安置仪器也用正倒镜测设直角定出 $4r_2$ 方向，两方向相交点即为 R 点，注意应按照角度前方交会法定点方法来测设。

(4)测设方格网四周方格点。

各交点编号以行号与列号组成，例如第 4 行各方格点编号为 4、B_4、C_4、D_4、E_4 等。首先，在 4 点安置仪器以 4 点瞄准 R 点，定出 $4R$ 线，沿 $4R$ 线用钢尺丈量定出 B_4、C_4、D_4、E_4 等点，各方格交点应打木桩，并在桩顶上钉小钉表示点位。然后，在 F 点安置仪器，瞄准 R 点，定

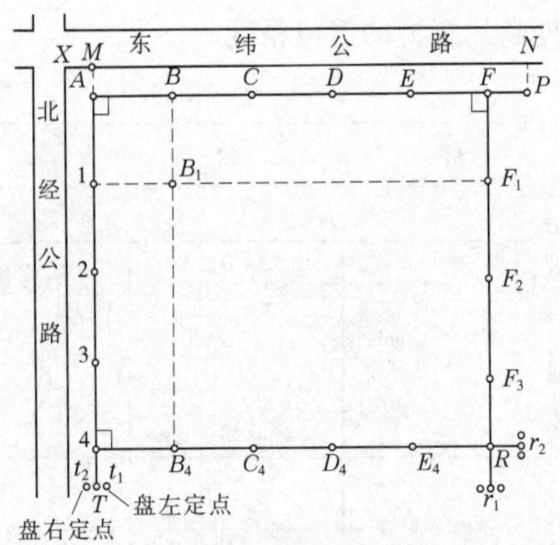

图 10-15 测设南北主轴线及各方格点

出 FR 线，按上述相同方法定出 F_1、F_2、F_3 各点，按上述方法完成方格网四周的各方格点的测定。

(5)测设方格网内部各交点。

方格网内部各交点可按方向线交会确定，该法比用直接丈量法更为精确、方便。例如 B_1 点，由方向线 $B—B_4$ 与方向线 $1—F_1$ 相交确定，此时，最好用 2 台经纬仪同时作业，以提高效率。先用标杆初定，打下木桩，再用测钎精确标定。

(6)将大方格按不同测设要求进行不同细化。

上述各步骤完成后，地面上有 150 m 大方格 15 个，为了标定建筑物，还要把大方格细分为 4 ~ 6 个小方格，例如，图西北角的大方格分成 4 个小方格就可满足测设办公楼、温室、存车库、传达室等建筑物外轮廓轴线的交点(角点)的需求。西南角大方格也同样为 4 个小方格就可满足测设餐厅和雕塑位置的需要。

测设人工湖边界的精度要求不高，如果逐点用仪器测设，则工作量太大，此时可把大方格分成 9 个小方格，实地也打 9 个小方格，这样就可在小方格中用目估并配合皮尺丈量定位人工湖边界点，树木栽植点定位也可采用同样方法。但是，湖中小桥定位精度应同上述楼、馆等建筑物，精确定位桥两端点并精确丈量桥长，一般由大方格用直角坐标法定位。总之，局部地方，该严则严，该松则松，一般土建类要严，非土建类可松。对建筑物定位强调它们的相对位置要准确，不必苛求绝对位置的准确。

第五节 园林工程施工测量

园林工程中的放样与前面提到的测设以及人们常说的放线含意都是一样的，就是将规划设计图上的各类图形按比例放大于施工现场，地形图测绘是将实物地物、地貌等按比例缩小绘于图上，因此我们说测绘与测设为一互逆过程。园林建筑的放样可以分为主轴线测设、建筑定位、基础放样和施工放样。

一、园林建筑主轴线的测设

园林建筑主轴线的测设视工程项目的情况不同可分别选用如下几种方法。

（一）已建方格网的情况

在工程现场，若事先已建立了方格网，即可根据建筑物折点坐标来测设主轴线。图 10-16中的建筑物折点 A、B、C、D 的坐标值设计已给定，见表 10-2。据表 10-2 可求出此建筑的长度及宽度，即 $AB = CD = 408.000 - 332.000 = 76.000$（m），$AC = BD = 238.000 - 220.000 = 18.000$（m）。

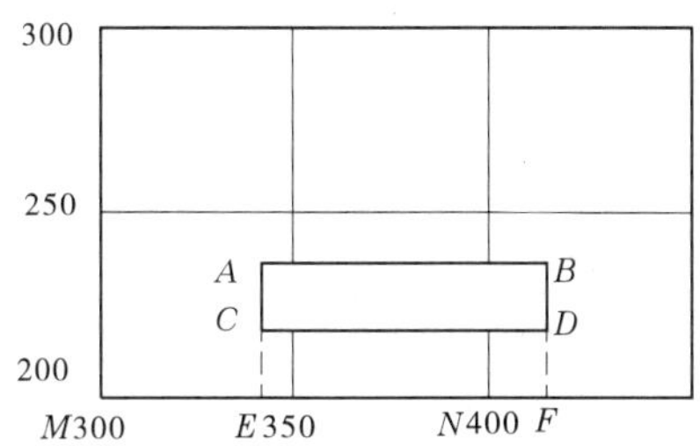

图 10-16　园林建筑主轴线测设示意图

表 10-2　折点坐标值

点位	纵坐标 x（m）	横坐标 y（m）
A	238.000	332.000
B	238.000	408.000
C	220.000	332.000
D	220.000	408.000

利用此方格网测设出主轴线 AB 和 CD，其施测方法为，先将经纬仪安置于 M 点，照准 N 点，然后在此方向上量取 $332.000 - 300.000 = 32.000$（m）得 E 点，再在此方向上自 N 点量取 $408.000 - 400.000 = 8.000$（m）得 F 点。迁移经纬仪至 E 点，照准 M 点，采用测回法顺时针测设 90°角方向，在此方向上量取 $220.000 - 200.000 = 20.000$（m），即 EC 的纵坐标差得出 C 点。在此方向上继续量取 AC 长度 18.000 m，得出 A 点。将仪器迁至 F 点依上法可定出 D 点及 B 点。至此 A、B、C、D 四点均已定出，即此建筑的主轴线定出。最后应对此加以校核。用钢尺实量 AB 与 CD 的距离是否相等、对角线 AD 和 BC 是否相等。若距离相对误差小于1/2 000，则可根据现场情况予以调查；若误差超过上述规定，则应返工重测。

（二）用“建筑红线”测设建筑主轴线

在施工现场如果有规划管理机关设定的“建筑红线”，则可依据此“建筑红线”与建筑主轴线的位置关系进行测设。

如图 10-17 所示，AB 直线为“建筑红线”。测设开始时，依据规划设计平面图所给定的关系，先在“建筑红线”的桩点 A 安置经纬仪，照准 B 点，在该方向上依平面图上尺寸，用钢尺量距定 P_1 和 Q_1 两点，然后将经纬仪分别安置于 P_1 和 Q_1 两点，以 AB 方向为起始方向精确测设 90°角，得出 P_1M 和 Q_1N 两方向，并在此两方向上按图给定尺寸量得 P、Q、M、N 各点。安置经纬仪于 P 点和 Q 点；检查 $\angle MPQ$ 和 $\angle NQP$ 是否为 90°，并用钢尺检验 PQ 与 MN 的距离是否相等。若角度误差在 1′以内，距离误差小于 1/2 000，则可根据现场情况加以调整；若误差超过上述规定，则应重新进行测设。主轴线测设完成后，还应将建筑轴线的各交点位置依图上尺寸量出，最后用白灰撒此建筑的平面轮廓线。

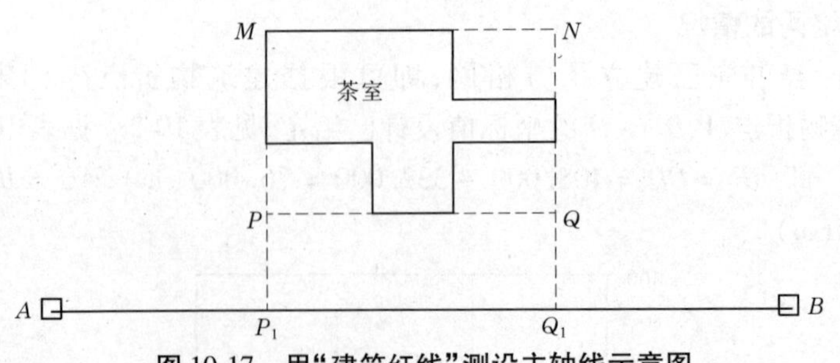

图 10-17　用“建筑红线”测设主轴线示意图

（三）根据原有建筑或道路测设建筑主轴线

在规划设计过程中，如规划范围内保留有原有建筑或道路，一般应在规划设计图上予以反映，并给出其与拟建新建筑物的位置关系。所以，测设这些新建筑的主轴线可依此关系进行，具体方法有如下几种。

1. 平行线法

此法适用于新旧建筑物长边平行的情况。如图 10-18（a）所示，等距离延长山墙 CA 和 DB 两直线定出 AB 的平行线 A_1B_1，在 A_1 点和 B_1 点分别安置经纬仪，以 A_1B_1、B_1A_1 为起始方向，测设出 90°角，并按此设计给定尺寸在 AA_1 方向上测设出 M、P 两点，在 BB_1 方向上定出 N、Q，从而得到新建筑的主轴线。

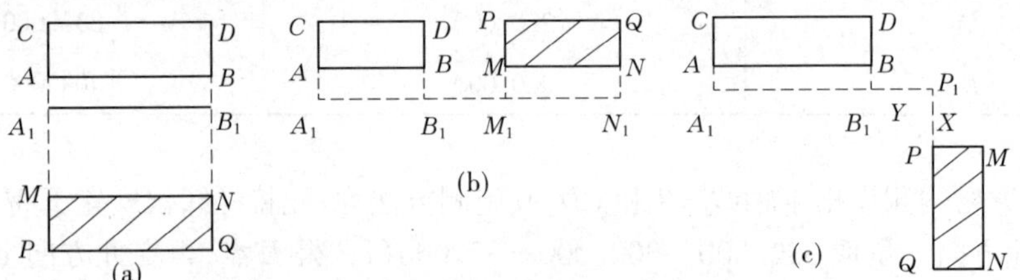

图 10-18　根据原有建筑物测设主轴线示意图

2. 延长直线法

此法适用于新旧建筑物短边平行的情况。如图 10-18（b）所示，等距离延长山墙 CA 和 DB 两直线，定出 AB 的平行线 A_1B_1。再作 A_1B_1 延长线，在此线上依设计给定距离关系测设出 M_1N_1，然后在 M_1 点和 N_1 点上分别安置经纬仪，分别以 M_1N_1、N_1M_1 为零方向，测设 90°角定出两条垂线，并依设计给定尺寸测设出 MP 和 NQ，从而得到新建筑的主轴线 MN 和 PQ。

3. 直角坐标法

此法适用于新旧建筑的长边与短边相互平行的情况。如图 10-18（c）所示，先等距离延长山墙 CA 和 DB，作出平行于 AB 的直线 A_1B_1。再安置经纬仪于 A_1 点，作 A_1B_1 的延长线，丈量出 Y 值，定出 P_1 点，然后在 P_1 点上安置经纬仪，以 A_1 为零方向测设出 90°角的方向，并丈量 P_1P 等于 X 值，测设出 P 点及 Q 点。然后于 P 点和 Q 点分别安置经纬仪，测设出 M 点和 N 点，从而得到主轴线 PQ 和 MN。

4. 根据原有道路测设

一般拟建筑道路与原有道路中线平行时多采用此法。如图 10-19 所示，AB 为道路中心线。在路中线上安置经纬仪，根据图上给定的各项尺寸关系，测设出平行于路中线的建筑主轴线 PQ 和 MN。其具体操作与前述基本相同。

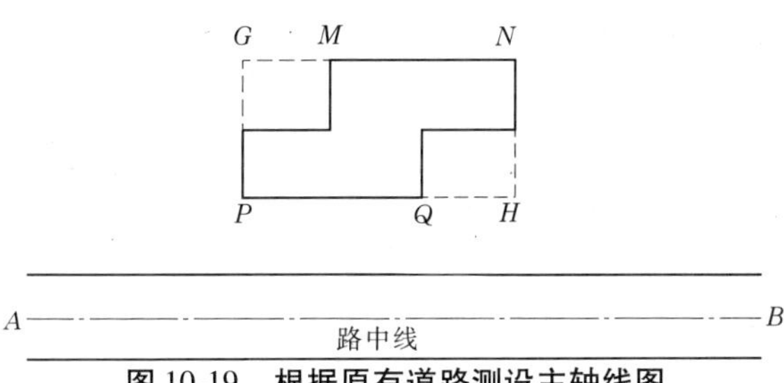

图 10-19　根据原有道路测设主轴线图

上述四种方法在测设完成后均应作出校核。其校核方法主要是用钢尺实量新建建筑物的各边长及各对角线长度是否对应相符。其精度要求与前述相同。建筑主轴线定出后均应以坚固的木桩或石桩标定,木桩上应钉小钉,石桩上应镶刻十字标志,以准确标明点位,这类桩称为主轴线定位桩。

二、园林建筑的定位

完成主轴线测设工作之后,即应进行园林建筑定位。其各轴线交点也应以桩标出,进而用白灰撒出基槽开挖边线,然后挖槽施工。上述各桩均易被破坏,为解决此问题,可选用下述两种方法。

(一)设置龙门板

在园林建筑中,常在基槽开挖线外一定距离处钉设龙门板,如图 10-20 所示,其步骤和要求如下:

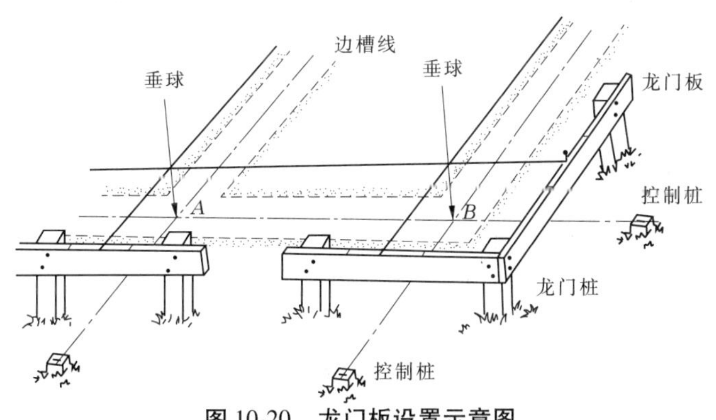

图 10-20　龙门板设置示意图

(1)在建筑物四角和中间定位轴线的基槽开挖线外 1.5 ~3 m 处(由土质与基槽深度而定)设置龙门桩,桩要钉得竖直、牢固,桩的外侧面应与基槽平行。

(2)根据场地内的水准点,用水准仪将 ±0 标高测设在龙门桩上,用红笔画一红线。

(3)沿龙门桩上测设的 ±0 线钉设龙门板,使板的上边缘高程正好为 ±0,若现场条件不允许,也可测设比 ±0 高或低的一整数高程,测设龙门板高程的限差为 ±5 mm。

(4)将经纬仪安置于 A 点,瞄准 B 点,沿视线方向在 B 点附近的龙门板上定出一点,并钉小钉(称轴线钉)标志;倒转望远镜,沿视线在 A 点附近的龙门板上定出一点,也钉小钉标志。同法可将各轴线都引测到各相应的龙门板上。如建筑物较小,也可用垂球对准桩点,然后沿两垂球线拉紧绳线,把轴线延长并标定在龙门板上,如图 10-20 所示。

(5)在龙门板顶面将墙边线、基础边线、基础开挖线等标定在龙门板上。标定基槽上口开挖宽度时，应按有关规定考虑放坡尺寸。

（二）引桩法测设

由于龙门板耗用木材较多，且易在施工中破坏，故现在施工单位多用引桩代替龙门板。

如图 10-21 所示，引桩在轴线的延长线上设定，以距离基槽开挖 2～4 m 为宜。如为较高大的园林建筑，间距还应再大一些。若附近有建筑物等，可用经纬仪将轴线延长，投影到原有建筑的基础顶面或墙壁上，用油漆涂上标记代替引桩，则更为完全。此外，还应将 ±0 标高依前法在桩上画线标明。

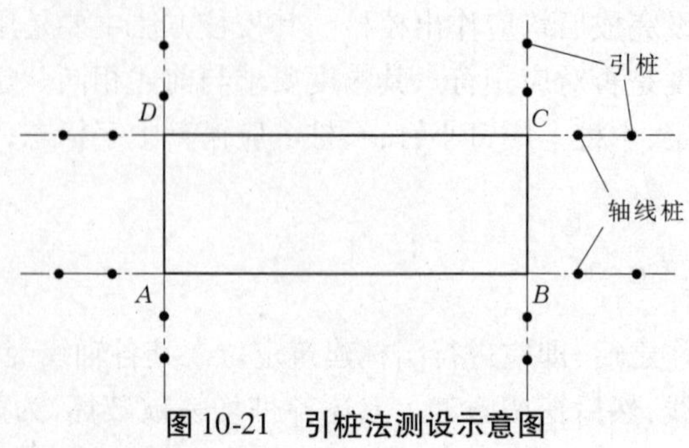

图 10-21　引桩法测设示意图

三、园林建筑的基础放样

挖地基标明设计标高时更应注意，切忌挖掘过深，破坏了原本坚实的底质。此时应在基槽侧壁上测设距槽底设计高为某一整数的水平桩，也称为平桩，如图 10-22 所示，以此桩来控制挖深。根据前述方法定出了基槽开挖边线后，用水准仪随时控制开挖深度，尤其是当挖土接近槽底时。

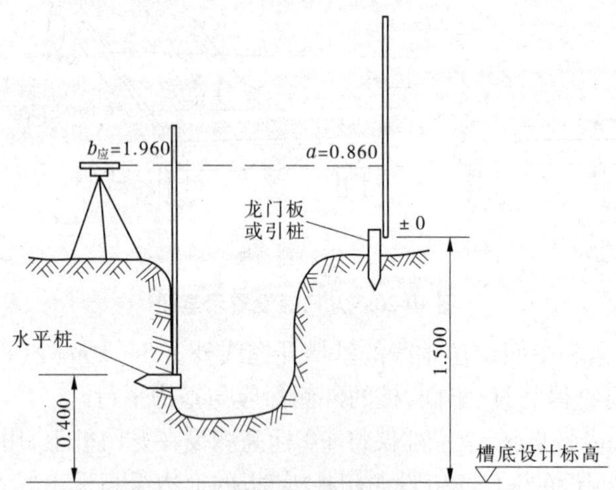

图 10-22　园林建筑基础放样示意图

基槽内水平桩的测设方法应利用龙门板或引桩上标定的 ±0 位置。如图 10-22 所示，设槽底设计标高为 -1.500 m（即槽底比 ±0 低 1.500 m），现拟测设出一比槽底高出 0.4 m 的水平桩。在 ±0 位置竖立水准尺，用水准仪测出其读数 $a=0.860$ m，据此计算出水平桩上皮的应读前读数 $b_{应}=(1.500-0.400)+0.860=1.960$。在基槽内竖水准尺上下移动，当水准仪得到读数为 1.960 m 时，沿水准尺底部钉出一水平桩，则槽底在此水平桩下 0.400 m 处。

为了施工的方便,一般应在基槽内每隔 5 m 左右和转角处设定水平桩。必要时还可在槽壁上弹出水平桩上皮高度的墨线,以利于更好地控制槽底标高。

四、园林建筑的施工放样

有些园林建筑中设有梁柱结构,其梁柱等构件有时需事先按照设计尺寸预制。因此,必须按设计要求的位置和尺寸进行安装,以保证各构件间的位置关系正确。

(一)柱子吊装前的准备

基槽开挖完毕,打好垫层之后,应在相对的两定位桩间拉麻线,将交点用垂球投影到垫层上,再弹出轴线及基础边线的墨线,以便立模浇灌基础混凝土,或吊装预制杯形基础。同时要在杯口内壁测设一条标高线,作为安装时控制标高所用。还应检查杯底是否有过高或过低的地方,以便及时处理,如图 10-23(a)所示。另外,在柱子的 3 个侧面用墨线弹出柱中心线,第一侧面分上、中、下三点,并画出小三角形▲标志,便于安装时校正,如图 10-23(b)所示。

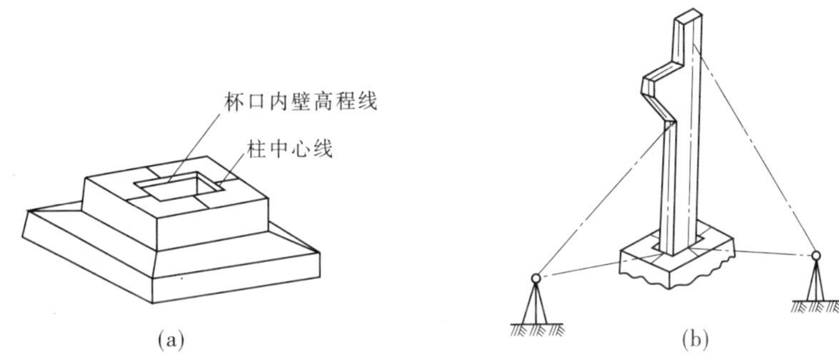

图 10-23　园林建筑挂基放样示意图

(二)柱子安装时的竖直校正

柱子吊起插入杯口后,应使柱子中心线与杯口顶面中心线吻合,然后用钢楔或木楔暂时固定。随后用两台经纬仪分别安置在互相垂直的两条轴线上,一般应距柱子在 1.5 倍柱高以外,如图 10-23(b)所示。经纬仪先瞄准柱子底部中心线,照准部固定后,再逐渐抬高望远镜,直至柱顶。若柱中心线一直在经纬仪视线上,则柱子在这个方向上就是竖直的,否则应对柱子进行校正,直至两中心线同时满足两经纬仪的要求。

为提高工效,有时可将几根柱子竖起后,将经纬仪安置在一侧,一次校正若干根柱子。在施工中,一般是随时校正,随时浇筑混凝土固定,固定后及时用经纬仪检查纠偏。轴线的偏差应在柱高的 1/1 000 以内。

此外,还应用水准仪检测柱子安放的标高位置是否准确,其最大误差一般应不超过 ±5 mm。

五、其他园林工程施工放样

(一)路基放样

1. 大型主干道施工放样

路基设计完成以后,大型主干道施工前要做路基放样。施工边桩的测设,根据设计要求施工放样。

1）路堤放样

图 10-24 为平坦地面路堤放样情况。从中心桩向左、右各量 $B/2$ 宽钉设 A、P 坡脚桩，从中心桩向左、右各量 $B/2$ 宽处竖立竹竿，在竹竿上量出填土高，得坡顶 C、D 点和中心点 O，用细绳将 A、C、O、D、P 连接起来，即得路堤断面轮廓。施工中都在相邻断面的坡脚连线上撒出白灰线作为填方的边界。如果路基位于弯道，需要加宽和加高，应将加宽和加高的数值放样进去。若路基断面位于斜坡上，如图 10-25 所示，先在图上量出 A、P 及 C、O、D 三点的填高数，按这些放样数据即可进行现场放样。

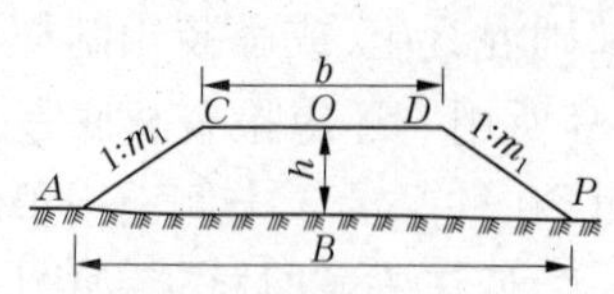

图 10-24　平坦路面上路堤放样示意图

图 10-25　斜坡地面上路堤放样示意图

2）路堑放样

如图 10-26 和图 10-27 所示，是在平坦地面和斜坡上路堑放样情况。主要是在图上量出，从而可以定出坡顶 A、P 在实地的位置。为了施工方便，可做成坡角板，如图 10-27 所示，作为施工时的依据。

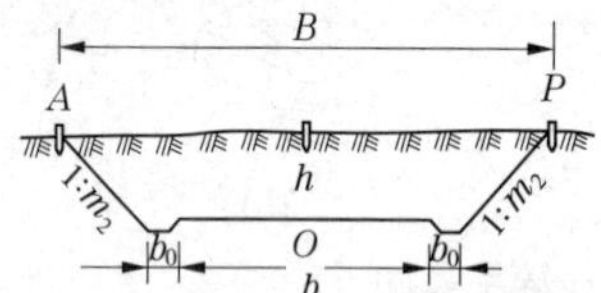

图 10-26　平坦地面上路堑放样示意图

图 10-27　斜坡路面上路堑放样示意图

对于半挖半填的路基，除按上述方法测设坡角 A 和坡顶 P 外，一般要测出施工量为零的点，如图 10-28 所示，拉线方法从图中可以看出，不再加以说明。

图 10-28　半挖半填路基放样

2. 路基边桩的测设

在路基完成之后，中线上所钉各桩都被毁掉和填埋，为此常在路边线（即道牙线）以外，各钉一排平行中线的施工边桩，作为路面施工的依据，控制道路中线和高程位置，如图 10-29 所示。施工边桩一般是以开工前测定的施工控制桩为准测设的，间距以 10 ~ 30 m 为宜。当施工边桩钉出后，可在边桩上测设出该桩的路中线的设计高程钉（也可用红铅笔画线作标记）。

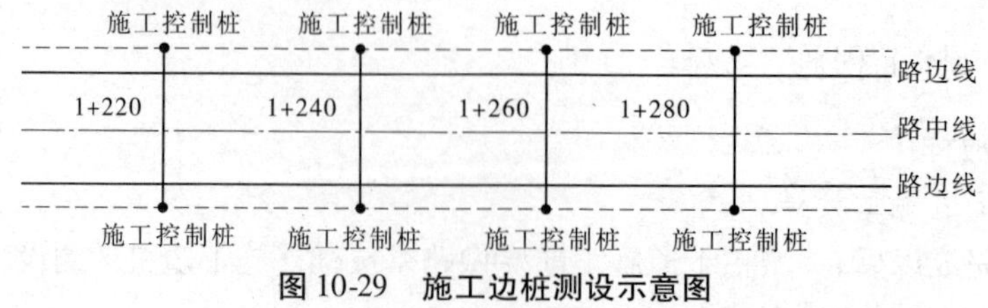

图 10-29　施工边桩测设示意图

如图 10-30 所示,安置一次仪器可测设出 120 ~ 160 m 范围内路两侧各边桩的高程钉,表 10-3 为某道路施工的一段实测记录。施工边桩上设计高程钉的测设步骤如下:

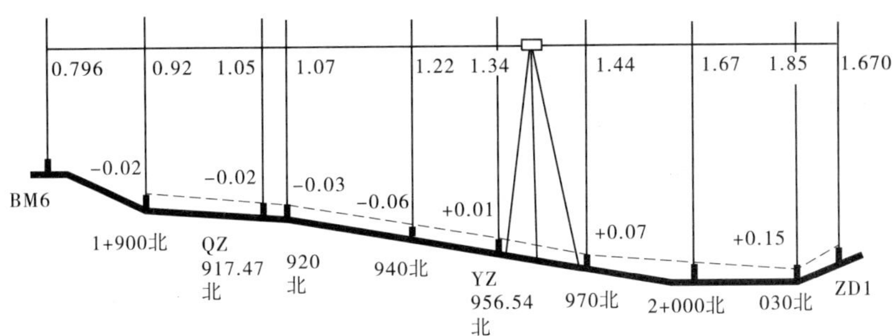

图 10-30 施工边桩水准测量示意图

表 10-3 施工边桩测设记录表

桩号		后视读数	视线高	前视读数	高程	路面设计高程	应读前视	改正数	备注
BM6		0.796	52.671		51.875				已知高程
1+900	南			0.90				0.02	
	北			0.88		51.75	0.92	-0.04	
QZ 917.47	南			1.03				-0.02	
	北			0.99		51.62	1.05	-0.06	
920	南			1.04				-0.03	$i=-0.75\%$
	北			1.07		51.60	1.07	0.00	
940	南			1.16				-0.06	
	北			1.18		51.45	1.22	-0.04	
YZ 956.54	南			1.35				+0.01	
	北			1.30		51.33	1.34	-0.04	
970	南			1.51				+0.07	
	北			1.52		51.23	1.44	+0.08	
2+000	南			1.74				+0.07	变坡点
	北			1.73		51.00	1.67	+0.06	
030	南			2.00				+0.15	$i=-0.60\%$
	北			2.01		50.82	1.85	+0.16	
ZD1				1.670	50.001				

注:表中桩号后面的“北”和“南”,是指中线北侧和南侧的高程。

(1)已知视水准点,求出视线高。

(2)计算各桩的应读前视(即立尺于各桩的设计高程上,应读的前视读数)。

$$应读前视 = 视线高程 - 路面设计高程 \tag{10-9}$$

式中,路面设计高程可由纵断面图中查得,也可由某一点的设计高程和坡度推算得到。

当第一木桩的“应读前视”算出后,也可根据设计坡度和各桩间距算出各桩间的设计高差,然后由第一个桩的“应读前视”直接推算其他各桩的“应读前视”。

(3)在各桩顶上立尺,读出前视读数,推算出钉高程钉的改正数。

(4)钉好高程钉后,应在各钉上立尺检查读数是否等于应读前视,误差在 1 cm 以内时,为精度合格,否则应改正高程钉。

这样,将中线两侧相邻各桩上的高程钉用线连起来,就得到两条与路面设计高程一致的坡度线。

(5)为了防止观测或计算错误,每测一段应附合到另一水准点上校核。

(二)堆山与挖湖放样

1. 假山的放样

假山放样一般也可用平板仪放样。如图 10-31 所示,用平板仪先测设出设计等高线的各转折点,即图中 1、2、3、…、9 等各点,然后将各点连接,并用白灰或绳索加以标定。再利用附近水准点测设出 1 ~ 9 各点应有的标高,若高度允许,则在各桩点插设竹竿画线标出。若山体较高,则可于桩侧标明上返高度,供施工人员使用。一般堆山的施工多采用分层堆叠,因此也可在放样中随施工进度随时测设,逐层打桩。图中点 10 为山顶,其位置和标高也应同法测出。

2. 挖湖及其他水体放样

挖湖或开挖水渠等放样与堆山的放样基本相似。首先把水体周界的转折点测设到地面上,如图 10-32 所示的 1、2、3、…、30 各点,然后在水体内设定若干点位,打上木桩。根据设计给定的水体基底标高在桩上进行测设,画线标明挖深度。图 10-32 中 ①、②、③、④、⑤、⑥等点即为此类桩点。在施工中,各桩点不要破坏,可留出土台,待水体开挖接近完成时,再将此土台挖掉。水体的边坡坡度,可按设计坡度制成边坡样板置于边坡各处,以控制和检查各边坡坡度,如图 10-33 所示。

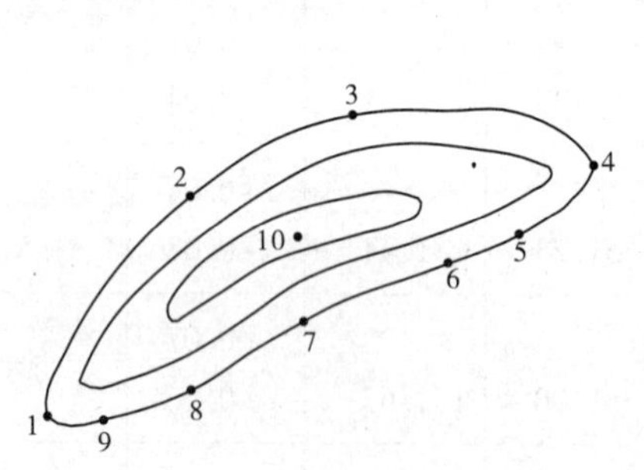

图 10-31　假山放样示意图

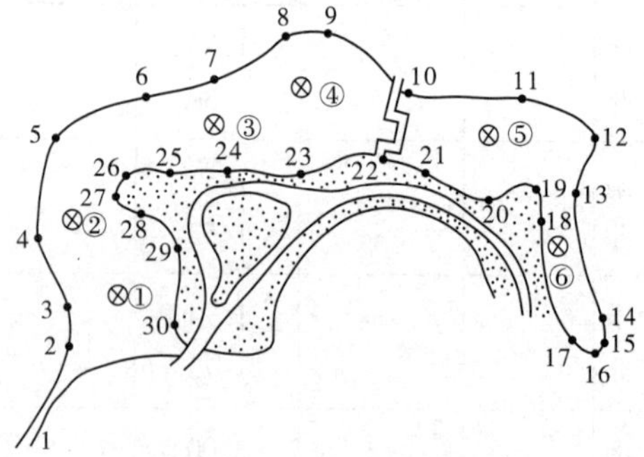

图 10-32　园林水体放样示意图

(三)园林树木种植放样

园林树木的种植必须按设计图的要求进行施工。在设计中给出的种植形式有两种,一种为单株种植,即图纸中标明了每株树的种植位置;另一种为丛植或区域种植,在图中标明了种植的范围、树种、株数等。树木种植放样的方法分述如下。

1. 平板仪放样法

在进行单株测设时应以设计图中树木符号的几何中心位置为准。在进行成片区域种植

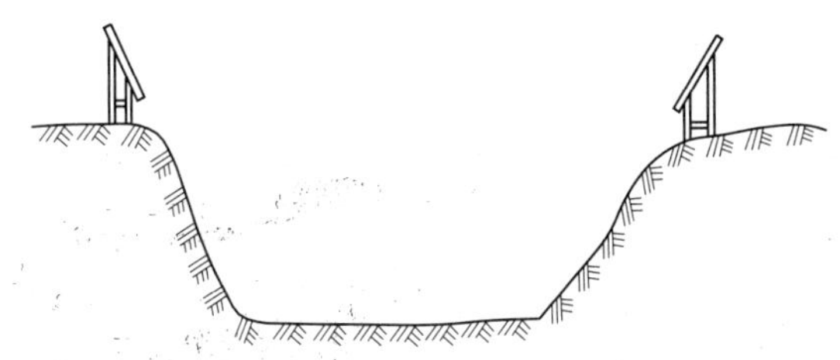

图 10-33 水体边坡放样示意图

测设时，则应准确测设出其周界的各转折点。点位或范围定出后，应打桩标定或撒白灰线标明。此外，还应根据要求在桩侧写明树种及其规格等。

2. 交会法

交会法适用于现场已有地物与设计图位置相符的绿地种植。放样时在图上量出种植点至两个以上地物的距离，然后依此比例在现场以相应的距离实量交会定出单株或树群边界线。

3. 支距法

支距法多用于道路两侧的植物种植放样。有时在要求精度较低的施工放样中，此法也可用于挖湖、堆山等轮廓线的测放。

具体实施方法为：先在图上作出欲测放树木等至道路中线或路牙线的垂线，并量出各个垂直距离；再在现场用经纬仪或皮尺作出各相应的垂线，并在此方向上按比例扩大后量出各距离，定出各点。

4. 规则种植区域的放样

在苗圃的各类种植区域中一般都是采用规则式的种植方式。另外，有些公园、游览区等也有采用成片的规则种植林带、片林。这类林木的种植方式主要有矩形和菱形两种定植方法。

1）矩形定植

如图 10-34 所示，$ABCD$ 为一种植区的边界。放样的方法如下：

（1）先定出基线 $A'B'$，此基线的方向应依设计图定出，然后按半个株行距定出 A 点。量出 AB，使其平行于基线 $A'B'$，并使 AB 的长为行距的整数倍。在 A 点安置经纬仪或用皮尺作出 $AD \perp AB$，并使 AD 为株距的整数倍。

（2）在 B 点作 $BC \perp AB$，并使 $BC = AD$，定出 C 点。而后检验 CD 长度是否与 AB 相等。若误差过大，应查明原因，重新测定。

（3）在 AD 和 BC 线上量出若干分段，每分段为株距的若干整数倍，定出 P、Q、M、N 等点。

（4）在 AB、PQ、MN、CD 等点连线方向上按行距定出 a、b、c、d…及 a'、b'、c'、d'…诸点。

（5）在 aa'、bb'、cc'…连线上按株距定出各种植点，撒上白灰标记。

2）菱形定植

如图 10-35 所示，为一种植区域。按设计要求，拟测设出菱形种植点位。

放样方法与前述矩形相似。由第（1）至第（3）步同前法。第（4）步是按半个株行距定出 a、b、c、d…和 a'、b'、c'、d'…各点。第（5）步是连 aa'、bb'、cc'… 等。奇数行的第一点应从起点 A 算起，按株距定出各种植点。

行道树定植放样。道路两侧的行道树一般是按道路设计断面定点，在有道牙的道路上，一般应以牙作为定点的依据。无道牙的道路，则以路中线为依据。为加强控制，减小误差，可隔 10 株左右加钉一木桩，且应使路两侧的木桩一一对应，单株的位置均以白灰标记。

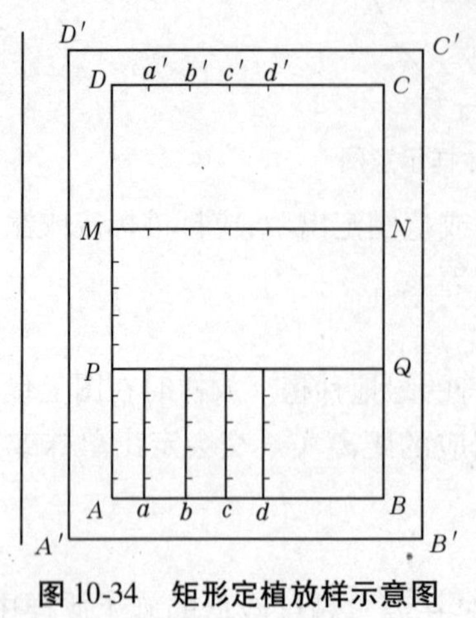

图 10-34　矩形定植放样示意图

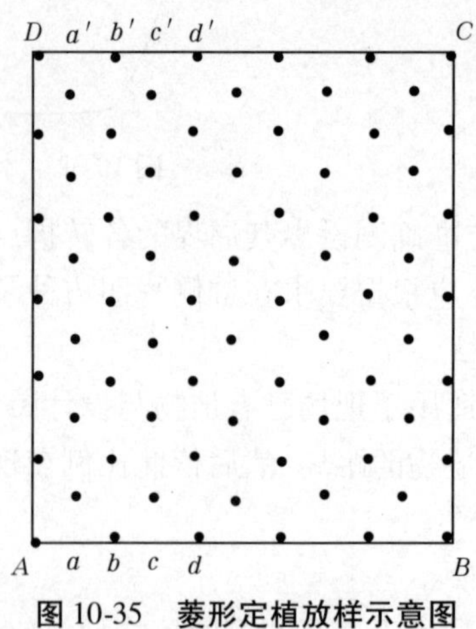

图 10-35　菱形定植放样示意图

习　题

一、名词解释

规划设计量、施工放线测量、园林建筑放样。

二、简答题

1. 方格控制网建立应依据哪些原则？
2. 如何测设园林规划区的游步道？

三、简述题

1. 点位测设的基本方法有哪几种？各适用于什么场合？有哪些测设数据？如何计算？
2. 什么是测设？它与测定有什么区别？测设的实质和基本工作是什么？
3. 简述园林植物种植工程可采用哪些放样方法。

第十一章 GPS 测量原理与应用

学习目标

了解 GPS 全球定位系统的组成，全球定位系统的定位原理，理解 GPS 定位作业方式以及实施 GPS 测量的过程，认识和理解 RTK 的特点与操作，了解手持 GPS 及其操作。

第一节 GPS 概述

1957 年 10 月 4 日，世界上第一颗人造地球卫星成功发射，标志着空间科学技术的发展进入到了一个崭新的时代。50 多年来，随着卫星测量技术的发展，特别是美国全球定位系统(GPS)的成功建立和应用，使得测绘行业经历了一场深刻的变革。无论是测量精度、适用条件、应用范围，还是生产效率和经济效益等方面，都发生了巨大的飞跃和进步。

为满足军事和民用对连续、实时和三维导航的迫切要求，1973 年美国国防部开始组织陆海空三军，共同研究建立新一代卫星导航系统的计划，这就是目前所称的“导航卫星授时测距/全球定位系统”(Navigation Satellite Timing and Ranging / Global Positioning System)，简称全球定位系统(GPS)。GPS 具有全球性、全天候、连续实时的三维定位、测速、导航和授时功能，具有良好的抗干扰和保密功能。

一、GPS 的产生与发展

(1)1957 年 10 月第一颗人造地球卫星上天，天基电子导航应运而生。

(2)美国 1964 年建成子午卫星导航定位系统(Transit)。

(3)美国从 1973 年开始筹建全球定位系统，1994 年全部建成，投入使用。

GPS 的研制最初主要用于军事目的。如为陆海空三军提供实时、全天候和全球性的导航服务，并用于情报收集、核爆监测、应急通信和爆破定位等方面。随着 GPS 系统步入试验和实用阶段，其定位技术的高度自动化及所达到的高精度和巨大的潜力，引起了各国政府的普遍关注，同时引起了广大测量工作者的极大兴趣。特别是近几年来，GPS 定位技术在应用基础的研究、新应用领域的开拓、软硬件的开发等方面都取得了迅速发展。

二、GPS 在测量领域中的应用

(一)建立和维持全球性的参考框架

目前，GPS 已成为建立维持全球性参考框架的重要手段。以精度最高、测站数最多的国际地球参考框架 ITRF2000 为例，该坐标框架是由位于全球 500 多个地点的 800 多个测站组成的，在这些测站中，GPS 的数量占了相当大的部分，因而在建立参考框架的过程中起了特别重要的作用。

(二)建立各级国家平面控制网

由于 GPS 定位技术具有高精度、全天候、测站间无需保持通视等优点，因而已基本取代了传统方法而成为建立各级平面控制网的主要手段。利用 GPS 定位技术来建立国家平面控制网时可采用两种方法:第一种方法是仍然仿照原一、二、三、四等点的布网方式,分别在全国范围内布设 A 级网和 B 级网,然后由各省或用户进行加密布设 C 级网及 D 级网、E 级网;第二种方法是建立国家长期连续运行的卫星导航定位服务系统,并利用这些连续运行的参考站网来建立和维持全国的坐标框架,在此基础上再在全国布设数千个 GPS 点以组成国家的平面控制网。

(三)布设城市控制网、工程测量控制网,进行各种工程测量

国内外资料表明,利用 GPS 来布设国家控制网、城市控制网、工程测量控制网时,所需工天数大约为常规方法的 1/6,所需费用在国外为常规方法的 1/6 左右,精度也比常规方法好,因而已得到了广泛的应用。此外,GPS 定位技术在变形监测、水利建设、输电线路施测、道路、水下地形测量、航道测量、水库容量测量等方面也都得到了广泛的应用。利用 GPS 进行大坝等建筑物的变形监测时,若采用连续监测的模式,则可以通过平滑滤波等方式来滤除噪声"提取变形信息",由此所求得的平面位移精度和垂直位移均优于 ±1 mm。

(四)GPS 地形、地籍及房地产测量

用常规的测图方法(如用经纬仪、测距仪等)通常是先布设控制网点,这种控制网点一般是在国家高等级控制网点的基础上加密的次级控制网点。然后,通过导线测量加密控制点和图根控制点,最后测定地物点和地形点,并按照一定的规定和符号绘制成所需比例尺平面图,因此工作比较烦琐。

GPS 技术的出现,可以高精度并快速地测定各级控制点的坐标。特别是 RTK 技术的出现,甚至可以不布设各级控制点,仅依据一定数量的高等级控制点,便可以高精度并快速地测定界址点、地形点、地物点的坐标,利用测图软件测绘成电子地图,通过计算机和绘图仪、打印机输出各种比例尺的平面图。

三、GPS 测量的特点

与常规测量相比,GPS 全球定位系统具有以下常规测量无法比拟的优势。

(一)全球性、全天候作业,提供三维坐标

由于 GPS 卫星的数目较多且分布合理,所以地球上任何地点均可连续同步地观测到至少 4 颗卫星,GPS 观测工作可以在任何地点、任何时间连续地进行,一般也不受天气状况的影响,从而保障了全球全天候连续实时导航与定位。GPS 可为各类用户连续地提供动态目标的三维位置、三维速度和时间信息,在精确测定观测站平面位置的同时,可以精确测定观测站的大地高程。

(二)操作简便、经济适用、测站间无需通视

GPS 测量的自动化程度很高,测量员在观测中的主要任务只是安置并开关仪器,量取仪器高、监测仪器的工作状态和采集环境的气象数据,而其他观测工作,如卫星的捕获、跟踪观测和记录等均由仪器自动完成。另外,GPS 用户接收机一般质量较轻,体积较小,因此携带和搬运都很方便。既要保持良好的通视条件,又要保障测量控制网的良好结构,这一直是经典测量技术在实践方面的困难问题之一。GPS 测量不要求观测站之间相互通视,因而不再需要建造觇标,这一优点既可大大减少测量工作的经费和时间,同时使点位的选择变得甚为灵活。

（三）观测时间短、定位精度高

随着 GPS 系统的不断完善、软件的不断更新，20 km 以内的相对静态定位仅需 15～20 min；在快速静态相对定位状态下，当每个流动站与基准站相距在 15 km 以内时，流动站观测时间只需 1～2 min，然后即可随时定位，每站观测只需几秒钟。应用实践证明，用 GPS 测量在小于 50 km 的基线上，其相对定位精度可达 10^{-6}，100～500 km 可达 10^{-7}，1 000 km 可达 10^{-9}。在 300～1 500 m 工程精密定位中，1 h 以上观测的解，其平面位置误差小于 1 mm。

第二节　GPS 组成及定位原理

一、GPS 系统的组成

GPS 由 3 个独立而又相互联系的部分组成：空间星座部分、地面监控系统及用户设备部分。

（一）空间星座部分

GPS 的空间部分由 24 颗 GPS 工作卫星所组成，这些 GPS 工作卫星共同组成了 GPS 卫星星座，其中 21 颗为可用于导航的卫星，3 颗为活动的备用卫星。这 24 颗卫星分布在 6 个倾角为 55°的轨道上绕地球运行，形成卫星星座（见图 11-1），以保证全球均匀覆盖的要求。卫星的运行周期约为 12 恒星时，每颗 GPS 工作卫星都发出用于导航定位的信号。GPS 用户正是利用这些信号来进行工作的。

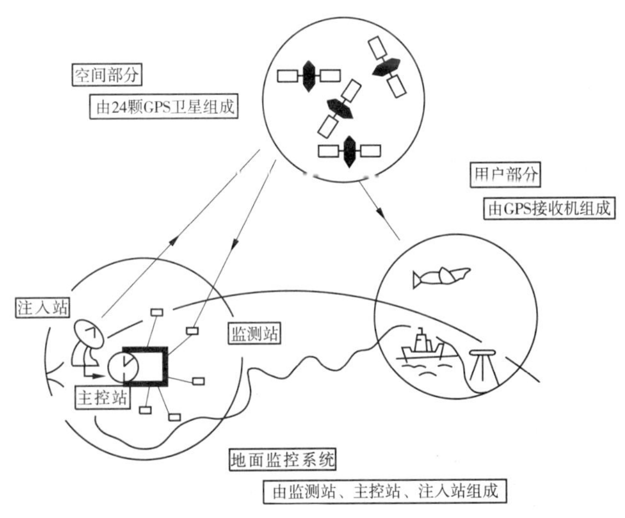

图 11-1　GPS 系统组成

（二）地面监控系统

地面监控系统由 1 个主控站、3 个注入站和 5 个监测站组成。主控站位于美国克罗拉多（Colorado）的法尔孔（Falcon）空军基地，它的作用是根据各监控站对 GPS 的观测数据，计算出卫星的星历和卫星钟的改正参数等，并将这些数据通过注入站注入到卫星中去；同时，它还对卫星进行控制，向卫星发布指令，当工作卫星出现故障时，调度备用卫星，替代失效的工作卫星工作;另外,主控站也具有监控站的功能。注入站的作用是将主控站计算出的卫星星历和卫星钟的改正数等注入到卫星中去。监测站的作用是接收卫星信号、监测卫星的工作状态。地面支撑系统的主要作用是跟踪观测 GPS 卫星、计算编制卫星星历;监测和控制卫星状况;保持精确的 GPS 时间系统;向卫星注入导航电文和控制指令。

(三)用户设备部分

用户设备部分即用户接收机,接收 GPS 卫星发射信号,以获得必要的导航和定位信息,经数据处理,完成导航和定位工作。GPS 接收机的硬件一般由主机、天线和电源组成,其类型很多。

二、GPS 定位原理

GPS 定位是以 GPS 卫星和用户接收机之间的距离为基础,并根据已知的卫星瞬时坐标确定用户接收机所对应的点位,即观测站的三维坐标(X,Y,Z)。这种方法的实质是空间后方距离交会。

如图 11-2 所示,在地面待定位置上安置 GPS 接收机,同一时刻接收 4 颗以上 GPS 卫星发射的信号。通过一定的方法测定这 4 颗以上卫星在此瞬间的位置以及它们分别至该接收机的距离,据此利用距离交会法解算出测站 P 的位置及接收机钟差 δ_t。

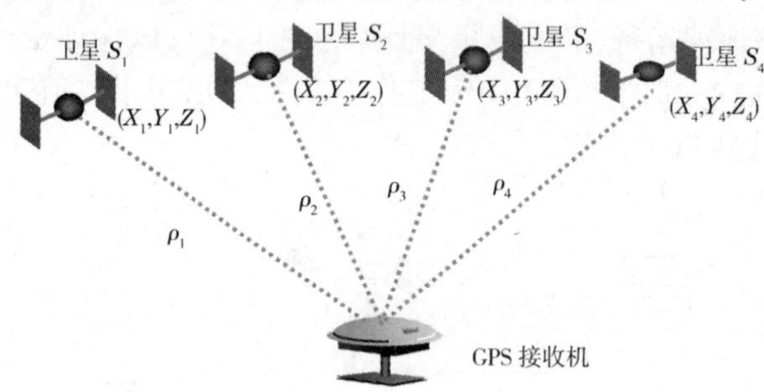

图 11-2 GPS 定位原理

设时刻 t_i 在测站点 P 用 GPS 接收机同时测得 P 点至 4 颗 GPS 卫星 S_1、S_2、S_3、S_4 的距离 ρ_1、ρ_2、ρ_3、ρ_4,通过 GPS 电文解译出 4 颗 GPS 卫星的三维坐标(X_j,Y_j,Z_j),$j=1,2,3,4$,用距离交会的方法求解 P 点的三维坐标(X,Y,Z)的观测方程为

$$\left.\begin{aligned}\rho_1^2 &= (X-X_1)^2+(Y-Y_1)^2+(Z-Z_1)^2+c\delta_t\\ \rho_2^2 &= (X-X_2)^2+(Y-Y_2)^2+(Z-Z_2)^2+c\delta_t\\ \rho_3^2 &= (X-X_3)^2+(Y-Y_3)^2+(Z-Z_3)^2+c\delta_t\\ \rho_4^2 &= (X-X_4)^2+(Y-Y_4)^2+(Z-Z_4)^2+c\delta_t\end{aligned}\right\} \tag{11-1}$$

式中 c——光速;

δ_t——接收机钟差。

由此可见,GPS 定位中,要解决两个问题:一是观测瞬间 GPS 卫星的位置,可以根据 GPS 卫星发射的导航电文中含有 GPS 卫星星历实时确定卫星的位置信息;二是观测瞬间测站点至 GPS 卫星之间的距离,站星之间的距离是通过测定 GPS 卫星信号在卫星和测站点之间的传播时间来确定的。

三、GPS 定位方法分类

(一)按照参照位置不同分类

按照参照位置的不同,定位方法可分为绝对定位和相对定位。绝对定位是在协议地球坐标系中,利用 1 台接收机来测定该点相对于协议地球质心的位置,也叫单点定位。相对定位是在协议地球坐标系中,利用 2 台以上的接收机测定观测点至某一地面参考点(已知点)之间的相对位置,也就是测定地面参考点到未知点的坐标增量。由于星历误差和大气折射误差有相关性,所以通过观测量求差可消除这些误差,因此相对定位的精度远高于绝对定位的精度。

(二)按用户接收机在作业中的运动状态不同分类

按用户接收机在作业中的运动状态不同,定位方法可分为静态定位和动态定位。静态定位是在定位过程中,将接收机安置在测站点上并固定不动。动态定位是指在定位过程中,接收机处于运动状态。

GPS 绝对定位和相对定位中,又都包含静态和动态两种方式,即动态绝对定位、静态绝对定位、动态相对定位和静态相对定位。

(三)依照测距的原理不同分类

若依照测距的原理不同,又可分为测码伪距法定位、测相伪距法定位等。

四、GPS 定位作业模式

随着 GPS 定位后处理软件的发展,为确定两点之间的基线向量,已有多种测量方案可供选择。这些不同的测量方案,也称为 GPS 测量的作业模式。目前,在 GPS 接收系统硬件和软件支持下,较为普遍采用的定位模式主要有静态相对定位、快速静态相对定位、准动态相对定位、往返式重复设站、动态相对定位和实时动态定位等。

(一)静态相对定位

静态相对定位是采用 2 台(或 2 台以上)接收设备,分别安置在一条或数条基线的两个端点,同步观测 4 颗以上卫星,每时段长 45 min 至 1 h 或更多。作业布置如图 11-3 所示。

静态相对定位模式适用于建立全球性或国家级大地控制网,建立地壳运动监测网、建立长距离检校基线、进行岛屿与大陆联测、钻井定位及精密工程控制网建立等。

(二)快速静态相对定位

快速静态相对定位是在测区中部选择一个基准站,并安置一台接收设备连续跟踪所有可见卫星;另一台接收机依次到各点流动设站,每点观测数分钟。作业布置如图 11-4 所示。

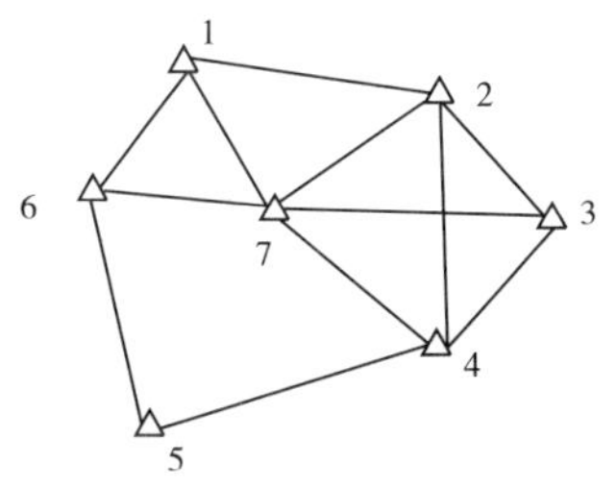

图 11-3 静态相对定位

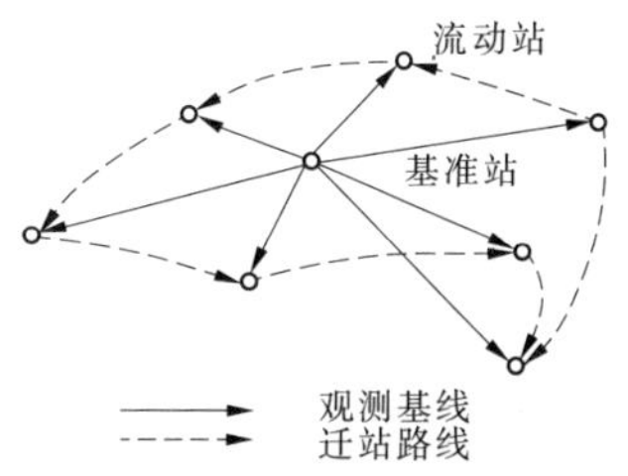

图 11-4 快速静态相对定位

快速静态相对定位模式的应用范围主要是控制网的建立及其加密、工程测量、地籍测量、大批相距百米左右的点位定位。

(三)准动态相对定位

准动态相对定位是在测区选择一个基准点,安置接收机连续跟踪所有可见卫星;将另一台流动接收机先置于 1 号站(见图 11-5),观测数分钟,以便快速确定整周未知数;在保持对所测卫星连续跟踪而不失锁的情况下,将流动接收机分别在 2,3,4…各点观测数秒钟。

应用范围是在开阔地区的加密控制测量、工程定位及碎步测量、剖面测量及线路测量等。

(四)往返式重复设站

往返式重复设站是建立一个基准点安置接收机连续跟踪所有可见卫星,流动接收机依次到每点观测 1 ~2 min,1 h 后逆序返测各流动点 1 ~2 min。设站布置如图 11-6 所示。

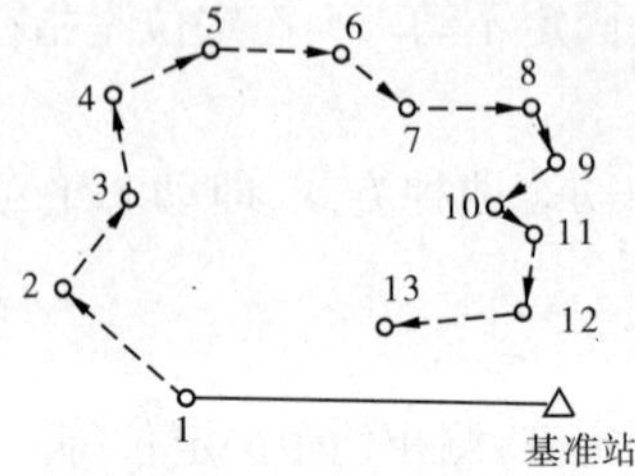

图 11-5　准动态相对定位

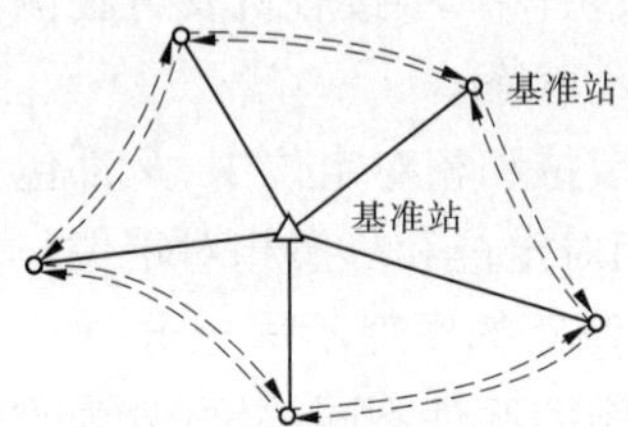

图 11-6　往返式重复设站

应用范围是在控制测量及控制网加密、取代导线测量及三角测量、工程测量及地籍测量。

(五)动态相对定位

动态相对定位作业方法如下:

(1)设置基准站:建立一个基准点安置接收机连续跟踪所有可见卫星,如图 11-7 所示。

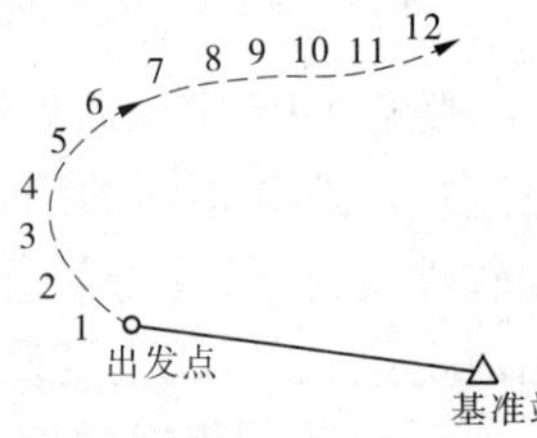

图 11-7　动态相对定位

(2)设置流动站:在运动平台上设置接收机,指定自动定位的时间间隔。

(3)初始化:流动接收机先在出发点上静态观测数分钟,然后流动接收机从出发点开始连续运动,按指定的时间间隔自动测定运动载体的实时位置。

(4)流动观测:初始化后,保持对卫星连续跟踪观测状态,接收机依预定时间间隔自动同步观测 5 颗以上卫星,一般采样率小于 1 s。

应用范围是精密测定运动目标的轨迹、测定道路的中心线、勘界、剖面测量、航道测量、海洋测量等。

(六)实时动态定位(Real Time Kinematic,**简称** RTK)

(1)作业方法:在基准站上安置 1 台 GPS 接收机,对所有可见 GPS 卫星进行连续观测,并将其观测数据通过无线电传输设置实时地发送给用户观测站。在用户观测站上,GPS 接收机在接收 GPS 卫星信号的同时,通过无线电接收设备,接收基准站传输的观测数据和改正数据,然后根据相对定位的原理,实时地计算并显示用户观测站的三维坐标及其精度。目前,实时动态测量采用如下两种定位模式:

①自由 RTK。首先在某一起始点上静止进行观测,以便采用快速解算整周未知数的方法实时地进行初始化工作。初始化后,流动的接收机在每一观测站上,静止观测数历元,并

连同基准站的同步观测数据,实时地解算流动站的三维坐标。

②自动 RTK。首先在某一起始点上静止地观测数分钟,以便进行初始化工作。之后,运动的接收机按预定的采样时间间隔自动地进行观测,并连同基准站的同步观测数据,实时地确定采样点的空间位置。对运动目标来说,可以在卫星失锁的观测点上,静止地观测数分钟,以便重新初始化,或者利用动态初始化(AROF)技术,重新初始化,而对海上和空中的运动目标来说,则只有应用 AROF 技术,重新完成初始化的工作。

(2)应用范围:开阔地区的加密控制测量、地形测量、工程定位及碎步测量、剖面测量及线路测量、航空摄影测量和航空物探中采样点的实时定位,航道测量,道路路线测量,以及运动目标的精密导航等。

第三节　GPS 测量的实施

使用 GPS 进行控制测量的过程为:方案设计、外业观测和内业数据处理。用户可以根据测量成果的用途选择相应的 GPS 测量规范实施:《全球定位系统(GPS)测量规范》(GB/T 18314—2009)、《工程测量规范》(GB 50026—2007)等。

外业工作主要包括:选点、测站标志的埋设、野外数据采集以及成果质量的检核;内业工作主要包括 GPS 测量的技术设计、测后数据处理以及技术总结。

GPS 网设计时,一般采用独立观测边构成闭合图形,如三角形、多边形或附合线路,以增强检核条件,提高网的可靠性。

一、GPS 测量的精度要求

对于 GPS 网的精度要求,较为通行的方法是用网中点之间的距离误差来表示,其形式为

$$\sigma = \sqrt{a^2 + (b \times d)^2} \tag{11-2}$$

式中　σ ——网中点之间距离的标准差,mm;

a——GPS 接收机标称精度中的固定误差,mm;

b——GPS 接收机标称精度中的比例误差系数,1×10^{-6};

d——GPS 网中相邻两点之间的距离,km。

在《工程测量规范》(GB 50026—2007)中,对不同等级 GPS 网的固定误差和比例误差系数都有所规定。在我国颁发的《全球定位系统(GPS)测量规范》(GB/T 18314—2009)根据网的不同用途,将 GPS 网划分为 A、B、C、D、E5 个精度等级,其中 A 级 GPS 网由连续运行基准站构成,其精度应不低于表 11-1 的要求。B、C、D 级和 E 级的精度应该不低于表 11-2 的要求。

表 11-1　A 级网的精度要求

级别	坐标年变化率中误差		相对精度	地心坐标各分量年平均中误差(mm)
	水平分量(mm/a)	垂直分量(mm/a)		
A	2	3	1×10^{-8}	0.5

二、GPS外业观测要求

在GPS标石成功埋设后，经过一定的稳定期，就需要根据预先设计的网形和调度计划来对GPS网进行外业的静态观测。外业静态观测主要分为仪器的安置、开机观测和野外观测记录三个工作。

外业观测基本技术规定：A级GPS网观测的技术要求按《全球导航卫星系统连续运行参考站网建设规范》(CH/T 2008—2005)的有关规定执行。B、C、D、E级GPS网观测的基本技术规定应符合表11-3的要求。

表11-2　B、C、D级和E级网的精度要求

级别	相邻点基线分量中误差		相邻点间平均距离(km)
	水平分量(mm)	垂直分量(mm)	
B	5	10	50
C	10	20	20
D	20	40	5
E	20	40	3

表11-3　GPS网观测的基本技术规定

项目	级别			
	B	C	D	E
卫星截止高度角(°)	10	15	15	15
同时观测有效卫星数	≥4	≥4	≥4	≥4
有效观测卫星总数	≥20	≥6	≥4	≥4
观测时段数	≥3	≥2	≥1.6	≥1.6
时段长度	≥23 h	≥24 h	≥60 min	≥45 min
采样间隔(s)	30	10~30	5~15	5~15

注：1. 计算有效观测卫星总数时，应将各时段的有效观测卫星数扣除其间的重复卫星数。

2. 观测时段长度，应为开始记录数据到结束记录的时间段。

3. 观测时段数≥1.6，指采用观测模式时，每站至少观测一时段，其中二次设站点数应不少于GPS网总点数的60%。

4. 采用基于卫星定位连续运行基准站点观测模式时，可连续观测，但观测时间应不低于表中规定的各时段观测时间的和。

《卫星定位城市测量技术规范》(CJJ/T 73—2010)对城市GNSS控制网按相邻站点的平均距离和精度划分为二、三、四等网和一、二级网。城市GNSS网的主要技术要求应符合表11-4的规定，各等级作业的基本技术要求应符合表11-5的规定。

表 11-4　GNSS 网的主要技术要求

等级	平均边长（km）	a（mm）	b（mm）	最弱边相对中误差
二等	9	≤5	≤2	1/120 000
三等	5	≤5	≤2	1/80 000
四等	2	≤10	≤5	1/45 000
一级	1	≤10	≤5	1/20 000
二级	<1	≤10	≤5	1/10 000

注:1. 表中 a 表示固定误差,b 表示比例误差系数。

2. 二、三、四等网相邻点最小边长不宜小于平均边长的 1/2,最大边长不宜超过平均边长的 2 倍。一、二级网最大边长可在平均边长的基础上放宽 1 倍,当边长小于 200 m 时,边长中误差应小于 ±2 cm。

表 11-5　GNSS 测量各等级作业的基本技术要求

项目	等级 / 观测方法	二等	三等	四等	一级	二级
卫星高度角(°)	静态	≥15	≥15	≥15	≥15	≥15
有效观测同类卫星数	静态	≥4	≥4	≥4	≥4	≥4
平均重复设站数	静态	≥2.0	≥2.0	≥1.6	≥1.6	≥1.6
时段长度(min)	静态	≥90	≥60	≥45	≥45	≥45
数据采样间隔(s)	静态	10～30	10～30	10～30	10～30	10～30
PDOP 值	静态	<6	<6	<6	<6	<6

三、GPS 测量外业实施

GPS 测量的外业实施主要包括选择点位、埋设标石、接收机(无线)安置、外业的静态观测工作。

(一)选择点位

由于 GPS 测量观测站之间不一定要求相互通视,而且网的图形结构比较灵活,所以选点工作比常规控制测量的选点要简便。

(二)埋设标石

GPS 网点一般应埋设具有中心标志的标石,以精确标示点位。点的标石和标志必须稳定、坚固以利长期保存和利用。在基岩露头地区,也可直接在基岩上嵌入金属标志。

(三)接收机(天线)安置

GPS 接收机在开始观测前,应进行预热和静置,可按随机提供的接收机操作手册进行。

(1)安置仪器:在正常点位,天线应架设在三脚架上,天线架设不宜过低,一般应距地面 1 m 以上。其对中误差不应大于 1 mm,天线基座上的圆水准气泡必须严格整平。

刮风天气安置天线时,应注意将天线三个方向固定,以防倒地碰坏。雷雨天气应注意将天线底盘接地,以防雷击天线。

(2)天线定向:天线的定向标记应指向正北,对于定向标志不明显的接收机天线,可预先设置标志,每次按此标志安置仪器,以减弱相位中心偏差的影响。

(3)量取天线高:每时段观测前后应各量取一次天线高,对于三脚架上的天线可使用量高专用尺,在相隔 120°的三个位置上量取垂直高或倾斜高,互差应小于 3 mm,结果的平均值记入观测手簿,并在手簿中绘制量测天线高的方法略图。

(4)最后检查:复查点名并记入测量手簿,将电缆与仪器进行连接,经检查无误后方可通电启动仪器。

目前,多数新型的 GPS 接收机都是一体机,即天线、电池、主机都合成一个整体,只有很少几个控制键,并且不设置显示屏,也不再输入测站信息,应特别注意记好观测手簿。

(四)观测作业要求

外业观测的主要目的是捕获 GPS 卫星信号,并对其进行跟踪、处理和量测,以获得所需的定位信息和观测数据。在天线安置完后,应按照指挥员的开(关)机命令,准时开(关)接收机。

接收机锁定卫星并开始记录数据后,观测员可按照仪器随机提供的操作手册进行输入和查询操作。在不明按键的功能时,不得随意按键,严禁接收过程中更改设置任何参数。

四、成果检核与数据处理

(1)将观测数据下载到计算机中,并计算 GPS 基线向量,基线向量的解算软件一般采用仪器厂家提供的软件。

(2)对解算成果进行检核,常见的有同步环和异步环的检测。根据规范要求的精度,剔除误差大的数据,必要时还需要进行重测。

(3)将基线向量组网进行平差。平差软件可以采用仪器厂家提供的软件,也可以采用通用数据格式的第三方软件或自编软件。

(4)通过平差计算,最终得到各观测点在指定坐标系中的坐标,并对坐标值的精度进行评定。

第四节　GPS－RTK 测量

随着全球定位系统(GPS)技术的快速发展,GPS－RTK 测量技术也日益成熟,RTK 测量技术逐步在测绘中得到应用。RTK 测量技术因其精度高、实时性和高效性,在城市测绘中的应用越来越广。在园林工程测量中,RTK 可以做控制测量、碎步测量、点放样、直线放样、线路放样、断面测量等测量工作。

一、GPS－RTK 系统的组成

GPS－RTK 系统的组成如图 11-8 所示。

RTK 测量系统一般由以下三部分组成:GPS 接收设备、数据传输系统、RTK 测量的软件系统。数据传输系统由基准站的发射电台与流动站的接收电台组成,它是实现实时动态测量的关键设备。

(一)GPS 接收机

GPS－RTK 测量系统中至少应包含 2 台 GPS 接收机,其中一台安置于基准站上,另一台

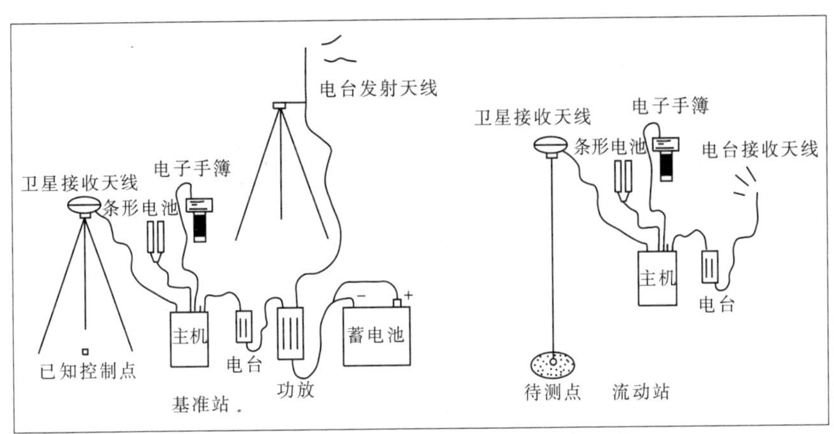

图 11-8 GPS－RTK 系统组成示意图

或若干台分别安置于不同的用户流动站上。基准站应设在测区内较高，且观测条件良好的已知点上。在作业中，基准站的接收机应连续跟踪全部可见 GPS 卫星，并将观测数据传输系统实时地发送给用户站。GPS 接收机可以是单频的或双频的。当系统中包含多个用户接收机时，基准站上的接收机多采用双频接收机。

（二）数据传输系统

基准站同用户流动站之间的联系是靠数据传输系统（简称数据链）来实现的。数据传输设备是完成实时动态测量的关键设备之一，由调制解调器和无线电台组成。在基准站上，利用调制解调器将有关数据进行编码调制，然后由无线电发射台发射出去。在用户站上利用无线电接收机将其接收下来，再由解调器将数据还原，并送给用户流动站上的 GPS 接收机。

（三）RTK 测量的软件系统

软件系统的功能和质量，对保障实时动态测量的可行性、测量结果的可靠性及精度具有决定性意义。实时动态测量软件系统应具备的基本功能如下：

（1）整周未知数的快速解算。

（2）根据相对定位原理，实时解算用户站在 WGS－84 坐标系中的三维坐标。

（3）根据已知转换参数，进行坐标系统的转换。

（4）求解坐标系之间的转换参数。

（5）解算结果的质量分析与评价。

（6）作业模式（静态、准动态、动态等）的选择与转换。

（7）测量结果的显示与绘图。

二、GPS－RTK 测量的外业工作准备

在进行野外数据采集作业之前，一些基础性工作必须先行完成，包括测区的野外实地踏勘、测区相关资料的整理与论证、基准站的选点及埋石、GPS－RTK 设备的准备与检验、人员的安排观测计划的拟定、设计书的编写、仪器设备检验、观测方案与经费预算等。

三、常规 RTK 测量作业规范

《全球定位系统城市测量技术规程》（CJJ 73—2010X）对 RTK 测量作业有以下规定。

(1)RTK 测量的主要技术要求应符合表 11-6 的要求。

表 11-6　GNSS RTK 平面测量技术要求

等级	相邻点间距离(m)	点位中误差(cm)	相对中误差	起算点等级	流动站到单基准站间距离(km)	测回数
二级	≥300	不超过 ±5	≤1/10 000	四等及以上	≤6	≥3
三级	≥200	不超过 ±5	≤1/6 000	四等及以上	≤6	≥3
				二级及以上	≤3	
图根	≥100	不超过 ±5	≤1/4 000	四等及以上	≤6	≥2
				三级及以上	≤3	
碎步	—	图上 0.5 mm	—	四等及以上	≤15	≥1
				三级及以上	≤10	

注:1. 网络 RTK 测量可不受起算点等级、流动站到单基准站间距离的限制。

2. 困难地区相邻点间距离缩短至表中的 2/3,边长限差应不大于 2 cm。

(2)RTK 控制点的选点应符合以下要求:

①站址应选在基础坚实稳定,易于长期保存,并有利于安全作业的地方。

②站址周围应便于安置接收设备和方便作业,视野应开阔。

③站址与周围大功率无线电发射源(如电视台、电台、微波站、通信基站、变电所等)的距离应大于 200 m;与高压输电线、微波通道的距离应大于 100 m。

④站址附近不应有强烈干扰接收卫星信号的物体,如大型建筑物、玻璃幕墙及大面积水域等。

⑤点位应选择在交通便利,并有利于扩展和联测的地点。

⑥视场内障碍物的高度角不宜大于 15°。

⑦对符合上述要求的已有控制点,经检查点位稳定可靠时可充分利用。

⑧点位选定后应现场标记、画略图。

(3)RTK 作业时卫星状况应符合表 11-7 的规定。

(4)在 RTK 测量时,应至少有一个已知点作为检核点。

(5)利用已有 RTK 测设的控制点时,应进行可靠性检测。

表 11-7　RTK 作业中 GNSS 卫星状况的基本要求

观测窗口状态	15°以上的卫星个数	*PDOP* 值
良好	≥6	<4
可用	5	<6
不可用	<5	≥8

四、GPS－RTK 测量的作业方法

(一)基准站设置

基准站设置的工作主要有以下几项内容。

1. 基准站参数设置

基准站架设好开始测量前需设置好相关参数,参数主要有基准站发射间隔、差分数据格式、卫星截止高度角和 *PDOP* 值限制等。建议都使用默认设置,除非当前卫星的 *PDOP* 值大于 3 时可以适当放宽限制(*PDOP* 值大于 3 时,卫星条件就比较差,会在一定程度上影响流动站固定解的速度)。基站设置成功后正常情况下查看电台有无按照设定的发射间隔正常发射。

基准站参数也可自动设置,一般的设备都有此功能,主机的自动启动基准站设置在卫星条件达到要求的情况下将自动完成采集单点定位点的 WGS-84 经纬度坐标,并设置主机进行基准站工作的一系列操作步骤。

2. 手工输入坐标设置基准站

手工输入的坐标必须是 WGS-84 的经纬度坐标或直角坐标。实际上在常规的测量下,这样的基准站操作的意义并不大。可以有两种选择方式:一种是大地坐标;另一种是平面坐标。一般来说,在输入相应数据及进行相应设置后,软件提示"基准站设置成功",即完成基准站设置操作操作。

3. 点校正模式

GPS-RTK 测量工作中,点校正是 RTK 必要的工作步骤。点校正的目的是求解 WGS-84 坐标转换为用户使用坐标的转换参数。应当至少有 4 个控制点的三维已知地方平面坐标和相对独立的 WGS-84 坐标(可以直接观测得到),选择的已知控制点将测区包围起来。

(二)流动站设置

流动站设置基本内容包括:电台设置(蓝牙设置),流动站基本信息设置(天线高、卫星截止高度角),流动站主机的解算精度水平和差分数据格式。

1. 电台设置

电台设置的主要目的是设置与基准站主机通信以及完成主机电台读取或切换电台的通道。

2. 基本信息设置

流动站基本信息主要包括天线高、卫星截止高度角。天线高可选择测量点实际高程和天线相位中心即天线头高程两种形式。在此设置了天线高以后,进行测点时,在天线高不变的情况下不需要另外输入天线高。

由于低高度角的卫星信号穿透电离层和对流层引起的折射大,并且由于多路径效应,低高度角卫星的信号在接收时有衍射作用,所以 GPS 测量时对观测到的卫星必须加以选择,仪器在测量时可以设置测量卫星高度角,软件在处理数据时也可对已测量并参与处理的卫星高度角进行设置,所以测量中及测量后(数据处理前)都可以对卫星的使用进行限制,屏蔽低高度角的卫星。输入截止高度角为 10°,这样 10°以下的卫星将被屏蔽而不会被采用。卫星截止高度角的设置要根据实际情况来设置,一般最高的截止角设置都在 20°以下。

(三)数据处理设置

数据处理前首先要设置好流动站主机的解算精度标准和差分数据格式。

(四)测量数据采集

设备设置完成后即可进行野外数据采集,野外数据采集实际上就是 RTK 测量成图的过程,这个过程能够完成实时测图、实时绘图、内外一体化作业。一般测量有两种形式:一种是独立地物点测量;另一种是连续点测量。

测图操作各个具体仪器略有差异,基本过程大致相同,作业过程主要为:新建工程→求地方坐标的转换参数→开始测图→成果输出。

五、南方测绘公司 S82 GPS－RTK 操作简介

(一)设备简介

灵锐 S82 GPS－RTK——南方测绘公司推出的产品,标准配置是一个基准站和一个移动站,用户可根据需要购买任意个移动站。如图 11-8 所示,基准站由主机、电台、电台发射天线与蓄电池组成;每个移动站的设备为一个主机与一个电子手簿,移动站电台模块放置在主机内,通过主机顶部的数据链天线接发数据,电子手簿与接收机间通过内置的蓝牙卡进行数据通信。

灵锐 S82 的技术参数为:独立 24 通道,L1/L2 双频跟踪信号,静态测量模式的平面精度 $5\ \text{mm} + 1 \times 10^{-6}\ \text{mm}$,高程精度为 $10\ \text{mm} + 2 \times 10^{-6}\ \text{mm}$,静态作用距离≤80 km,静态内存 32 MB;RTK 测量模式平面精度为 $2\ \text{cm} + 1 \times 10^{-6}\ \text{mm}$,高程精度为 $5\ \text{cm} + 1 \times 10^{-6}\ \text{mm}$,数传电台的发射功率为 25 W/15 W(H/L)。

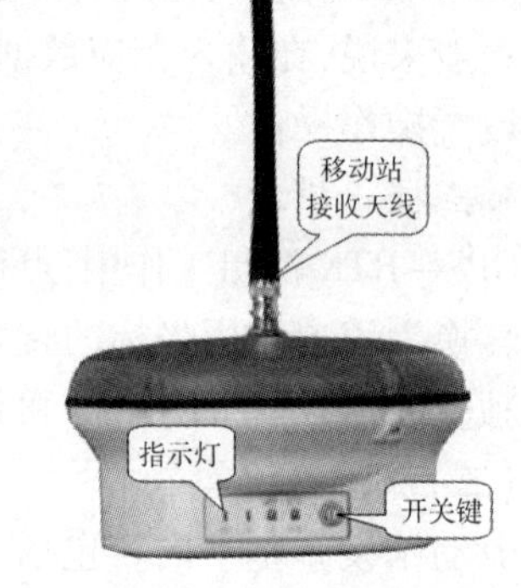

图 11-9　灵锐 S82 移动站主机外形

如图 11-9 所示,灵锐 S82 的主机前侧为按键和指示灯面板,指示灯从左向右依次是:"状态指示灯"、"数据链指示灯"、"卫星/蓝牙指示灯"和"电源指示灯",其作用如下。

1. 状态指示灯

(1)每 n 秒闪一次,表示静态采样率。

(2)每秒闪一次,表示动态数据链正常。

(3)每秒短闪一次,表示数据链数据不足。

2. 电源指示灯

(1)使用内置电池,红灯亮表示电池正常工作。

(2)红灯闪烁表示电池电量不足。

3. 卫星/蓝牙指示灯

(1)该指示灯每隔 30 s 闪烁一次,红灯闪烁的次数表示卫星个数。

(2)绿灯长亮,表示接收机蓝牙建立连接,开始正常数据通信。

(3)绿灯闪烁,表示接收机 USB 数据通信正在建立连接,在 USB 数据下载过程中,该指示灯也闪烁。

4. 数据链指示灯

在基准站和移动站指示不同的状态:

(1)当移动站工作在动态模式时,该指示灯每秒闪烁一次表示差分数据正在接收;当工作在静态模式时,指示灯会长亮,标识静态模式。

(2)当基准站工作在动态模式时,该指示灯每隔 5 s 会快闪两次,表示基准站已经启动,并开始正常工作;静态模式同移动站。

灵锐 S82 的主机仪器底部内嵌有电台模块和电池盒部分,移动站在这部分装有内置接

收电台;基准站为外接发射电台,该部分只起到一个接口转换的作用。流动站主机内安有接收电台,基准站接收机的发射电台为外接发射电台,在接收机底部有电源接口和数据接口,基准站接收机还有外置电台接口。

灵锐 S82 有静态与动态两种工作模式,进行等级控制测量选择静态模式,碎步点坐标采集与工程放样选择动态模式。

静态模式时,仪器采集的卫星数据自动存储在主机内的 32 MB 闪存中,数据采集间隔设为 1 s 时,连续采集时间可达 40 h。外业数据采集完成后,数据线连接主机 USB 口与 PC 机 USB 口,操作 Gpsadj 软件下载数据,在 Gpsadj 中完成基线向量解算与网平差,获得测点坐标。

动态模式时,在 JETT 手簿上操作南方测绘工程之星软件完成。

(二)南方灵锐 S82 GPS - RTK 动态操作流程

1. 新建工程

工程之星是以工程文件的形式对软件进行管理的,所有的软件操作都是在某个定义的工程下完成的。新建工程的方法是:双击“工程之星 2.0”桌面图标,打开工程之星,在图 11-10界面中,执行下拉菜单“工程”→“新建工程”,弹出如图 11-11 所示对话框,按提示输入工程名称,并选择新建的作业方式为“向导”方式,然后点击[OK]按钮进入图 11-12 所示对话框。

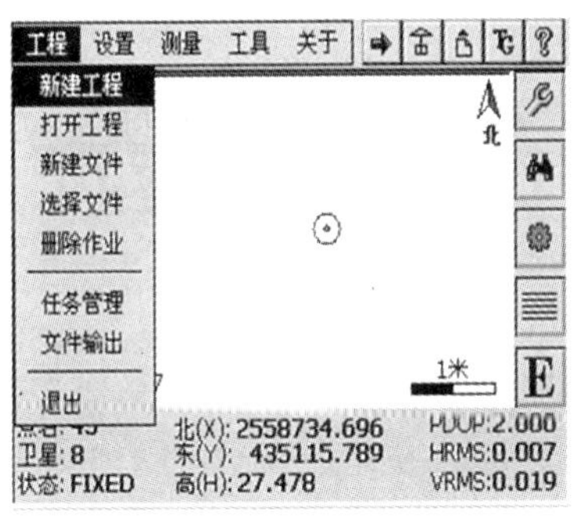

图 11-10 新建工程

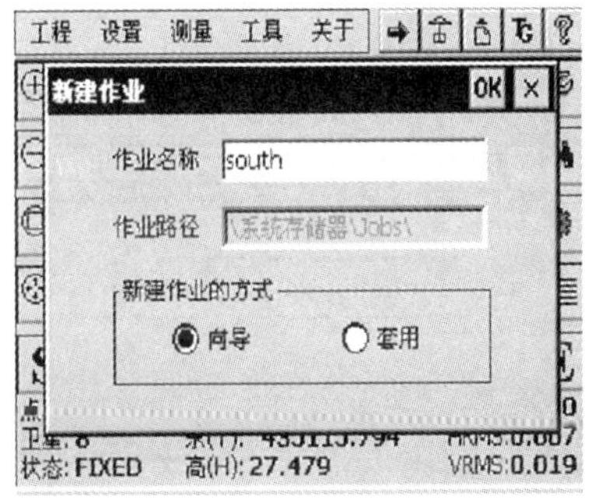

图 11-11 输入作业名称

在图 11-12 对话框中选择椭球系名称,执行下一步功能,弹出图 11-13 所示对话框,在此对话框中输入投影参数,此外新建工程时还可以进行转换参数设置及高程拟合参数设置,在此不对其进行设置(即不启用这些设置),直接按[确定]按钮,工程新建完毕。

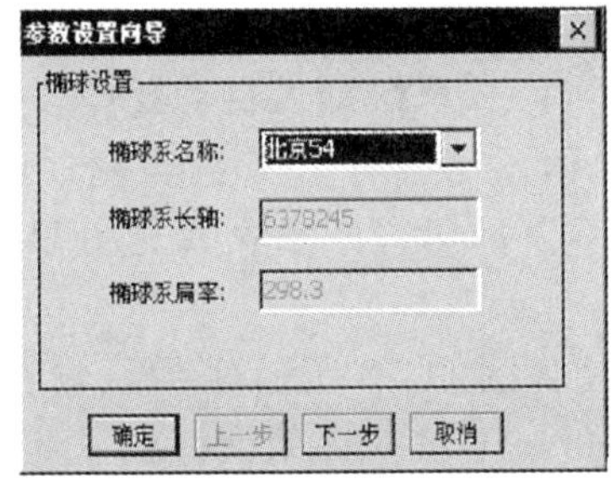

图 11-12 椭球设置

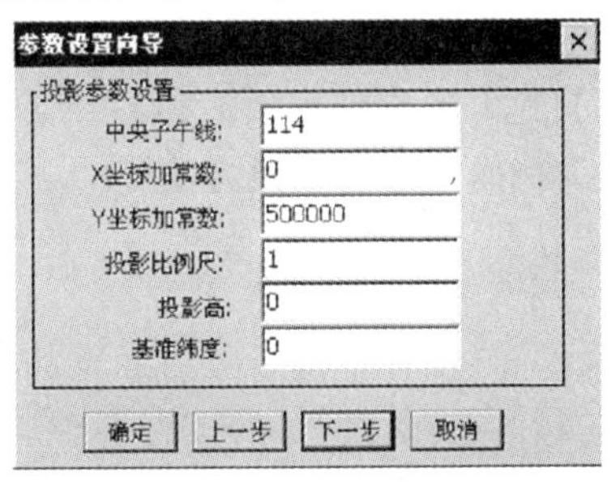

图 11-13 投影参数设置

2. 启动基准站

(1)手簿连接上基准站接收机以后,在图 11-14 界面中,执行菜单“设置”→“仪器设置”,弹出如图 11-15 所示对话框,选择“动态模式”,确定后进入如图 11-16 所示对话框。

图 11-14 设置菜单

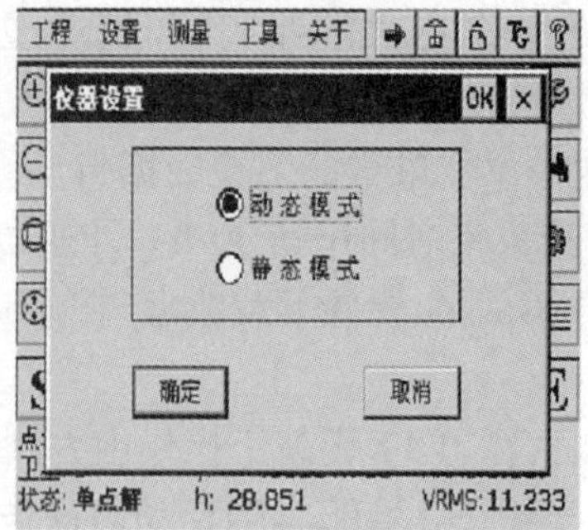

图 11-15 仪器设置

(2)在图 11-16 所示对话框中,选择“自动启动基准站参数设置”,即通过“单点定位”获得基准站坐标,然后进入下一步,如图 11-17 所示。

(3)在图 11-17 界面中,要进行基准站发射间隔、差分数据格式、卫星截止角和 *PDOP* 值限制等参数设置,确认设置后,按[OK]键,此界面关闭,过大概 2 s 后提示“基准站设置成功”,则表明自动启动基站设置成功,然后查看电台有无按照设定的发射间隔正常发射之后,即可将软件正常退出。

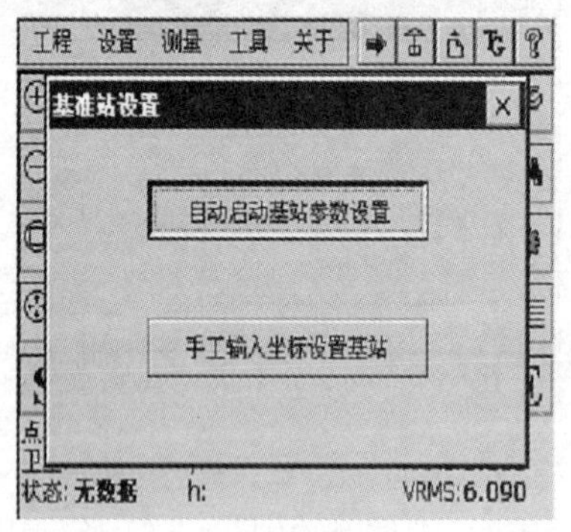

图 11-16 基准站设置

图 11-17 基准站参数设置

3. 坐标转换

参数计算包括四参数计算和七参数计算,两种计算操作方法类似,都是按照软件提示输入几组公共点的施工测量已知坐标和 GPS 原始坐标后,系统即可自动计算参数值并保存,下面以四参数为例简述坐标转换方法。

(1)操作方法是执行“工具”菜单→“参数计算”→“计算四参数”(见图 11-18),弹出如图 11-19 所示界面。

(2)在图 11-19 界面中,点击[增加]按钮,弹出如图 11-20 所示对话框,输入转换前坐标及转换后坐标,输入完毕后点击[OK]按钮,弹出如图 11-21 所示对话框。

(3)参与参数计算的点输入完毕后,在图 11-21 界面中,点击[计算]按钮,弹出对话框如图 11-22 所示,则四参数计算完毕 。

说明:四参数是同一个椭球内不同坐标系之间进行的转换。参与计算的控制点原则上

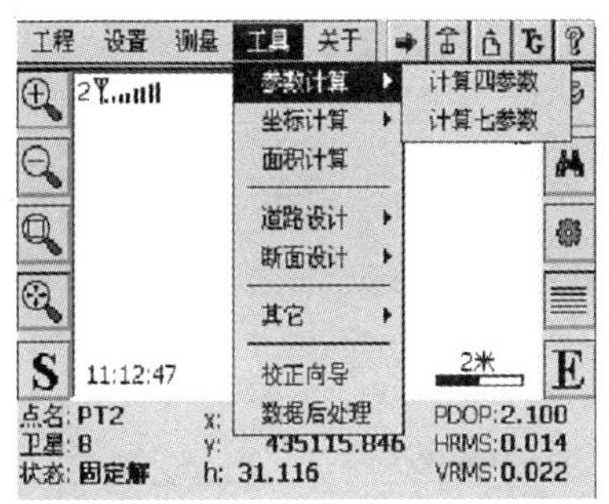

图 11-18　工具菜单

图 11-19　计算四参数

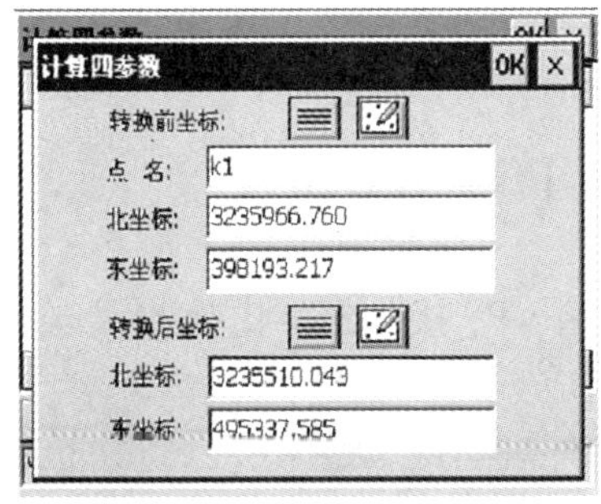

图 11-20　输入坐标

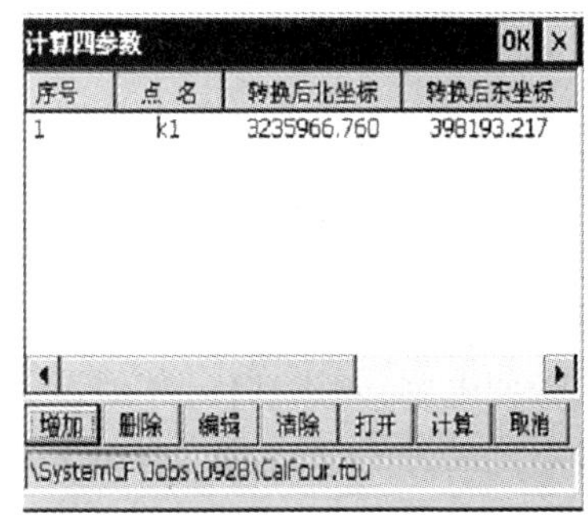

图 11-21　计算四参数

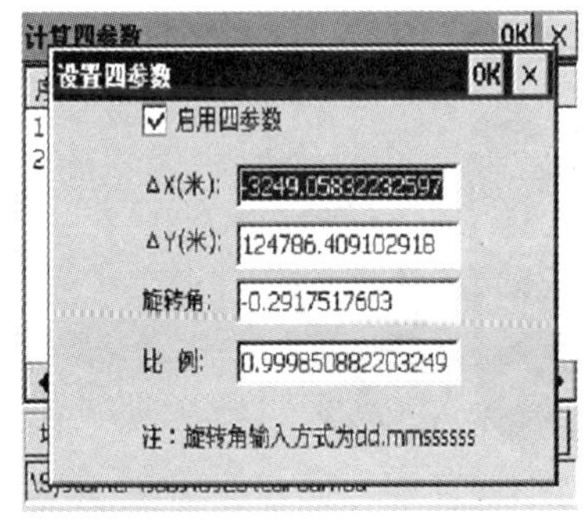

图 11-22　计算并启用四参数

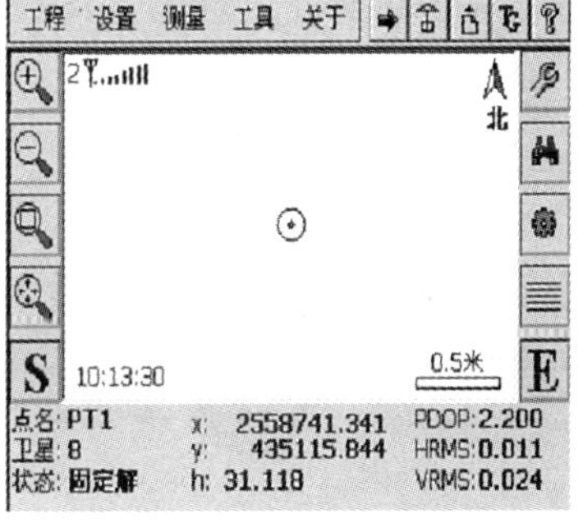

图 11-23　系统主界面

至少要用两个或两个以上的点，控制点等级的高低和分布直接决定了四参数的控制范围。经验上四参数理想的控制范围一般都在 20～30 km^2 以内。

4. 点测量

基准站接收机启动完毕，且工作正常后，将手簿连接到流动站接收机，开始进行点测量，下面介绍流动站野外点测量的基本操作流程。

(1) 运行“工程之星”软件后，出现如图 11-23 所示程序主界面，图中位置显示的符号有圆圈和三角两种显示方式。当天线位置静止不动或移动的范围小于 2 cm 时，则以带中心点的圆圈表示；当天线移动的时候，显示位置为三角形，三角形的锐角方向为移动的方向。

(2) 执行“测量”→“目标点测量”菜单（如图 11-24 所示），弹出测量点存储对话框如图 11-25所示。

(3) 当软件处于固定解的状态，就可输入点名、天线高及天线高类型，按[确定]键，进行

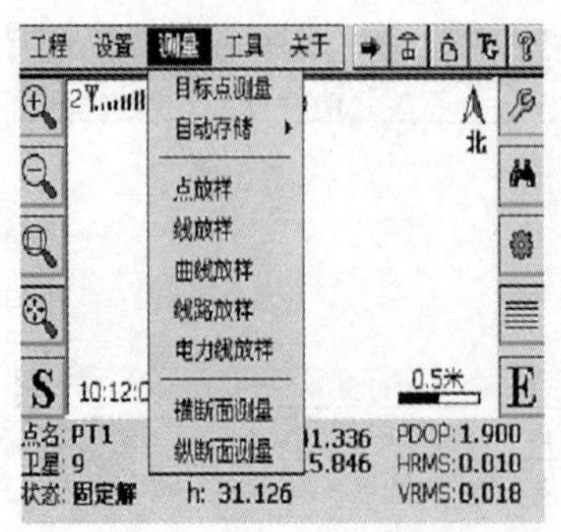

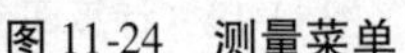
图 11-24 测量菜单

图 11-25 测量点存储

目标点测量,继续测量点时,点名将自动累加。

第五节 手持 GPS 接收机

手持 GPS 接收机是指可以手持操作的轻便型 GPS 接收机。由接收天线、定位解算主板、电源系统、微型电脑、应用软件、其他设备等组成。

目前各种不同品牌的手持 GPS 接收机,虽然外观不同,大小不一,价格也相差悬殊,功能和操作方法也有差异,但它们的操作按键的作用和功能很多是相同的。主要的按键有电源键、菜单键、存点键、翻页键、导向键、方向键、输入键、退出键、查找键、缩放键、背景光、鼠标键等,图 11-26 为几种常见的手持 GPS 接收机。

图 11-26 手持 GPS 接收机

手持 GPS 接收机按定位精度可分为低精度和高精度两种。低精度手持 GPS 接收机采用"单点定位原理"方法,定位精度受卫星轨道误差、钟差及信号传播误差等因素影响,尽管其中的一些系统误差,可以通过模型加以消除,但残差仍不可忽视。依靠此类单点定位的平均精度仅为 10～30 m。价格较便宜,用于一般定位导航、野外探险。

高精度手持 GPS 接收机采用实时差分技术,兼容 CORS、RTK 、SBAS ,单机可实现实时差分,高精度定位,定位精度:亚米级、厘米级(<30 cm),价格较高,运用于专业测绘、GIS 调查。

一、手持 GPS 接收机的特点

相对于"测地型"GPS 接收机,手持 GPS 接收机具有以下特点:

(1)集成度高,接收灵敏度高,导航定位速度快,抗遮蔽性好。

(2)体积小,质量轻,功耗低,抗恶劣环境,操作简便。

(3)坐标系统完善,WGS－84 世界大地坐标、1954 北京坐标、1980 西安坐标及用户自定义坐标自行设定。

(4)功能全,具备导航定位和求面积等功能,适用于许多行业的面积测定。

二、手持 GPS 接收机的基本功能

目前,尽管手持 GPS 接收机种类繁多,外观各异,且具有各自不同的特点和性能,但归纳起来,一般都有如下几种基本功能:

(1)导航功能。作为高智能向导,引领用户前往科学考察、资源调查样点、自助旅游等目的地。如果 GPS 内有电子地图,可根据电子地图进行导航,也可按照预先设置好的航线导航。

(2)定位功能。实时知道自己在哪里,并可以将任意点的位置(坐标)不断保存在机器中,或发送给有关控制或指挥中心。

(3)测量功能。可以测点的坐标、方位角和高程,测直(曲、折)线的长度和两点间的水平距离,测任意多边形图形的面积等。

(4)记录功能。在导航中随时记录各种行程数据信息及运动历史轨迹(走过的路线)等。

(5)查询功能。查找运动目标(或自己)及目标地在电子地图中或城市交通图中的位置。查看当地日月的升起、落下时间等。

目前,几乎所有的手持 GPS 接收机,都具有与计算机连接上传或下载数据的功能。接收机的背后有 USB 接口或串行接口,高档的接收机同时具备两种接口,通过专用数据线与软件,可与计算机连接,实现计算机与手持 GPS 接收机间的数据交换,以便在计算机上安排、分析路线,对数据进行处理。外业测量采集的数据,可作为 GIS 数据管理和计算机制图的数据源。

三、手持 GPS 接收机的操作

(一)参数设置

GPS 导航系统所提供的坐标是以 WGS－84 坐标系为依据而建立的,我国目前应用的许多地图却属于 1954 北京坐标系或 1980 西安坐标系。

因为不同坐标系之间存在着平移和旋转关系,对于同一点的坐标,可能会有几十米到上百米的差异。因此,如果你不使用 WGS－84 的经纬度坐标,必须进行坐标转换,输入相应的转换参数(可通过当地测绘部门或通过 3 个以上等级点坐标求解获得)。

1. 坐标格式的设定

步骤 1:主菜单页面中,点“设置”,然后左右按方向键选择“坐标”子页面。

步骤 2:用方向键将光标移动到“坐标格式”下的输入框中。

步骤 3:按下输入键打开坐标格式列表,上下移动方向键选择“User UTM Grid”(千米网坐标显示格式),并按下输入键确认。

步骤 4:在出现的“自定义坐标格式”页面中,输入相关的参数。

步骤 5:用方向键将光标移动到“存储”按钮上,并按下输入键确认。

在“自定义坐标格式”页面中,输入相关的参数:

(1)中央经线(当地坐标6°带的中央经度值)。如:江西省一般为117°。

(2)投影比例(该数值为1)。

(3)东西偏差(该数值为500 000)。

(4)南北偏差(该数值为0)。

2. 坐标系统的设定

步骤1:在“坐标”设置子页面中,用方向键将光标移动到“坐标系统”下的输入框中。

步骤2:按下输入键打开坐标系统列表,上下移动方向键选择“User”,并按下输入键确认。

步骤3:在出现的“自定义坐标系统”页面中,输入相关的参数,包括 *DX*、*DY*、*DZ*、*DA* 和 *DF*。

步骤4:用方向键将光标移动到“存储”按钮上,并按下输入键确认,完成修改。

在“自定义坐标系统”页面中,输入相关的参数:

(1)对于北京1954坐标来说,*DA* =“ -108”, *DF* =“0.000 000 48”;

(2)对于西安1980坐标来说,*DA* =“ -3”, *DF* =“0”;

(3)*DX*、*DY*、*DZ* 三个参数因地区而异。如:江西省为 *DX* =“ +41.0”,*DY* =“ -84.7”,*DZ* =“ -54.3”。

(二)手持GPS接收机的外业操作

在完成相关参数设置后,就可以进行外业操作了。

1. 目标点输入

根据地形图查找出的目标点坐标,输入或设计当天需去目标的坐标值,当机内储存的目标点数较多时,应把不用的航点删除。

2. 导航

导航起始点的确定:导航起始点可任意选择,但应选在GPS接收卫星信号强的地方。

3. 估计误差

在导航过程中,在要接近目标点时把导航画面转到“位置”画面。这时要注意GPS“位置”画面中的估计误差,估计误差小于15 m,说明当前位置准确,如果估计误差大于15 m,应停下来等一下,让GPS作一下差分运算,以使估计误差小于15 m。

4. 目标点的确定

GPS“位置”画面显示的估计误差在山区小于15 m、平原小于10 m时,GPS“位置”画面的坐标值与目标点的坐标值相等时,即可确定当前位置为目标点。

(三)手持GPS面积计算

手持GPS一般有两种计算面积的方法:

(1)航线面积法:在航线列表中选择由被测区域顶点组成的航线,在该航线页面中的菜单中选择“面积计算”选项,就会自动计算出该航线所围成的面积。

(2)航迹测面积法:在面积计算工具页面中,按下“开始”按钮,沿着要测量的区域的边界走出一个闭合轨迹,回到起点,按下“停止”按钮,GPS就可以计算出闭合航迹所围成的面积。

(四)手持GPS接收机数据应用

高精度手持GPS主机采用工业手簿设计,采用专业GPS模块,可以很容易获得高精度的位置信息,精度达到0.2 ~1 m,可以安装第三方提供的专业采集软件,也提供二次开发接口,提供标准的GIS数据格式,集成多种工具软件,采用实时差分技术,高精度定位。其外业测量采集的数据,可作为GIS数据管理和计算机制图的数据源。

习　题

1. GPS全球定位系统由哪几部分组成?各部分的作用是什么?
2. 简要叙述GPS的定位原理。
3. GPS全球定位系统有哪几种定位方法?各有什么特点?
4. 在GPS外业观测工作中,操作人员应注意哪些事项?
5. 简述GPS-RTK的系统构成及其定位原理。
6. 使用灵锐S82进行动态测量时,基准站是否一定要安置在已知点上?

附录一　测量实训要求

《园林测量》是一门实用性很强的技术基础课,测量实训是测量学教学中不可缺少的环节。只有通过实训和对测量仪器的亲自操作,进行安置、观测、记录、计算、编写实训报告等,才能真正掌握测量的基本方法和基本技能。因此,必须对测量实训予以充分重视。

一、测量实训的一般规定

(1)实训前,必须阅读《园林测量》的有关章节及《园林测量实训》的相应项目。实训时,必须携带《园林测量实训》,便于参照、记录有关数据和计算。

(2)实训分小组进行,组长负责组织和协调实训工作,办理所用仪器、工具的借领和归还手续。凭组长或组员的学生证借用仪器。

(3)实训应在规定时间内进行,不得无故缺席或迟到、早退;应在指定的场地进行,不得擅自改变地点。

(4)必须遵守实验室的"测量仪器工具的借用规则"。应该听从教师的指导,严格按照实训要求,认真、按时、独立地完成任务。

(5)测量记录应该用正楷书写文字和数字,不可潦草,并在规定表栏中填写。记录应该用2H或3H铅笔。

(6)记录者听取观测者报出仪器读数后,应向观测者回报读数,以免记错。

(7)记录数字若发现有错误,不得涂改,也不得用橡皮擦拭,而应该用细横线画去错误数字,在原数字上方写出正确数字,并在备注栏内说明原因。

(8)若一测回或整站观测成果不合格(观测误差超限),则用斜细线画去该栏记录数字,并在备注栏内说明原因。

(9)根据观测结果,应当场作必要的计算,并进行必要的成果检验,以确定观测成果是否合格,是否需要进行重测(返工)。应该当场写的实训报告也应写好。

(10)实训结束时,应把观测记录和实训报告交指导教师审阅。经教师认可后,方可收拾仪器和工具,作必要的清洁工作,向实验室归还仪器和工具,结束实训。

二、测量仪器的使用规则和注意事项

测量仪器历来属于比较贵重的设备,尤其是目前在向精密光学、机械化、电子化方向发展而使其功能日益先进的同时,其价格也更为昂贵。对测量仪器的正确使用、精心爱护和科学保养,是从事测量工作的人员必须具备的素质和应该掌握的技能,也是保证测量成果质量、提高测量工作效率、发挥仪器性能和延长其使用年限的必要条件。为此,特制定下列测量仪器使用规则和注意事项,在测量实训中应严格遵守和参照执行。

(一)仪器工具的借用

(1)以实训小组为单位借用测量仪器和工具,按小组编号在指定地点凭学生证向实训室人员办理借用手续。

(2)借用时,按本次实训的仪器工具清单当场清点,检查实物与清单是否相符,器件是否完好,然后领出。

(3)搬运前,必须检查仪器箱是否锁好,搬运时,必须轻取轻放,避免剧烈震动和碰撞。

(4)实训结束后,应及时收装仪器、工具,清除接触土地的部件(脚架、尺垫等)上的泥土,送还借用处检查验收。如有遗失或损坏,应写出书面报告说明情况,进行登记,并应按有关规定赔偿。

(二)仪器的安装

(1)先将仪器的三脚架在地面安置稳妥,安置经纬仪的三脚架必须与地面点大致对中,架头大致水平。若为泥土地面,应将脚尖踩入土中;若为坚实地面,应防止脚尖有滑动的可能性,然后开箱取仪器。仪器从箱中取出之前,应看清仪器在箱中的正确安放位置,以避免装箱时产生困难。

(2)取出仪器时,应先松开制动螺旋,用双手握住支架或基座,轻轻安放到三脚架头上,一手握住仪器,一手拧连接螺旋,最后拧紧连接螺旋,使仪器与三脚架连接牢固。

(3)安装好仪器以后,随即关闭仪器箱盖,防止灰尘等进入其内。严禁坐在仪器箱上。

(三)仪器的使用

(1)仪器安装在三脚架上之后,不论是否在观测,必须有人守护,禁止无关人员拨弄,避免路过的行人和车辆碰撞。

(2)仪器镜头上的灰尘,应该用仪器箱中的软毛刷拂去或用镜头纸轻轻擦去,严禁用手指或手帕等擦拭,以免损坏镜头上的药膜,观测结束后,应及时套上物镜盖。

(3)在阳光下观测,应撑伞防晒,雨天应禁止观测;对于电子测量仪器,在任何情况下,均应撑伞防护。

(4)转动仪器时,应先松开制动螺旋,然后平稳转动;使用微动螺旋时,应先旋紧制动螺旋(切不可拧得过紧);微动螺旋不要旋到顶端,即应使用中间的一段螺纹。

(5)仪器在使用中发生故障时,应及时向指导教师报告,不得擅自处理。

(四)仪器的搬迁

(1)在行走不便的地段搬迁测站或远距离迁站时,必须将仪器装箱后再搬。

(2)近距离或在行走方便的地段迁站时,可以将仪器连同三脚架一起搬迁。先检查连接螺旋是否旋紧,松开各制动螺旋,如为经纬仪,则将望远镜物镜向着度盘中心,均匀收拢各三脚架腿,左手托住仪器的支架或基座,右手抱住脚架,稳步行走。严禁斜扛仪器于肩上进行搬迁。

(3)迁站时,应带走仪器所有附件和工具等,防止遗失。

(五)仪器的装箱

(1)实训结束后,仪器使用完毕,应清除仪器上的灰尘,套上物镜盖,松开各制动螺旋,将脚螺旋调至中段并使大致同高。一手握住仪器支架或基座,一手旋松连接螺旋使其与脚架脱离,双手从脚架头上取下仪器。

(2)仪器放入箱内,使正确就位,试关箱盖,确认放妥(若箱盖合不上口,说明仪器位置未放置正确,应重放,切不可强压箱盖,以免损伤仪器)后,再拧紧仪器各制动螺旋,然后关箱,搭扣,上锁。

(3)清除箱外的灰尘和三脚架脚尖上的泥土。

(4)清点仪器附件和工具。

(六)测量工具的使用

(1)使用钢尺时,应使尺面平铺地面,防止扭转、打圈,防止行人踩踏或车轮碾压,尽量避免尺身沾水。量好一尺段再向前量时,必须将尺身提起离地,携尺前进,不得沿地面拖尺,以免磨损尺面刻划甚至折断钢尺。钢尺用毕,应将其擦净并涂油防锈。

(2)皮尺的使用方法基本上与钢尺的使用方法相同,但量距时使用的拉力应小于使用钢尺时的拉力,皮尺沾水的危害更甚于钢尺,皮尺如果受潮,应晾干后再卷入盒内,卷皮尺时,切忌扭转卷入。

(3)使用水准尺和标杆时,应注意防止受横向压力,防止竖立时倒下,防止尺面分划受磨损。标杆更不能作棍棒使用。

(4)小件工具(如垂球、测钎、尺垫等)用完即收,防止遗失。

三、测量记录与计算规则

(1)所有观测成果均要使用硬性(2H 或 3H)铅笔记录,同时熟悉表上各项内容及填写、计算方法。记录观测数据之前,应将仪器型号、日期、天气、测站、观测者及记录者姓名等无一遗漏地填写齐全。

(2)观测者读数后,记录者应随即在测量手簿上的相应栏内填写,并复诵回报,以防听错、记错。不得另纸记录事后转抄。

(3)记录时要求字体端正清晰,字体的大小一般占格宽的一半左右,留出空隙作改正错误用。

(4)数据要全,不能省略零位。如水准尺读数 1.300, 度盘读数 30°00′00″中的“ 0 ”均应填写。

(5)水平角观测,秒值读记错误应重新观测,度、分读记错误可在现场更正,但同一方向盘左、盘右不得同时更改相关数字。垂直角观测中分的读数,在各测回中不得连环更改。

(6)距离测量和水准测量中,厘米及以下数值不得更改,米和分米的读记错误,在同一距离、同一高差的往、返测或两次测量的相关数字不得连环更改。

(7)更正错误,均应将错误数字、文字整齐画去,在上方另记正确数字和文字。画改的数字和超限画去的成果,均应注明原因和重测结果的所在页数。

(8)按四舍五入、五前单进双舍(或称奇进偶不进)的取数规则进行计算。如数据 1.123 5 和 1.124 5 进位均为 1.124 。

附录二　测量实训

实训一　水准仪的认识和使用

一、目的与要求

(1)认识水准仪的基本结构,了解其主要部件的名称及作用。

(2)练习水准仪的安置、瞄准与读数。

(3)练习用水准仪读水准尺的方法及计算两点间高差的方法。

(4)每 5 人一组,观测、记录计算、立尺轮换操作。

二、仪器准备

DS_3 水准仪 1 台,水准尺 1 把,记录板 1 块,测伞 1 把。

三、实训步骤

(一)安置仪器

安置仪器于两点之间。先将三脚架张开,使其高度适当,架头大致水平,并将架脚踩实;再开箱取出仪器,将其和脚架连接螺旋牢固连接。

(二)认识仪器各部件,并了解其功能和使用方法

认识了解准星和照门、目镜调焦螺旋、物镜调焦螺旋、制动螺旋、微动螺旋、脚螺旋、圆水准器、管水准器等。

(三)粗略整平

先用双手同时向内(或向外)转同一对脚螺旋,使圆水准器气泡移动到中间,再转动另一只脚螺旋使气泡居中。若一次不能居中,可反复进行。旋转螺旋时应注意气泡移动的方向与左手大拇指或右手食指运动方向一致。

(四)瞄准

转动目镜调焦螺旋,使十字丝分划清晰;松开制动螺旋,转动仪器,用准星和照门瞄准水准尺,拧紧制动螺旋;转动微动螺旋,使水准尺位于视场中央;转动物镜调焦螺旋,使水准尺清晰,注意消除视差。详细内容参见教科书内容。

(五)精平与读数

眼睛通过位于目镜左方的符合气泡观察窗观看水准气泡,右手转动微动螺旋,使气泡亮端的半影像吻合(成圆弧状),即符合气泡严格居中,用十字丝横丝在水准尺上读取四位数字,读数时应从小往大读,m、dm、cm、mm 的次序,一次报出四位数。

四、注意事项

(1)三脚架安置高度适当,架头大致水平。三脚架确实安置稳妥后,才能把仪器连接于架头。

(2)调节各种螺旋均应有轻重感。

掌握正确的操作方法,操作应轮流进行,每人操作一次,严禁几人同时操作仪器。第二人开始练习时,改变一下仪器的高度。竖立水准尺于 A 点上,用望远镜瞄准 A 点上的水准尺,精平后读取后视读数,并记入手簿;再将水准尺立于 B 点上,瞄准 B 点上的水准尺,精平后读取前视读数,并记入手簿。计算 A、B 两点的高差

$$H_{AB} = \text{后视读数} - \text{前视读数}$$

改变仪高,由第二人做一遍,并检查与第一人所测结果是否相同。

(3)读数前水准管气泡必须居中,读数后一定要检查气泡是否居中,若不居中,则必须重新读取读数。

(4)认真学习测量实训须知。

实训二　普通水准测量

一、目的与要求

(1)练习等外水准测量的施测、记录、计算、闭合差调整及高程计算方法。

(2)熟悉闭合水准路线的施测方法。

(3)学会路线高差闭合差的限差值计算。

各项操作轮流进行,每人至少作一个测站的观测。

二、仪器准备

DS_3 水准仪 1 台,水准尺 2 把,记录板 1 块,尺垫 2 个。

三、方法与步骤

(1)场地布置。选一适当场地,在场中选 1 个坚固点作为已知高程点 A(假定为一整数),选定 B、C、D 3 个坚固点作为待定高程点,进行闭合水准路线测量。由水准点到待定点的距离,以能安置 2 ~3 站仪器为宜。

(2)安置水准仪于 A 点和转点 TP_1 大致等距离处(见附图 2-1),进行粗略整平和目镜对光。

(3)后视 A 点的水准尺,精平后读取后视读数,记入手簿;前视 TP_1 点上的水准尺,精平后读取前视读数,记入手簿,并计算两点间高差。

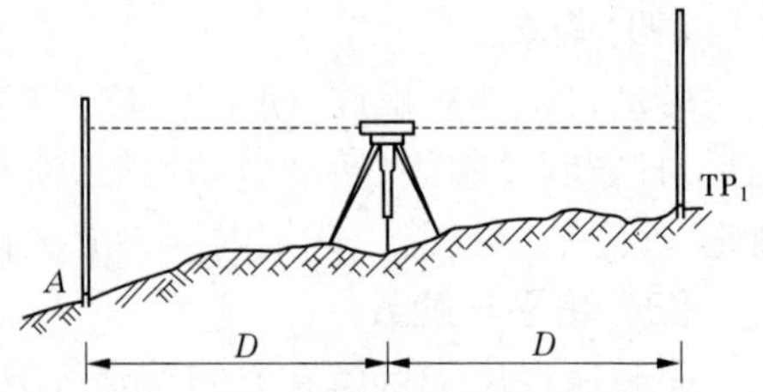

附图 2-1　水准测量水准仪安置与水准尺距离示例

(4)沿着选定的路线,将仪器搬至 TP_1 点和 B 点大致等距离处,仍用第一站施测的方法进行观测。依次连续设站,经过 C 点和 D 点,连续观测,最后回至 A 点。

(5)计算检核:后视读数之和减前视读数之和应等于高差之和。

(6)高差闭合差的计算与调整

$$f_h = \sum h - (H_{始} - H_{终}) = \sum h$$

当 $f_h \leqslant f_{h容}$ 时成果合格，否则必须返工重测。当 $f_h \leqslant f_{h容}$ 时，则将闭合差反号按测站数或距离成正比例的原则调整各段高差。调整数算至毫米。调整后计算改正高差及各点高程。根据 A 点高程和各点间改正后的高差推算 B、C、D、A 四个点的高差，最后算出的 A 点高差应与已知值相等，以资校核。

四、注意事项

(1)严格遵照水准测量的操作步骤，严防水准尺和尺垫同时移动。

(2)要选择好测站和转点的位置，尽量避开人流和车辆的干扰。

(3)观测过程中严防尺垫移动，水准尺必须保持竖直。

(4)尺上读数不宜过大或过小，即读数位置距尺端不宜小于 0.3 m。

(5)水准点(或假定的临时水准点)上不能用尺垫，在转点用尺垫时，水准尺应放在顶点。

(6)在整个实训过程中，观测者一定不能离开仪器，迁站时先松开制动螺旋，而后将仪器抱在胸前，所有仪器和工具均随人带走。

(7)记录计算必须在规定的表格中边测、边记、边算，不得重新转抄。记录数据有错时，严禁用橡皮涂改，或"字改字"，或连环涂改。

(8)计算一定要步步校核——高差改正数之和等于负的高差闭合差，改正后的高差之和等于零。推算出的终点高程等于起点高程。水准测量记录表见附表 2-1。

附表 2-1　水准测量记录表

天气：　　　　　　测量者：　　　　　　　　　　记录计算者：

测站	点号	水准尺读数		高差	平均高差	高差改正数	改正后高差	高程
		后视	前视					
总和								
校核式		$\frac{\sum(后视-前视)}{2} = \frac{\sum 高差}{2} = \sum 高差中数$ $\sum 改正后高差 = 0$						

$f_{h容} = \pm 40\sqrt{L}$ mm =　　　　　　f_h =

实训三　水准仪的检验与校正

一、目的与要求

(1)了解认识水准仪各轴线之间应该满足的条件。

(2)掌握水准仪的检验与校正的方法。

(3)每 3 人一组,轮流操作。

二、仪器准备

DS_3 水准仪 1 台,水准尺 1 根,尺垫 1 个,记录板 1 块。

三、方法与步骤

(一)圆水准器的检验与校正

1. 检验方法

先调节脚螺旋使圆水准气泡居中,然后将望远镜旋转 180°,如果气泡仍然居中,表明圆水准轴平行于竖轴。否则两者不平行,需要校正。

2. 校正方法

先调节脚螺旋,使气泡向中心退回偏离量的一半,再用校正针拨动圆水准器下面的校正螺丝,使气泡退回另一半。重复以上步骤,直至气泡完全居中。

(二)十字丝横丝的检验与校正

1. 检验方法

整平仪器后,用十字丝横丝的一端瞄准一个固定点,将制动螺旋旋紧,转动微动螺旋。在转动过程中,如果该点始终在横丝上移动,表明横丝垂直于竖轴。否则需要校正。

2. 校正方法

旋下望远镜目镜端的十字丝环护罩,松开十字丝环的 4 个固定螺丝,轻轻转动十字丝环,至横丝水平。拧紧固定螺丝,上好十字丝环护罩。

(三)水准管轴平行于视准轴的检验与校正

1. 检验方法

如附图 2-2 所示,在相距 60 ~ 80 m 的平坦地面上选择两点 A、B,水准仪置于 A、B 两点的中间(Ⅰ位置),用变更仪高法测定 A、B 两点间的高差(当两次高差之差≤3 mm 时,取平均值作为正确高差)。再将水准仪置于距 A 点 3 ~ 5 m 处(Ⅱ位置),精平仪器后读取近尺 A 上的读数 a,计算远尺 B 上的正确读数 $b(b=a-h)$。再瞄准远尺 B,精平仪器后读取远尺 B 上的读数 b',若 $b'=b$,则表明水准管轴平行于视准轴。若 $b'\neq b$,则由公式

$$\Delta b = i \times D_{AB}/\rho$$

(其中 $\Delta b = b' - b, i \leq \pm 20'', \rho = 206\ 265''$)计算 Δb 的容许值,如 Δb 超限,应进行校正。

2. 校正方法

调节微倾螺旋,使中横丝对准 B 尺上的应读数 b,此时符合水准气泡不再居中,用校正针拨动水准管端部的上、下两个校正螺丝,将该端升高或降低,使气泡居中。

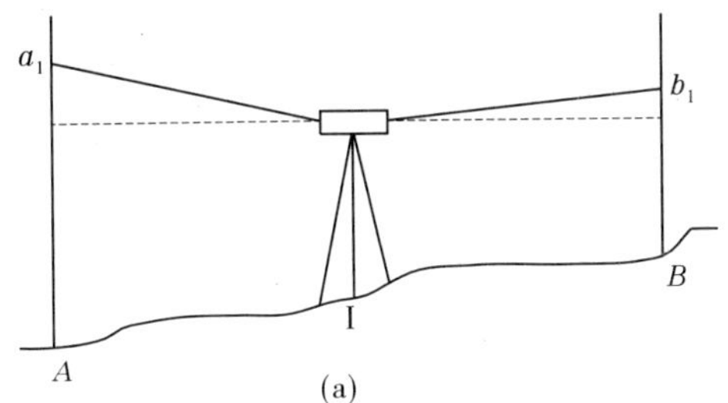

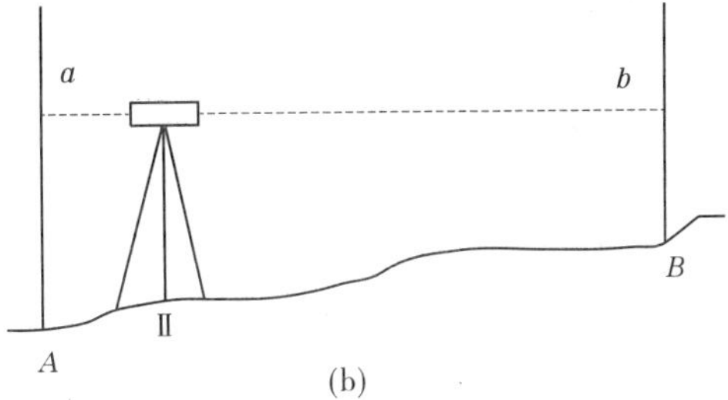

附图 2-2

四、注意事项

(1)拨水准管校正螺丝时,要先松后紧,松紧适当,校正工作应反复进行。

(2)需要校正部分,应在教师的指导下进行,不得随意拨动仪器的各个螺丝。

实训四　四等水准测量

一、目的和要求

(1) 熟悉水准仪的使用。

(2) 掌握四等水准测量的外业观测方法。

二、实训准备

(1)每组 DS_3 水准仪 1 台,双面水准尺 1 对,尺垫 1 对,记录板 1 个。

(2)自备计算器、铅笔、小刀、计算用纸等工具。

三、实训任务

按四等水准测量要求,每 4 人一组完成一个闭合水准环的观测任务。

四、实训步骤

(一)要点

(1)四等水准测量按"后后前前"(黑红黑红)顺序观测。具体操作步骤如下:

①照准后视水准尺黑面,读取下、上、中三丝读数,填入附表 2-2 编号(1)、(2)、(3)栏;

②将水准尺翻转为红面,后视水准尺红面,读取中丝读数,填入编号(4)栏;

③前视水准尺的黑面,读取下、上、中三丝读数,填入(5)、(6)、(7)栏;

④将水准尺翻转为红面,前视水准尺红面,读取中丝读数(8)栏。

(2)记录要规范,各项限差要随时检查,无误后方可搬站。

(二)流程

具体流程为:由 BM 点—点 1—点 2—BM 点(见附图 2-3)。

五、实训记录

实训记录表格见附表 2-2。

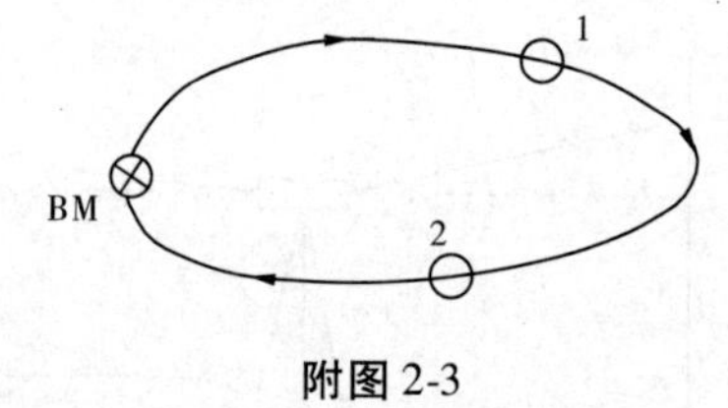

附图 2-3

附表 2-2　四等水准测量外业记录表

日期:______年____月____日　　　天气:____________仪器型号:____________组号:____________

<table>
<tr><td rowspan="4">测站编号</td><td rowspan="2">后尺</td><td>下丝</td><td rowspan="2">前尺</td><td>下丝</td><td rowspan="4">方向及尺号</td><td colspan="2" rowspan="2">标尺读数</td><td rowspan="4">K = 黑 − 红</td><td rowspan="4">高差中数</td><td rowspan="4">备注</td></tr>
<tr><td>上丝</td><td>上丝</td></tr>
<tr><td colspan="2">后视</td><td colspan="2">前视</td><td rowspan="2">黑面</td><td rowspan="2">红面</td></tr>
<tr><td colspan="2">视距差 d(m)</td><td colspan="2">Σd</td></tr>
<tr><td rowspan="4"></td><td colspan="2">(1)</td><td colspan="2">(5)</td><td>后</td><td>(3)</td><td>(4)</td><td>(13)</td><td rowspan="4">18</td><td rowspan="4"></td></tr>
<tr><td colspan="2">(2)</td><td colspan="2">(6)</td><td>前</td><td>(7)</td><td>(8)</td><td>(14)</td></tr>
<tr><td colspan="2">(9)</td><td colspan="2">(10)</td><td>后 − 前</td><td>(15)</td><td>(16)</td><td>(17)</td></tr>
<tr><td colspan="2">(11)</td><td colspan="2">(12)</td><td></td><td></td><td></td><td></td></tr>
<tr><td rowspan="4">1</td><td colspan="2"></td><td colspan="2"></td><td>后 K_8</td><td></td><td></td><td></td><td></td><td rowspan="4">$K_8 = 4\ 787$</td></tr>
<tr><td colspan="2"></td><td colspan="2"></td><td>前 K_7</td><td></td><td></td><td></td><td></td></tr>
<tr><td colspan="2"></td><td colspan="2"></td><td>后 − 前</td><td></td><td></td><td></td><td></td></tr>
<tr><td colspan="2"></td><td colspan="2"></td><td></td><td></td><td></td><td></td><td></td></tr>
<tr><td rowspan="4">2</td><td colspan="2"></td><td colspan="2"></td><td>后 K_7</td><td></td><td></td><td></td><td></td><td rowspan="4">$K_7 = 4\ 687$</td></tr>
<tr><td colspan="2"></td><td colspan="2"></td><td>前 K_8</td><td></td><td></td><td></td><td></td></tr>
<tr><td colspan="2"></td><td colspan="2"></td><td>后 − 前</td><td></td><td></td><td></td><td></td></tr>
<tr><td colspan="2"></td><td colspan="2"></td><td></td><td></td><td></td><td></td><td></td></tr>
<tr><td rowspan="4">3</td><td colspan="2"></td><td colspan="2"></td><td>后 K_8</td><td></td><td></td><td></td><td></td><td rowspan="4"></td></tr>
<tr><td colspan="2"></td><td colspan="2"></td><td>前 K_7</td><td></td><td></td><td></td><td></td></tr>
<tr><td colspan="2"></td><td colspan="2"></td><td>后 − 前</td><td></td><td></td><td></td><td></td></tr>
<tr><td colspan="2"></td><td colspan="2"></td><td></td><td></td><td></td><td></td><td></td></tr>
</table>

实训五　经纬仪的认识和使用

一、实训目的

(1)了解经纬仪的构造和原理。
(2)掌握经纬仪整平、对中、读数的方法。

二、仪器设备

每组 J_2 光学经纬仪 1 台,测钎 2 个,记录板 1 个。

三、实训任务

每组每位同学完成经纬仪的整平、对中、瞄准、读数工作各一次。

四、实训要点及流程

(一)要点

(1)气泡的移动方向与操作者左手旋转脚螺旋的方向一致。

(2)经纬仪安置操作时,要注意首先要大致对中,脚架要大致水平,这样整平对中反复的次数会明显减少。

(二)流程

具体流程为:整平对中经纬仪—瞄准测钎—读水平度盘。

五、实训记录

(1)经纬仪由________________、________________、________________组成。

(2)经纬仪对中整平的操作步骤是:____

____

____

____

____

(3)经纬仪照准目标的步骤是:____

____

____

____

(4)经纬仪瞄准 A 点时的水平度盘读数:____________,竖直度盘读数:____________;经纬仪瞄准 B 点时的水平度盘读数:____________,竖直度盘读数:____________。

实训六　水平角观测

一、目的与要求

(1)掌握测回法观测水平角的观测与计算方法。

(2)进一步熟悉经纬仪的操作。

(3)每人对同一角度观测一个测回,两个半测回的较差不超过 ±40″。

(4)每 3 人一组,每人测一个测回。

二、仪器准备

DJ_6 级经纬仪 1 台,记录板 1 块。

三、方法与步骤

(1)在一个指定的点上安置经纬仪,进行对中和整平。

(2)选择两个明显的固定点作为观测目标。

(3)盘左:先瞄准左目标,读取水平度盘读数,顺时针旋转照准部,再瞄准右目标,读取水平度盘读数,计算半测回角值结果填入附表2-3中。

(4)盘右:先瞄准右目标,读取水平度盘读数,逆时针旋转照准部,再瞄准左目标,读取水平度盘读数,计算半测回角值。

(5)成果校核,当盘左盘右两个半测回的较差不超过±40″时,取两个半测回的平均值作为一测回的角值。

(6)当进行 n 个测回的观测时,需将盘左起始方向的读数按 $180°/n$ 进行度盘的配置。

四、注意事项

(1)如果度盘变换器为复测式,在配置度盘时,先转动照准部,使读数为配置度数,将复测扳手扳下,再瞄准起始目标,将扳手扳上;如果为拨盘式,则先瞄准起始目标,再拨动度盘变换器,使读数为配置度数。

(2)在观测过程中,若发现气泡移动一格,应重新整平重测该测回。

(3)每人独立观测一个测回,测回间应改变水平度盘位置。

附表2-3 水平角测回法记录表

日期:________年____月____日　　天气:________仪器型号:____________组号:____________

观测者:____________________记录者:______________________立测杆者:______________________

测点	盘位	目标	水平度盘读数（°　′　″）	水平角		示意图
				半测回值（°　′　″）	一测回值（°　′　″）	

实训七　竖直角观测及竖盘指标差检验

一、目的与要求

(1)熟悉经纬仪竖盘部分的构造,并掌握确定竖直角计算公式的方法。

(2)掌握竖直角观测、记录、计算及指标差的检验方法。

(3)每 3 人一组,轮换操作。

二、仪器准备

DJ_6 级经纬仪 1 台,记录板 1 块,测伞 1 把,拨针 1 根。

三、方法与步骤

(1)在某指定点上安置经纬仪。

(2)以盘左位置使望远镜实现大致水平。看竖盘指标所指的读数是 90°还是 0°,以确定盘左时的竖盘起始读数,记 $L_{始}$;同样,盘右位置看盘右时的竖盘起始读数,记 $R_{始}$。一般情况下:$R_{始}=L_{始}\pm 180°$。

(3)以盘左位置将望远镜物镜端抬高,当视准轴逐渐向上倾斜时,观察竖盘注记形式是增加还是减少,借以确定竖直角和指标差的计算公式。

①当望远镜物镜抬高时,如果竖盘读数逐渐减小,竖盘注记形式为顺时针,则竖直角计算公式为

$$\alpha_{左}=L_{始}-L_{读}$$
$$\alpha_{右}=R_{读}-R_{始}$$

(举例:若 $L_{始}=90°$,则 $\alpha_{左}=90°-L_{读}$;若 $R_{始}=270°$,则 $\alpha_{右}=R_{读}-270°$)

竖直角 $$\alpha=\frac{1}{2}(\alpha_{左}+\alpha_{右})$$

竖盘指标差 $X=-\frac{1}{2}(\alpha_{左}-\alpha_{右})$　或　$X=\frac{1}{2}(\alpha_{左}+\alpha_{右}-360°)$

②当望远镜物镜抬高时,如竖盘读数逐渐增大,竖直盘注记形式为逆时针,则竖直角计算公式为

$$\alpha_{左}=L_{读}-L_{始}$$
$$\alpha_{右}=R_{始}-R_{读}$$

(举例:若 $L_{始}=90°$,则 $\alpha_{左}=L_{读}-90°$;若 $R_{始}=270°$,则 $\alpha_{右}=270°-R_{读}$)

竖直角 $$\alpha=\frac{1}{2}(\alpha_{左}+\alpha_{右})$$

竖盘指标差 $X=\frac{1}{2}(\alpha_{左}-\alpha_{右})$　或　$X=\frac{1}{2}(\alpha_{左}+\alpha_{右}-360°)$

不管是顺时针还是逆时针注记的度盘,均可按 $X=\frac{(L+R)-360°}{2}$ 计算竖盘指标差。

注意:竖盘指标差 X 值有正有负。盘左位置观测时用 $\alpha=\alpha_{左}+X$ 来计算就能获得正确

的竖直角 α；而盘右位置观测时用 $\alpha=\alpha_{右}-X$ 计算才能够获得正确的竖直角 α。

用上述公式算出的竖直角 α，如果符号为“+”，则 α 为仰角；如果符号为“-”，则 α 为俯角。

(4)用测回法测定竖直角，其观测程序如下：

①安置好经纬仪后，盘左位置照准目标，读取竖盘的读数 $L_{读}$。记录者将读数值 $L_{读}$ 记入竖直角测量记录表中(见附表 2-4)。

②根据以上所确定的竖直角计算公式，在记录表中计算出盘左时的竖直角 $\alpha_{左}$。

③再用盘右的位置照准目标，并读取其竖直度盘的读数 $R_{读}$。记录者将读数值 $R_{读}$ 记入竖直角测量记录表中。

④根据所定竖直角计算公式，在记录表中计算出盘右时的竖直角 $\alpha_{右}$。

⑤计算一测回竖直角值和竖盘指标差。

四、注意事项

(1)观测过程中，对同一目标应用十字丝中横丝切准同一部位。每次读数前应使指标水准管气泡居中。

(2)计算竖直角和指标差应注意正、负号。

附表 2-4　竖直角测量记录表

日期:________年____月____日　　天气:________仪器型号:____________组号:____________

观测者:____________________记录者:____________________立测杆者:____________________

测点	目标	竖盘位置	竖盘读数 (° ′ ″)	半测回竖直角 (° ′ ″)	指标差 (″)	一测回竖直角 (° ′ ″)
		左				
		右				
		左				
		右				
		左				
		右				
		左				
		右				

实训八　经纬仪的检验与校正

一、实训目的与要求

(1)了解经纬仪的主要轴线间应满足的几何条件。

(2)掌握光学经纬仪检验校正的基本方法。

二、实训仪器及工具

实训设备为 DJ_6 级经纬仪 1 台，记录板 1 块，校正针 1 支，小螺丝刀 1 把。

三、实训方法和步骤

（一）照准部水准管轴应垂直于竖轴的检验与校正

1. 检验方法

转动照准部，使水准管轴平行于任意一对脚螺旋，调节脚螺旋，使水准管气泡居中，然后将照准部绕竖轴旋转 180°，如气泡仍居中，说明条件满足；如气泡偏离水准管中点，则说明条件不满足，应进行校正。

2. 校正方法

转动两个脚螺旋，使气泡向中央移动偏离格值的一半，然后用校正针拨动水准管一端的校正螺丝，使气泡居中。此项检验、校正必须反复进行，直到气泡居中后，再转动照准部 180°，气泡偏离在一格以内。

（二）十字丝纵丝应垂直于横轴的检验与校正

1. 检验方法

整平仪器，以十字丝的交点精确瞄准任一清晰的小点 P，拧紧照准部和望远镜制动螺旋，转动望远镜微动螺旋，使望远镜作上、下微动，如果所瞄准的小点始终不偏离纵丝，则说明条件满足；若十字丝交点移动的轨迹明显偏离了 P 点，则需进行校正。

2. 校正方法

卸下目镜处的外罩，即可见到十字丝分划板校正设备，松开四个十字丝分划板套筒压环固定螺钉，转动十字丝套筒，直至十字丝纵丝始终在 P 点上移动，然后将压环固定螺钉旋紧。

（三）视准轴应垂直于横轴的检验与校正

1. 检验方法

整平仪器后，以盘左位置瞄准远处与仪器大致同高的一点 P，读取水平度盘读数 a_1；纵转望远镜，以盘右位置仍瞄准 P 点，并读取水平度盘读数 a_2；如果 a_1 与 a_2 相差 180°，即 $a_1 = a_2 \pm 180°$，则条件满足，否则应进行校正。

2. 校正方法

转动照准部微动螺旋，使盘右时水平度盘读数对准正确读数 $a = [a_2 + (a_1 \pm 180°)]/2$，这时十字丝交点已偏离 P 点。用校正拨针拨动十字丝环的左右两个校正螺丝，一松一紧使十字丝环水平移动，直至十字丝交点对准 P 点。

（四）横轴垂直于竖轴的检验与校正

1. 检验方法

在距一洁净的高墙 20 ~ 30 m 处安置仪器，以盘左瞄准墙面高处的一固定点 P（视线尽量正对墙面，其仰角应大于 30°），固定照准部，然后大致放平望远镜，按十字丝交点在墙面上定出一点 A；同样再以盘右瞄准 P 点，放平望远镜，在墙面上定出一点 B，如果 A、B 两点重合，则满足要求，否则需要进行校正。

2. 校正方法

取 AB 的中点 M，并以盘右（或盘左）位置瞄准 M 点，固定照准部，抬高望远镜使其与 P 点同高，此时十字丝交点将偏离 P 点而落到 P' 点上。校正时，可拨动支架上的偏心轴承板，使横轴的右端升高或降低，直至十字丝交点对准 P 点，此时横轴误差已消除。

由于光学经纬仪的横轴是密封的，一般能够满足横轴与竖轴相垂直的条件，测量人员只要进行此项检验即可，若需校正，应由专业检修人员进行。

（五）竖盘指标差的检验与校正

1. 检验方法

安置仪器，分别用盘左、盘右瞄准高处某一固定目标，在竖盘指标水准管气泡居中后，各自读取竖盘读数 L 和 R。根据式(3-8)计算指标差 x 值，若 $x=0$，则条件满足；若 x 值超出 $\pm 2'$，应进行校正。

2. 校正方法

检验结束时，保持盘右位置和照准目标点不动，先转动竖盘指标水准管微动螺旋，使盘右竖盘读数对准正确读数 $R-x$，此时竖盘指标水准管气泡偏离居中位置，然后用校正拨针拨动竖盘指标水准管校正螺钉，使气泡居中。反复进行几次，直至竖盘指标差小于 $\pm 1'$。

四、实训记录表

实训记录表见附表 2-5。

附表 2-5

日期：________天气：________ 班级：________小组：________仪器型号：________

观测者：__________记录：__________

实训项目：　　　　　　　　　　　成绩：

实训目的：

主要仪器工具：

---

1. 圆水准轴平行于纵轴的检验与校正过程：

---

2. 纵轴垂直于横丝的检验与校正过程：

---

3. 视准轴垂直于纵轴的检验与校正过程：

---

4. 实训总结：

实训九　距离测量(钢尺量距和光电测距)与磁方位角测量

一、目的和要求

(1)学会钢尺量距和光电测距的一般方法。

(2)掌握用罗盘仪观测磁方位角的方法。

(3)每人完成一个方向的磁方位角观测。

二、准备工作

(1)场地布置:每组选择 A、B 两点,其间距为 40 ~ 80 m,作点位标记。

(2)仪器和工具:30 m 钢尺 1 把,测钎 2 根,标杆 2 支,记录板 1 块。光电测距仪 1 台,脚架 1 个,棱镜 1 套,棱镜杆 1 副,罗盘仪 1 台及配套脚架 1 个,标杆 1 个,记录板 1 块。

(3)自备:铅笔(2H)1 支,小刀 1 把。

(4)人员组织:分小组分别开展钢尺量距、光电测距和磁方位角观测。

三、实训步骤

(一)钢尺量距(经纬仪定线)

(1)往测:在地面上选定相距约 120 m 的 A、B 两点,在 A 点安置经纬仪,B 点插测钎作为标志(见附图 2-4)。指挥员甲站在 A 点,用望远镜准确瞄准 B 点,制动水平螺旋。后尺手手执钢尺零点端对准 A 点,前尺手持尺及测钎向 AB 方向前进,至一尺段钢尺全部拉出时停下,指挥员用望远镜指挥前尺手乙左右移动标杆,直到指挥员通过望远镜看到三支标杆在同一直线上。同法可定出直线上的其他点。为了不挡住甲的视线,前尺手乙持标杆时,应站立在直线的左侧或右侧。前、后尺手拉紧钢尺,由前尺手喊“预备”,后尺手对准零点后喊“好”,前尺手在整 30 m 处插下测钎,完成一尺段的丈量,依次向前丈量各整尺段。到最后一段不足一尺段时为余长,后尺手对准零点后,前尺手在尺上读出 B 点测钎读数(读至 mm);记录者在丈量过程中在附表 2-6 中记下整尺段数及余长,得到往测总长。

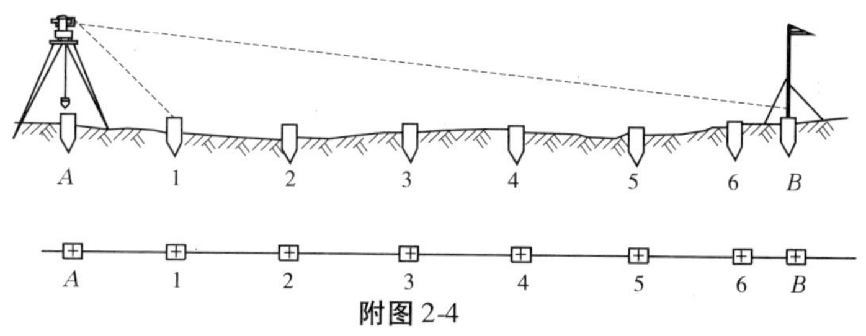

附图 2-4

(2)返测:由 B 点向 A 点用同样方法丈量。

(3)根据往测和返测的总长计算往返差数、相对误差(平坦地区要求达到 1/3 000)。

(4)注意事项。

①钢尺量距的原理简单,但在操作上容易出错,操作时要做到三清:零点看清——尺子零点不一定在尺端,有些尺子零点前还有一段分划,必须看清;读数认清——尺上读数要认

清 m、dm、cm 的注字和 mm 的分划数；尺段记清——尺段较多时，容易发生少记一个尺段的错误。

②钢尺容易损坏，为维护钢尺，应做到四不：不扭、不折、不压、不拖。用毕擦净后方可卷入尺壳内。

(二)光电测距

在刚才进行钢尺量距的两端点（如 A、B）上安置测距仪和棱镜（包括对中、整平），用测距仪照准棱镜。按测距要求进行电磁波测距，往返记录在附表 2-7 中。

附表 2-6 钢尺量距

仪器型号：______________仪器编号：______________观测日期：______________

线段名称	往返	观测次数	整尺段数 n	余长 q（m）	线段长度 D（m）	平均长度 $\overline{D}$（m）	相对误差	备注
	往	1						
	返							
	往	1						
	返							
	往	1						
	返							
	往	1						
	返							
	往	1						
	返							

附表 2-7 光电测距

仪器型号：______________仪器编号：______________观测日期：______________

线段名称	往返	线段长度 D（m）	平均长度 $\overline{D}$（m）	相对误差	备注
	往				
	返				
	往				
	返				
	往				
	返				
	往				
	返				

班级：__________小组：__________学号：__________姓名：__________

(三)罗盘仪测磁方位角

(1)将罗盘仪安置于测站点 B,对中,整平。瞄准 A 点标杆(或 A 点所安置经纬仪的垂球线)。

(2)旋松磁针固定螺旋,放松磁针,使其能自由转动。

(3)待磁针静止后,读出磁针北端和南端所指的度数。度盘上每一个小格为 1°,并可估读至 15′。

(4)计算平均方位角。平均方位角 = 北端读数 +(南端读数 ±180°),此时所得到的平均方位角即为该直线的磁方位角。

(5)当第一个同学完成磁方位角观测后,其余同学于 B 点重新安置仪器,分别进行磁方位角的观测。记录表格见附表 2-8。

附表 2-8　钢尺量距与罗盘仪的使用

班级:__________组号:________组长(签名):____________仪器:____________编号:____________

天气:________测量时间:自____:____至______:______日期:________年________月________日

线段名称	观测次数	整尺段数 n	余长 q (m)	线段长度 D(m)	平均长度 $\overline{D}$(m)	相对误差	正反磁方位角 (°　′　″)	误差	平均磁方位角 (°　′　″)	备注

四、注意事项

(1)观测过程中,对同一目标应使十字丝中横丝切准目标顶端(或同一部位)。

(2)若仪器没有竖盘指标补偿装置,在读数前,务必调整竖盘指标水准管气泡居中。

(3)计算竖直角和指标差时,应注意正、负号。

(4)测磁方位角时,应避开铁器干扰。罗盘仪在搬站及使用完毕后要固定磁针。

实训十　闭合导线外业测量

一、实训目的

(1)掌握闭合导线的布设方法。

(2)掌握闭合导线的外业观测方法。

二、仪器设备

每组 J_2 光学经纬仪 1 台,测钎 2 个,钢尺 1 把,记录板 1 个。

三、实训任务

每组完成 1 个闭合导线的水平角观测、导线边长丈量的任务(见附图 2-5)。

四、实训要点及流程

(一)要点

(1)闭合导线的折角,观测闭合图形的内角。

(2)瞄准目标时,应尽量瞄准测钎的底部。

(3)量边要量水平距离。

附图 2-5

(二)流程

具体流程如下:

测 *A* 角—测 *B* 角—测 *C* 角—测 *D* 角—量边 *AB*—量边 *BC*—量边 *CD*—量边 *DA*。

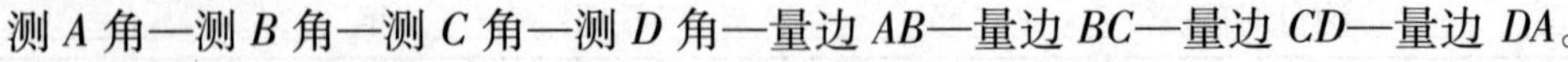

五、实训记录

实训记录见附表 2-9、附表 2-10。

附表 2-9　导线测量外业记录表

日期:________　天气:________　仪器型号:________　组号:________

观测者:________　记录者:________　参加者:________

测点	盘位	目标	水平度盘读数 (°　′　″)	水平角 半测回值 (°　′　″)	水平角 一测回值 (°　′　″)	示意图及边长
						边长名:________ 第一次 =________m 第二次 =________m 平均 =________m
						边长名:________ 第一次 =________m 第二次 =________m 平均 =________m
						边长名:________ 第一次 =________m 第二次 =________m 平均 =________m

附表 2-10　水平角、竖直角距离坐标测量记录

日期时间__________　仪器__________观测者__________记录者__________计算者__________

测站（仪器高）测回	目标（棱镜高）	竖盘位置	水平角观测		垂直角观测		距离高差测量			坐标测量		
			水平度盘读数（° ′ ″）	方向值（或角值）（° ′ ″）	竖盘读数（° ′ ″）	垂直角（° ′ ″）	斜距（m）	平距（m）	高差（m）	X(N)（m）	Y(E)（m）	Z(H)（m）

气温：　　　气压：　　　　　　　　检查者：

实训十一　全站仪的使用(坐标测量和放样)

一、实训目的与要求

掌握全站仪在园林测量中的应用:坐标测量与坐标放样。

二、仪器及工具

(1)从实验室借领:全站仪 1 台,脚架 1 个,棱镜 1 套,标记笔 1 支,记录板 1 块。

(2)自备:铅笔(2H)1 支,小刀 1 把。

三、实训方法和步骤

本实训主要熟悉全站仪的基本操作,以及坐标测量和坐标放样的操作方法与步骤。

实习前先用 GPS 测量出控制点 *A*、*B*、*C*、*D*、*E* …若干个点的三维坐标,每组提供两个已知控制点坐标,用做测站点和后视点。要求每组测量出附近房角点、路牙线坐标,并进行标记,然后将这些点用全站仪放样到实地上来,通过对照学习,使同学们掌握全站仪坐标测量和坐标放样的方法。

(一)三维坐标测量的观测步骤

(1)找取测站点和后视点,全站仪安置(对中、整平)。

(2)输入测站点的已知坐标值、仪器高、棱镜高。

(3)输入后视点的已知坐标值。

(4)精确瞄准后视点后,方向确认。至此,仪器设置完成,开始碎步点测量。

(5)按教学要求,每组精确瞄准目标点后,选择三维坐标测量功能。

(6)屏幕显示目标点的三维坐标值,记录并存储,并对重要点位(欲放样)进行标记。

(7)重复(5)、(6)步骤,直至按教学要求完成其他碎步点的坐标测量。

(二)三维坐标的放样

对以上测量出的三维坐标进行放样的步骤如下:

(1)选取测站点和后视点,安置仪器(对中、整平)。

(2)输入测站点的已知坐标值、仪器高、棱镜高。

(3)输入后视点的已知坐标值。

(4)精确瞄准后视点后,方向确认(以上过程和坐标测量相同,如果仪器没有变动,此步骤可以省略)。

(5)在 Menu 菜单中利用存储管理功能调取刚才已经测出的各个点的坐标,作为要放样点进行放样,选择放样功能进行放样。

(6)指挥司镜员进行放样测量。

屏幕显示当前点和目标点的三维坐标差值,根据差值大小,前后左右上下移动,直到差值为零,此点即为放样点。

(7)重复(5)、(6)步骤,直至按教学要求完成其他点的坐标放样。

(8)最后核实测量点和放样点是否是同一个点,进行误差分析比较。

实训十二　经纬仪测绘法测地形图

一、实训目的与要求

(1)实地熟悉地形,能合理选定地物、地貌特征点。

(2)了解经纬仪测绘法测绘地形图的方法和步骤。

(3)分工负责、密切配合、轮换操作。

二、实训仪器及工具

实验设备为 DJ_6 经纬仪 1 台,小平板 1 套,水准尺 1 根,量角器 1 个,自备可编程计算器 1 只,小三角板 1 套,绘图纸 1 张,绣花针,铅笔,图夹,橡皮等。

三、实训方法和步骤

(1)实训时经纬仪安置于测站点(控制点)上,对中整平后,盘左后视另一已知控制点,度盘配置为 0°00′00″,量取仪器高,同时检测后视点视距和高程,并检测另一已知点平面位置。测站要求对中精度为图上小于 0.05 mm,角度检测与原角度偏差不超过 2′,高程误差不超过基本等高距的 1/5。

(2)照准竖立在地形点上的视距尺,按顺序分别读取水平角、视距,将中丝读数对准仪器高值,读取竖盘读数。具体的测量过程如下:

首先瞄准视距尺,调焦后用望远镜上丝(或下丝)对准标尺某整数位置,读取下丝(或上丝)读数,可直接得到距离(即 $K(n_1-n_2)$),然后调节竖盘微动螺旋,使中丝读数对准仪器高值(如仪器高为 1.52 m,那么中丝就对准标尺上 1.52 m 的位置),再调节竖盘符合气泡居中,读取竖盘读数(Z)。

(3)采用 CASIOfx－4800P 计算器,编程计算测站到立尺点的距离和立尺点的高程。计算公式为

$$D = K(n_1 - n_2)\sin Z$$

高程公式为

$$H_{目标点} = H_{站} + D/\tan Z + i - v$$

式中　Z——竖盘读数;

$n_1 - n_2$——视距间隔;

i——仪器高;

v——中丝读数。

CASIOfx－4800P 计算器编程如下:

$$D = A\sin Z \blacktriangle H + D/\tan Z\ [\mathrm{SHIFT}]\ [\mathrm{INT}]$$

使用时只要将距离和竖盘读数依次存入 A、Z,然后调用程序即可。例如:视距 85.3 m,竖盘读数为 89°24′,测站高程为 8.5 m,使用时先将测站高程 8.5[STO](表示存入 H 寄存器),再将 85.3 和 89°24′,依次[STO] A 和 Z。调用程序,按[OUT]键,再按[EXE]键,显示水平距离(85.295 m),再次按[EXE]键,得到高程(9.393 m)(说明:测站高和目标高必须一致)。

(4)将测得的碎步点，依水平角、水平距离，按比例尺描绘在图纸上并标注高程，同时根据地形进行等高线的勾绘(一般在外业只勾绘计曲线)。

注意事项：高程点注记字头朝北。高程点的小数位数与基本等高距有关，基本等高距为 0.5 m，小数点后应注记到厘米，基本等高距大于 0.5 m，小数点后可注记到分米。

四、实训记录表

实训记录表格见附表 2-11、附表 2-12。

附表 2-11　经纬仪测绘法测地形图记录表

日期：______天气：______班级：______小组：______仪器型号：______观测者：______记录者：______

实训项目：　　　　　　　　　　　　　　　成绩：

实训目的：

主要仪器工具：

观测点	视距间隔(m)	中丝读数(m)	竖盘度数(° ′ ″)	竖直角(° ′ ″)	高差(m)	水平角(° ′ ″)	平距(m)	高程(m)	备注

附表 2-12　经纬仪法测量碎步点外业记录表

日期：________年______月______日　　天气：________仪器型号：__________组号：__________

观测者：____________________记录者：____________________司尺者：____________________

测站点：______________　后视点：____________仪器高：____________m　测站高程：________m

点号	视距读数(m)			中丝读数 v(m)	竖盘读数 L (° ′ ″)	水平读数 β (° ′ ″)	水平距离(m) $D=100l\sin^2 L$	碎步点高程(m) $H=H_0+i+D\cot L-v$
	上丝读数(m)	下丝读数(m)	上下丝之差 l(m)					

实训十三　全站仪测绘大比例尺数字地形图

一、实训目的

(1)熟悉全站仪测图的基本原理和基本使用方法。

(2)熟悉数字化地形图的测绘工序,熟悉草图的绘制方法。

(3)熟悉在 CAD 中进行数字化地形图的编制工作。

二、仪器设备

每组全站仪 1 台套(含脚架),对中杆棱镜组 1 根,小钢尺 1 把,皮尺 1 把(提前以班为单位统一到学校实习供应科借领)。

三、实训任务

按 1:500 测地形图的要求,每组完成至少 100 个碎步点的观测任务,全站仪碎步点坐标记录表见附表 2-13。

四、实训要点及流程

与实训十一相同,包括测站点上面安置仪器、对中、整平。对于带内存的全站仪可先建立坐标存储文件名,输入测站点的坐标、高程、仪器高、对中杆高。

全站仪定向方法一:用坐标定向。

在全站仪中输入定向点坐标,精确瞄准定向点处的对中杆(尽量靠底部,以削弱目标偏心的影响),然后进行定向(不同全站仪操作方法有所不同)。定向操作完成后全站仪水平角读数显示的值应该等于该方向的水平角,然后精确瞄准对中杆棱镜,直接测定定向点坐标,依据全站仪屏幕显示结果与已知定向点坐标进行比较,满足要求后可以开始作业。

全站仪定向方法二:用方位角定向。

在全站仪中直接输入定向方向的方位角值,并精确瞄准定向点处的对中杆,确认即可。具体操作方法应根据不同全站仪进行相应操作。

室内将外业采集的坐标数据配合相应传输软件将全站仪保存的坐标传输到电脑,然后用相应数字化成图软件(如南方 CASS,开思 SCS2004)在 CAD 环境下对照外业所绘制的草图或者编码进行绘图。

附表 2-13　全站仪碎步点坐标记录表

日期:______年____月____日　　天气:__________　　仪器型号:__________

观测者:__________　　　　　　　　　　　　　　　　　记录者:__________

测站点:__________定向点:__________仪器高:__________m　测站高程:__________m

点号	碎步点坐标		碎步点高程(m)	备注	点号	碎步点坐标		碎步点高程(m)	备注
	x(m)	y(m)				x(m)	y(m)		

实训十四　测设点的平面位置

一、实训目的与要求

学会点位放样的标定数据的计算，要求掌握点位放样的实地操作方法。

二、实训仪器及工具

经纬仪 1 台,钢尺 1 把,测钎 1 束,计算器 1 个。

三、实训方法和步骤

实地已有 A、B 两已知点，现拟标定一新点 P，其设计坐标为 x_P、y_P。求必要的标定数据

$$\beta = \alpha_{BP} - \alpha_{BA} = \arctan\frac{y_P - y_B}{x_P - x_B} - \arctan\frac{y_A - y_B}{x_A - x_B}$$

$$L_{BP} = \sqrt{(x_P - x_B)^2 + (y_P - y_B)^2}$$

实地标定：在 B 点上架设经纬仪，整平对中后，盘左瞄准 A 点，读数为 α_1 而后顺时针旋转照准部，使水平度盘的读数变化至 $\alpha_1 + \beta$。沿此时望远镜视线方向，在适当远处打一木桩，并在桩顶标出一点为 P'；将经纬仪置盘右位置又瞄准 A 点，读数为 α_2，再顺时针旋转照准部，使水平度盘读数变化至 $\alpha_2 + \beta$，沿视线方向又在木桩上标出另一点 P''，取 P' 与 P'' 两点间连线的中点位置作为 P_0 点，取钢尺由 B 点起，过 P_0 点量取距离 L_{BP}，即定出了 P 点的平面位置。定下木桩并在木桩顶部钉一小钉——P 点点位。

四、实训记录表

实训记录表见附表 2-14。

附表 2-14　点的平面位置测设计算

日期：______天气：______班级：______小组：______仪器型号：______观测者：______记录者：______

实训项目：　　　　　　　　　　　　　成绩：

实训目的：

主要仪器工具：

已知点坐标	设计点坐标	计算要素

实训十五　测设已知高程与已知坡度

一、实训目的与要求

根据一个已知点的高程测设另一个点的高程和放样出已知坡度。

二、实训仪器及工具

经纬仪 1 台，木桩 4 个，锤子 1 把，计算器 1 个，水准仪 1 台，水准尺 1 对。

三、实训方法和步骤

（一）已知高程的放样

在地面上测设已知点高程是根据一个已知点的高程测设另一个点的高程。

已知 BM 点高程为 H，在 A 处放出高程 H_a 的点（在 A 处打一木桩），将水准仪安置于两点中间，在水准点 BM 上立水准尺得后视读数 a，计算前视读数 b：$b=H-H_a+a$，在 A 处上下移动水准尺，当读数为 b 时，得 A 处高程为 H_a。

（二）已知坡度的放样

在地面上测设已知坡度线是已知 AB 直线水平距离为 D，A 点高程为 H_a，从 A 处开始沿 AB 方向放出 $m\%$ 的坡度线。B 点的高程 $H_b=H_a+D\times m\%$，根据在地面上测设的已知点高程定出 B 点桩高。在 A 点上安置经纬仪，量出仪高 i，将望远镜瞄准 B 点上的水准尺，使中丝读数为 i，固定望远镜的制动螺丝，定 P_1、P_2、P_3…点。

四、实训记录表

实训记录表格见附表 2-15。

附表 2-15　测设已知高程与已知坡度记录表

日期：______天气：______班级：______小组：______仪器型号：______观测者：______记录者：______

实训项目：　　　　　　　　　　　　成绩：

实训目的：

主要仪器工具：

---

1. 已知高程放样的过程：

2. 已知坡度放样的过程：

---

3. 实训总结：

实训十六　圆曲线主点的测设

一、目的要求

(1)学会路线交点转角的测定方法。

(2)掌握圆曲线主点里程的计算方法。

(3)熟悉圆曲线主点的测设过程。

二、预习要求

能够叙述圆曲线主点测设的原理。

三、所用器材

(1)由仪器室领取:经纬仪1台,记录板1块,花杆3杆,木桩3个,测钎1束,皮尺1卷,测伞1把。

(2)自备:计算器,铅笔,草稿纸。

四、基本知识

(1)圆曲线主点测设原理。

(2)圆曲线主点测设方法。

五、内容及步骤

(1)在平坦地区定出路线导线的三个交点(JD_1、JD_2、JD_3),并在所选点上用木桩标定其位置。导线边长要大于80 m,目估$\beta_{右}<145°$。

(2)在交点JD_2上安置经纬仪,用测回法观测出$\beta_{右}$,并计算出转角$\alpha_{右}$。同时用经纬仪设置$\beta_{右}/2$的方向线,即$\beta_{右}$的角平分线。

$$\alpha_{右}=180°-\beta_{右}$$

(3)假定圆曲线半径$R=100$ m,然后根据R和$\alpha_{右}$,计算曲线测设元素L、T、E、D。

(4)计算圆曲线主点的里程。

(5)设置圆曲线主点。

(6)站在曲线内侧观测ZY、QZ、YZ桩是否有圆曲线的线形,以作为概略检核。

(7)如果不重合,而且差得太大,就需找出原因,重新测设。

六、注意事项

(1)为使实训直观便利,克服场地的限制,本次实训规定:$30°<\alpha_{右}<90°$,$R=100\sim200$ m填写实训报告。

(2)计算主点里程时要两人独立计算,加强校核,以防算错。

(3)本次实训事项较多,小组人员要紧密配合,保证实训工作顺利完成。

七、思考题

(1)切线支距法测设圆曲线的原理是什么?

(2)何谓整桩号法设桩?

八、实训报告要求

每人上交圆曲线主点测设实训报告一份(见附表2-16)。

附表2-16　实训报告

日期:________班级:________组别:________姓名:________学号:________

<table>
<tr><td colspan="2">实训项目</td><td colspan="3">圆曲线主点测设</td><td>成绩</td><td></td></tr>
<tr><td colspan="2">实训目的</td><td colspan="5"></td></tr>
<tr><td colspan="2">主要仪器及工具</td><td colspan="5"></td></tr>
<tr><td colspan="2">交点号</td><td colspan="2"></td><td>交点桩号</td><td colspan="2"></td></tr>
<tr><td rowspan="5">转角观测结果</td><td>盘位</td><td>目标</td><td>水平度盘读数</td><td>半测回角值</td><td>右角</td><td>转角</td></tr>
<tr><td rowspan="2"></td><td></td><td></td><td rowspan="2"></td><td rowspan="4"></td><td rowspan="4"></td></tr>
<tr><td></td><td></td></tr>
<tr><td rowspan="2"></td><td></td><td></td><td rowspan="2"></td></tr>
<tr><td></td><td></td></tr>
<tr><td>曲线元素</td><td colspan="6">半径 =　　切线长 =　　外距 =
转角 =　　曲线长 =　　超距 =</td></tr>
<tr><td>主点桩号</td><td colspan="6">ZY 桩号:　　QZ 桩号:　　YZ 桩号:</td></tr>
<tr><td rowspan="2">主点测设方法</td><td colspan="3">测设草图</td><td colspan="3">测设方法</td></tr>
<tr><td colspan="3"></td><td colspan="3"></td></tr>
</table>

实训总结:

实训十七　GPS 接收机静态观测

一、目的与要求

（1）熟悉 GPS 接收机的基本组成。

（2）熟悉 GPS 接收机观测作业步骤和数据处理的方法。

二、方法与步骤

（一）安置天线

（1）安置天线于三脚架上，对中，整平。

（2）天线定向：将天线定向标志指向正北，其误差一般不超过 3°～5°。

（3）量天线高：沿圆盘天线间隔 120°的三个方向分别量取天线高，三次测量结果之差不应超过 3 mm，然后取其平均值。

（4）记录天气状况。

（5）将天线电缆与仪器连接。

（二）开机观测

观测作业的主要目的是捕获 GPS 卫星信号，并对其进行跟踪、处理和量测，以获得所需要的定位信息和观测数据。

天线安置完成后，在离天线适当位置的地面上安放 GPS 接收机，接通接收机与电源、天线、控制器的连接电缆，并经过预热和静置，即可启动接收机进行观测。

接收机锁定卫星并开始记录数据后，观测员可按照仪器随机提供的操作手册进行输入和查询操作，在未掌握有关操作系统之前，不要随意按键和输入，一般在正常接收过程中禁止更改任何设置参数。

（三）观测记录

在外业观测工作中，所有信息资料均须妥善记录。记录形式主要有存储介质记录和手簿记录两种。

三、注意事项

通常来说，在外业观测工作中，仪器操作人员应注意以下事项：

（1）GPS 接收机是精密贵重仪器，操作时要格外小心。当确认外接电源电缆及天线等各项连接完全无误后，方可接通电源，启动接收机。仪器操作不懂之处应及时向教师请教，不得随意操作。

（2）开机后接收机有关指示显示正常并通过自检后，方能输入有关测站和时段控制信息。

GPS 野外测量记录表见附表 2-17。

附表 2-17　GPS 野外测量记录表

观测者:________日期:________年________月________日

测站名:____________测站号:________等级:________

天气:________

接收机号:________天线高:　1:________2:________

开始时间:______结束时间:________

观测状况记录

电池______________________________

跟踪卫星______________________________

接收卫星______________________________

采样间隔________

观测时间指示器______________________________

本点为:☐ 新建______等 GPS 点

☐________等 GPS 旧点

☐________等三角点

☐________水准点

实训十八　GPS－RTK 测量

一、实训目的

(1)熟悉 S82GPS－RTK 测量系统的构成。

(2)熟悉 S82GPS－RTK 接收机和手簿的一般操作。

(3)学会 S82GPS－RTK 测量系统的连接与设置。

(4)学会 S82GPS－RTK 测量系统的数据采集和点放样功能。

二、仪器与工具

每小组 4～6 人,每组领取一台 S82GPS－RTK(含电池与脚架),记录板 1 块,自备记录纸等。

三、实训步骤

(1)设置基准站。

①安置仪器:

在测站点 A 安置脚架、基座,对中、整平。

在基座上安置 GPS 天线,按附录连接好天线、接收机、电台、电瓶和手簿。
②丈量仪器高。
③开机,熟悉手簿软件。
(2)输入编辑点。
(3)设置流动站。
(4)控制点联测。
(5)转换参数。
(6)数据采集。
(7)点放样。

四、实训学时

2 学时。

五、注意事项

(1)实习前须认真阅读实训指导书,明确本次实训的目的及要求。
(2)GPS 是很贵重的精密仪器,在使用过程中要十分细心,以防损坏。
(3)电池、电缆插头要对准插进,用力不能过猛,以免折断。

附录三　园林测量综合实训

一、综合实训目的

(1)教学综合实训是园林工程测量教学的一个重要环节,其目的是使学生在获得基本知识和基本技能的基础上,进行一次较全面、系统的训练,以巩固课堂所学知识及提高操作技能。

(2)培养学生独立工作和解决实际问题的能力。

(3)培养学生严肃认真、实事求是、一丝不苟的实践科学态度。

(4)培养吃苦耐劳、爱护仪器用具、相互协作的职业道德。

二、实训内容及日程表

实训共1周,内容包括平面控制测量1天、高程控制测量1天、经纬仪法测图1天、全站仪测数字图1天、点位测设1天。具体见附表3-1。

附表3-1　实训日程安排表

<table>
<tr><th colspan="2">星期</th><th colspan="2">实训项目</th></tr>
<tr><td rowspan="2">一</td><td>上午</td><td colspan="2">实训动员,借领仪器工具,仪器检校
组员检校仪器,组长随老师选点</td></tr>
<tr><td>下午</td><td colspan="2">四等水准测量</td></tr>
<tr><td rowspan="2">二</td><td>上午</td><td>导线外业(测水平角、量导线边长)</td><td>四等水准测量引测各导线点高程</td></tr>
<tr><td>下午</td><td>导线成果整理及外业补测</td><td>水准成果整理及外业补测</td></tr>
<tr><td>三</td><td></td><td colspan="2">经纬仪法测大比例尺地形图
全站仪法测数字地形图</td></tr>
<tr><td rowspan="2">四</td><td>上午</td><td colspan="2">经纬仪法测大比例尺地形图、全站仪法测数字地形图</td></tr>
<tr><td>下午</td><td colspan="2">经纬仪法测大比例尺地形图、全站仪法测数字地形图的外业补测及地形图的整饰</td></tr>
<tr><td rowspan="2">五</td><td>上午</td><td colspan="2">点位测设、施工放样</td></tr>
<tr><td>下午</td><td colspan="2">提交实训成果、撰写实训总结</td></tr>
</table>

三、综合实训组织

综合实训期间的组织工作,由指导教师负责。综合实训工作按小组进行,每组4~5人,选组长1人,负责组内综合实训分工和仪器管理。

四、每组配备的仪器用具

全站仪1台,经纬仪1台,水准仪1台,小平板仪1台,钢尺1把,水准尺2支,尺垫2

个,花杆3根,测钎1组,记录板1块,比例尺1把,量角器1个,三角板1副,锤子1把,木桩若干,红漆1瓶,绘图纸1张,有关记录手簿、计算纸,计算器,橡皮及铅笔等。

五、综合实训纪律与注意事项

(1)从思想上、态度上认真对待,复习课本所学知识,做好实习前准备。

(2)综合实训过程中,应严格遵守《测量实训须知》中的有关规定。

(3)服从实习安排,听从老师及组长的指挥。

(4)爱护仪器和工具,严格遵守操作规程,做到不损坏、不丢失仪器工具;要求仪器旁不离人,以防止仪器摔坏。如有损坏和丢失,不仅要追究责任,赔偿损失,且要视情节轻重给予一定的处分。同学间要搞好团结,互谅互让,互帮互学,不准吵嘴、打架。

(5)实训中出现的问题,应相互协商解决,疑难问题可请教其他同学或老师。

(6)每一项测量工作完成后,要及时计算、整理观测成果。原始数据、资料、成果应妥善保存,不得丢失。

(7)实训期间应积极努力完成工作,不得嬉戏打闹、擅离职守,因病或有事需离开时,必须请假并经同意方可离开,否则以旷课论处。

六、应递交的成果

(1)实训成果(实习记录本、控制点计算成果、白纸地形图、数字测图采集的数据),每组1份。

(2)实训总结,每人1份,不少于1 000字。

七、综合实训内容及技术要求

(一)水准仪、经纬仪的检验

1. 水准仪的检校

(1)圆水准器轴平行于仪器竖轴的检验与校正:气泡无明显偏离。

(2)十字丝中丝垂直于仪器竖轴的检验与校正:标志点无明显偏离十字横丝。

(3)水准管轴平行于视准轴的检验与校正:i不超过$\pm 20''$。

2. 经纬仪的检校

(1)水准管轴垂直于仪器竖轴的检验与校正:水准管气泡偏移值都在一格以内。

(2)十字丝竖丝垂直于横轴的检验与校正:标志点无明显偏离十字竖丝。

(3)视准轴垂直于横轴的检验和校正:如果$c>60''$,则需要校正。

(4)横轴垂直于仪器竖轴的检验:如果A、B相距大于5 mm,则需要校正。

由于横轴校正设备密封在仪器内部,该项校正应由仪器维修人员进行。

(5)指标差的检验与校正:当竖盘指标差$x>1'$时,则需校正。

(二)大比例尺地形图的测绘

1. 高程控制测量

高程控制点的布设,可形成一条闭合或附合水准路线,经过观测、计算求出各控制点的高程。

(1)普通水准测量,用DS_3水准仪,采用两次仪器高度法进行观测,同测站两次高差之

差不超过 ±5 mm。

(2)四等水准测量,按四等水准测量规范进行。

2. 平面控制测量

在测区实地踏勘,布设一条闭合导线,经过观测、计算获得控制点平面坐标。

1)踏勘选点

每组在指定测区内进行踏勘,了解测区地形条件,按踏勘选点要求,选定 4~5 点。选点时应注意:相邻点间应通视良好,地势平坦,便于测角和量距;点位应选在土质坚实、便于安置仪器和保存标志的地方;导线点应选在视野开阔的地方,便于碎步测量;导线边长应大致相等,其平均边长应符合技术要求;导线点应有足够的密度,分布均匀,便于控制整个测区。

2)建立标志

导线点位置选定后,应建立标志,在点位上打一个木桩,在桩顶钉一小钉,作为点的标志;也可在水泥地面上用红漆画一圆圈,圈内点一小点,作为临时性标志。

3)水平角观测

用测回法观测导线内角一个测回,要求上、下两半测回角值之差不超过 ±40″,闭合导线角度闭合差不超过 $40\sqrt{n}$。

4)导线边长测量

用钢尺往、返丈量导线各边边长,其相对误差不超过 1/3 000,特殊困难地区限差可放宽为 1/1 000。

5)测定起始边的方位角

为了使控制点的坐标纳入本校或本地区的统一坐标系统,应尽量与测区内外已知高级控制点进行联测。

6)平面坐标计算

根据起始数据和观测数据,计算各平面控制点的坐标。

3. 碎步测量

首先进行碎步测量前的准备工作,在各图根控制点上测定碎步点,同时描绘地物和地貌。

1)准备工作

选择较好的图纸,用对角线法绘制坐标格网,格网边长 10 cm,并按要求进行检查。展绘控制点,并按要求进行检查。

2)碎步测量

采用"经纬仪测绘法"进行碎步测量。将经纬仪安置在控制点上,测绘板安置于测站旁,用经纬仪测出碎步点方向与已知方向之间的水平夹角;再用视距测量方法测出测站到碎步点的水平距离及碎步点的高程;然后根据测定的水平角和水平距离,用量角器和比例尺将碎步点展绘在图纸上,并在点的右侧注记其高程;最后对照实地情况,按照地形图图式规定的符号绘出地形图。

3)地形图的检查和整饰

(1)地形图的检查。在测图中,测量人员应做到随测随检查。为了确保成图的质量,在地形图测完后,必须对完成的成果成图资料进行严格的自检和互检。图的检查可分为室内检查和室外检查两部分。

①室内检查的内容有图面地物、地貌是否清晰易读,各种符号、注记是否正确,等高线与地貌特征点的高程是否相符等。

②室外检查是在室内检查的基础上进行重点抽查。检查方法分巡视检查和仪器检查两种。巡视检查时应携带测图板,根据室内检查的重点,按预定的巡视检查路线,进行实地对照查看。主要查看地物、地貌各要素测绘是否正确、齐全,取舍是否恰当。等高线的勾绘是否逼真,图式符号运用是否正确等;仪器设站检查是在室内检查和野外巡视检查的基础上进行的。除对发现的问题进行补测和修正外,还要对本测站所测地形进行检查,看所测地形图是否符合要求,如果发现点位的误差超限,应按正确的观测结果修正。仪器检查量一般为10%。

(2)地形图的整饰。原图经过检查后,还应按规定的地形图图式符号对地物、地貌进行清绘和整饰,使图面更加合理、清晰、美观。整饰的顺序是先图内后图外、先注记后符号、先地物后地貌。最后写出图名、比例尺、坐标系统及高程系统、施测单位、测绘者及施测日期等。如果是独立坐标系统,还需画出指北方向。

(三)测设

(1)已知高程的测设。

(2)已知平面点位置的测设。

八、实习小结

综合实训的心得体会、意见和建议。

九、应交成果

(一)每组应交成果

(1)水准测量观测记录(普通水准/四等水准),水平角观测记录,水平距离观测记录。

(2)碎步测量观测记录。

(3)地形图1张。

(二)个人应交成果

(1)闭合导线坐标计算表及水准测量成果计算表。

(2)已知高程的测设计算。

(3)极坐标放样计算。

(4)个人实训小结。

十、成绩评定

实训成绩的综合评定是根据学生仪器操作能力以及分析问题和解决问题的能力、所交资料及仪器工具爱护情况、实训日记、实训报告、仪器操作考核成绩、出勤情况、实训过程中的口试情况、团队精神等各种情况进行综合评定。

成绩评定分为优、良、中、及格、不及格。

凡仪器操作考核有一项不及格、无故缺勤超过1天、伪造原始观测数据、未交成果资料和实训日记、严重损坏仪器工具者,成绩均作不及格处理。

所用附表见附表3-2~附表3-8。

附表 3-2 水准测量手簿

日期:__________ 天气:__________ 测量:__________ 记录:__________

测站	测点	后视读数(m)	前视读数(m)	高差(m)		高程(m)	备注
				+	−		
	Σ						
计算校核							

附表 3-3 三、四等水准测量记录表

时间:______年______月______日　　　天气:______________成像:____________

仪器及编号:________________观测者:________________记录者:________第____页

测站编号	点号	后尺 下丝 / 上丝 后视距(m) 视距差 d (m)	前尺 下丝 / 上丝 前视距(m) $\sum d$ (m)	方向及尺号	标尺读数(m) 黑面	标尺读数(m) 红面	黑 + K − 红 (mm)	高差中数 (m)	备注
				后					
				前					
				后 − 前					
				后					
				前					
				后 − 前					
				后					
				前					
				后 − 前					
				后					K 为水准尺常数
				前					
				后 − 前					
				后					
				前					
				后 − 前					
				后					
				前					
				后 − 前					

附表 3-4　水准测量成果计算表

测站	水准路线长 L_i（m）	测站数 n_i	实测高差（m）	高差改正值 C_i（m）	改正后高差（m）	改正后高程（m）	备注
1							
2							
3							
4							
5							
6							
7							
8							
9							
10							
11							
12							
13							
14							
15							
1							
Σ							

附表 3-5　钢尺量距记录计算表

精度要求：$K \leq 1/3\ 000$

日期：＿＿＿＿＿＿　天气：＿＿＿＿＿＿　测量：＿＿＿＿＿＿　记录：＿＿＿＿＿＿

测线		分段丈量长度(m)		总长度(m)	平均长度(m)	精度	备注
		整尺段(n_l)	零尺段(l)				
	往						
	返						
	往						
	返						
	往						
	返						
	往						
	返						
	往						
	返						
	往						
	返						

附表 3-6　水平角测量手簿

日期：＿＿＿＿＿＿　天气：＿＿＿＿＿＿　测量：＿＿＿＿＿＿　记录：＿＿＿＿＿＿

测站	竖盘位置	测点	水平度盘读数 (° ′ ″)	半测回水平角值 (° ′ ″)	一测回水平角值 (° ′ ″)	备注
	左					
	右					
	左					
	右					
	左					
	右					
	左					
	右					
	左					
	右					

附表 3-7　经纬仪导线坐标计算表

点号	实测内角 (° ′ ″)	角度改正数 (″)	改正后内角 (° ′ ″)	坐标方位角 (° ′ ″)	边长 D (m)	坐标增量计算值(m)		改正后增量值(m)		坐标值(m)		点号
						$\Delta x_i(i+1)$	$\Delta y_i(i+1)$	$\Delta x_i(i+1)$	$\Delta y_i(i+1)$	x	y	
Σ												
辅助计算						导线示意图：						

附表 3-8　地形测量手簿

日期:__________　　天气:__________　　测量者:________________　　记录:__________

测站	测点	尺间隔 L (m)	竖直角 α (° ′ ″)	高差 h (m)	水平距离 d (m)	高程 (m)	备注

个人实训小结（内容包括目的要求、测区概况、实训主要内容及过程、成果或结论、收获体会等）：

参 考 文 献

[1] 宁津生,等. 测绘学概论[M]. 武汉:武汉大学出版社,2004.

[2] 郑金兴. 园林测量[M]. 北京:高等教育出版社,2005.

[3] 许加东. 控制测量[M]. 北京:中国电力出版社,2012.

[4] 黄文彬. GPS 测量技术[M]. 北京:测绘出版社,2011.

[5] 胡伍生,等. 土木工程施工测量手册[M]. 北京:人民交通出版社,2005.

[6] 胡伍生,朱小华. 测量实习指导书[M]. 南京:东南大学出版社,2004.

[7] 覃辉. 土木工程测量[M]. 上海:同济大学出版社,2006.

[8] 陈学平. 实用工程测量[M]. 北京:中国建材工业出版社,2007.

[9] 王红. 园林工程测量[M]. 北京:机械工业出版社,2011.

[10] 王金玲. 土木工程测量[M]. 武汉:武汉大学出版社,2008.

[11] 李秀江. 测量学[M]. 北京:中国林业出版社,2007.

[12] 赵文亮. 地形测量[M]. 郑州:黄河水利出版社,2005.